건설 기술자를 위한 **토목수학의 기초**

大脇直明, 高橋忠久, 有田耕一
Naoaki Owaki, Tadahisa Takahashi, Koichi Arita
土木技術者のための数学入門
Introduction to Mathematics for Civil Engineers

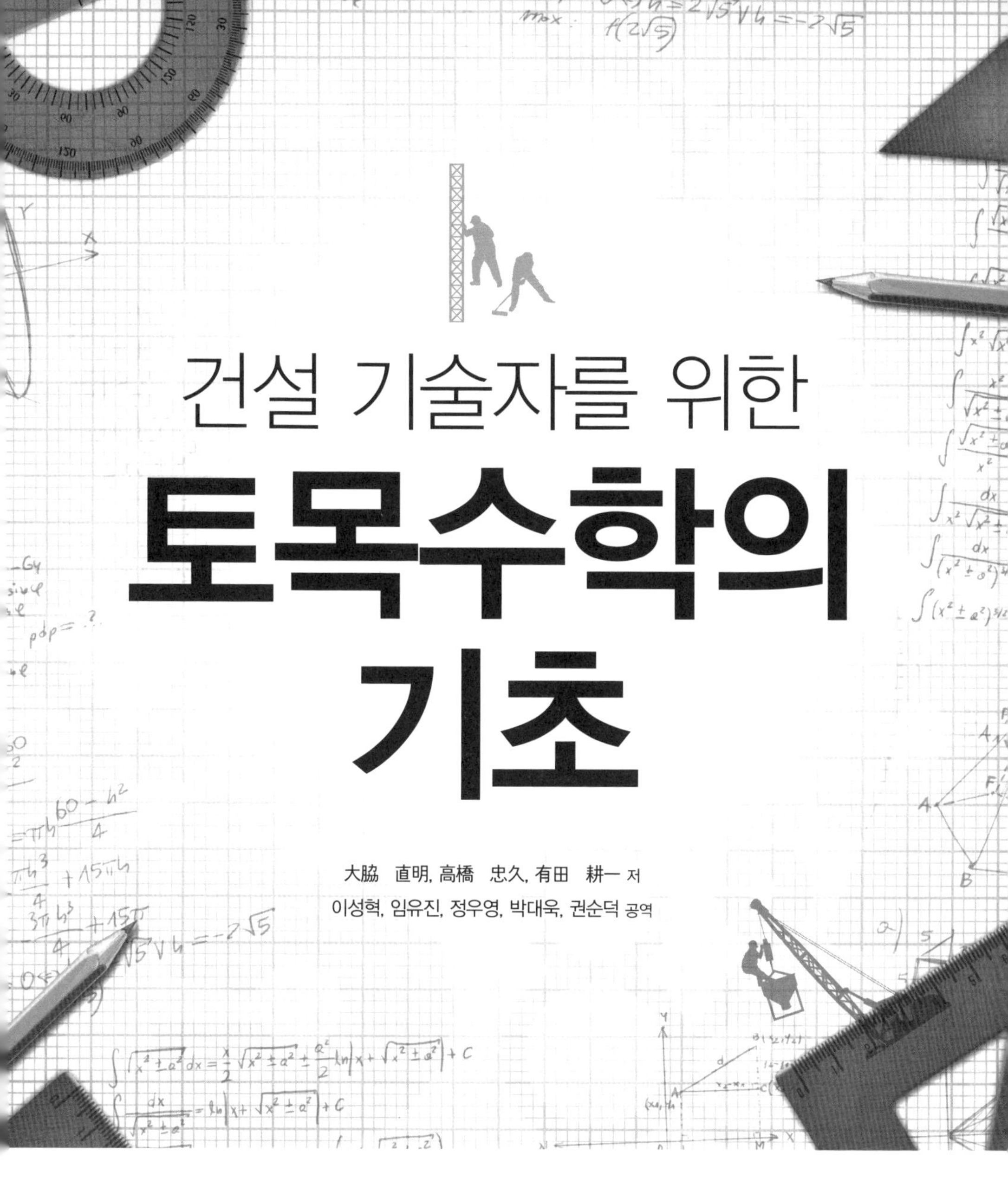

건설 기술자를 위한

토목수학의 기초

大脇 直明, 高橋 忠久, 有田 耕一 저

이성혁, 임유진, 정우영, 박대욱, 권순덕 공역

토목 기술자가 되기 위해서는 여러 가지 공부가 필요하지만 그중에서도 수학은 가장 중요한 기초 과목이다. 토목 업무는 엄격한 안전성과 효율성·경제성 등이 강하게 요구되며 계획·설계·시공 등은 객관적이며 이론적이고도 정밀하게 이루어지지 않으면 안 된다. 그러기 위해서는 수량적인 데이터나 계산 결과에 근거를 둘 수밖에 없다. 이것이 수학이 필요한 이유이다.

씨아이알

서언

1. 이 책은 토목에 뜻을 둔 사람을 위한 수학 입문서이다. 토목 기술자가 되기 위해서는 여러 가지 공부가 필요하지만 그중에서도 수학은 가장 중요한 기초 과목이다.

그러면 왜 수학이 필요할까? 우리가 상대하는 것은 자연계이다. 그리고 기술은 자연 법칙의 응용이다. 갈릴레이는 '자연계는 수학이라고 하는 언어로서 쓰여진 책이다'라고 하였다. 하물며 우리의 업무에는 엄격한 안전성과 함께 효율성·경제성 등이 강하게 요구되며 계획·설계·시공 등은 객관적·이론적으로, 또 정밀하게 이루어지지 않으면 안 된다. 그것은 무슨 일이 있어도 수량적인 데이터나 계산의 결과에 의거하지 않으면 안 된다. 그러므로 수학이 필요하다. 게다가 풍부하고 깊은 실무 경험을 쌓지 않으면 프로가 될 수 없다.

2. 이 책은 수학의 유저를 위해 유저가 쓴 책이다(차 운전의 코치는 경험 풍부한 유저에게 배우는 것이 가치가 있을 것이다).

우리에게 수학은 도구이며 언어이다. 이 책은 그러한 도구가 왜 필요한가, 어떠한 상황에서 어떻게 사용하는가, 그 기본이 되는 사고방식은 어떠한 것인가 등 응용방법의 기본을 기술하고 있다. 보다 진행된 사용방법이나 도구는 각 과목－응용역학이나 수리학 등－에서 배우는 것으로 하자(그곳에서는 구체적·실무적인 사용 장면이 나타난다). 그러기 위해서라도 여기에서 기초를 확실히 공부하여 여러 가지 사항의 필요성을 인식해두어야 한다.

3. 수학 응용의 숙달은 오로지 연습에 있다. 그리고 수학이라고 하는 도구의 사용방법에 익숙해져야 한다(이것도 운전과 마찬가지). 이 책에서도 가능한 한 예제나 연습문제를 실었다. 수학은 암기물은 아니다. 그러나 최소한 기억해두지 않으면 안 되는 것도 있다. 이렇게 배운 지식을 총동원하는 훈련을 해야 한다. 지식은 사용하기 위해 존재하기 때문이다.

4. 또 이 책에서는 '식(문자식)'을 세우는 것을 중시한다. 초심자 중에는 수치를 예로 들고 있는 문제에 맞닥뜨리면 식을 세우지 않고 즉시 그 수치로서 계산하여 답을 내는 사람이 있다. 이것은 바람직하지 않다. 첫 번째는 문제가 되고 있는 사상의 본질을 놓치는 것이며, 두 번째는 먼 장래 컴퓨터로서 프로그램을 만들게 되었을 때 식을 세울 수가 없는 것이다.

'식'은 단지 수치를 대입하여 계산을 하는 것만은 아니다. 식은 하나의 문장으로서 어떤 의미를 말해주는 것이다. 그러므로 그 의미를 간파하는 힘도 프로로서 요구된다.

예를 들어 보자. $z=x^3/y$라는 식이 있다고 하자. 어떻게 읽을까?

① z는 y에 반비례하여(결국 y의 증감과 역방향으로) 증감하는 것

② z는 x의 세제곱에 비례하여(x의 증감과 마찬가지 방향으로) 증감하는 것

③ 더구나 x^3이니까 z에는 y의 변화보다 x의 변화 쪽이 훨씬 민감하게 작용하는 것, 그러므로 이 식은 예를 들면 x와 y를 측정하여 z를 결정할 때, x를 보다 정밀하게 측정해야 한다는 것을 말하고 있는 것이다.

5. 설명은 가능한 한 알기 쉽고 직관에 호소하도록 애썼다. 수학적 엄밀성은 유지하지만 수학적 정밀성은 나중 문제로 하였다. 정리定理·공식公式 등의 증명도 필요 최소한에 머물렀다. 요약하자면 이 책에서는 무엇보다도 알기 쉽고 받아들이기 쉽게 하는 데 힘을 썼다. 수학에 거부 반응이 있는 사람에 대해서는 그것을 치료하는 것이 중요하다고 생각하기 때문이다.

마지막으로 원고 작성에는 국토건설학원 이사장 카미조 카츠야上條勝也 씨, 동 건설학부장 야마다 사다히코山田貞彦 및 동 측량학부장 가타에 이사오片江勲 씨에게 많은 조언과 협력을 받았다. 더욱이 간행에 즈음해서는 코로나사의 여러분에게 대단히 신세를 졌다. 깊이 감사드린다.

1995년 12월

저자 일동

차 례

Chapter 06 행렬식과 행렬

Chapter 07 좌 표

Chapter 08 벡 터

Chapter 10 데이터 정리방법

Chapter 01

공학에서 다루는 수량

Chapter 01 공학에서 다루는 수량

1.1 공학에서 다루는 수량이나 계산법

1.1.1 공학이나 자연 과학에서 다루는 수량

공학이나 자연과학에서 다루는 수량(이하 단순히 **물리량**이라고 함)이나 그 계산에는 다음과 같은 점에 주의해야 한다.

① 수치는 오차를 포함하는 것(10장 참조)

② 쓸데없는 계산(불필요한 자릿수까지 구하는 등)을 피할 것(1.1.3항에서 상세히 기술)

③ 계산 결과에 생기는 오차를 작게 하도록 연구할 것(일례로서 3.8절 참조)

④ 수량의 차원과 단위에 유의할 것(1.2절과 1.3절에서 상세히 기술)

물리량에는 그 종류·성질을 나타내는 차원이라는 것이 필요하다. 또 물체의 크기·질량·시간·기타의 수량은 단위 없이는 의미가 없다. 다만 단순히 '12'라고 해서는 12cm인가, 12km인가, 12kg인가 또는 그냥 12라고 하는 수인지 알 수 없다. 이렇게 그냥 수가 아니라면 **수량은 수치와 단위로부터 이루어진다**. 즉

(수량) = (수치) + (단위)

이다.

또 단위는 차원과 밀접한 관계가 있다.

이하 100, 1000, …을 10^2, 10^3, …로, 0.1(=1/10), 0.01(=1/100), 0.001(1/1000), … 을 10^{-1}, 10^{-2}, 10^{-3}, …로 적는다. 마이너스 몇 제곱이란 몇 제곱의 역수이다(4장 참조).

1.1.2 유효숫자

전항 ①에서 기술한 대로 물리량의 수치는 반드시 오차를 포함한다. 당연히 오차보다 작은 수치를 고려해도 의미가 없다. 그러므로 수치 끝머리의 자릿수는 오차(엄밀하게는 오차의 한계)까지로 둔다. 숫자에는 그 이상 세밀한 자릿수를 적어도 무의미하다. 결국 거기까지의 자릿수가 유효한 것이다. 이것이 **유효숫자**라고 하는 사고방식이다. 예를 들면 23.46m는 유효 4자릿수의 수치, 23.460m는 유효 5자릿수의 수치, 2.3×10^3m는 유효 2자릿수의 수치이다.

데이터를 어느 유효 자릿수로서 자르는 것을 '끊는다'라고 한다. 끊는 방법에는 ① 사사오입四捨五入, ② 절사切捨, ③ 절상切上 등이 있으나 사사오입을 하는 것이 많다.

23.46m는 사사오입의 관계로부터 23.455m보다 크고 23.465m보다 작으므로 23.46±0.005m로 된다. 이 0.005m라고 하는 값은 23.46m의 값이 23.455m로부터 23.464m에 포함되는 범위를 나타내고 있다. 통상 이 0.005의 값을 이 측정값의 오차의 한계라고 한다. 일반적으로 오차의 한계는 소수 제$(n+1)$자리 이하를 사사오입하여 n자리까지 구한다고 하면 그 오차의 한계는 0.5×10^{-n}으로 된다.

1.1.3 유효숫자의 계산법

1) 덧셈과 뺄셈

① 각 항의 유효숫자의 끝머리의 자릿수가 일치하고 있는 경우는 보통의 덧셈·뺄셈과 동일하게 시행한다.

② 끝머리의 자릿수가 일치하지 않은 경우는 적은 자릿수에 일치시켜 시행한다.

예 16.5+8.943의 계산

$$\begin{array}{r} 16.5 \\ +8.9 \\ \hline 25.4 \end{array}$$

2) 곱셈과 나눗셈

① 유효숫자 n자릿수의 곱셈과 나눗셈에 있어서는 결과값을 n자릿수 혹은 $(n+1)$자릿수로서 표시

② 유효숫자 m자릿수와 n자릿수($m < n$으로 함)의 곱셈과 나눗셈에 있어서는 결과의 값을 m자릿수 혹은 $(m+1)$ 자릿수로서 표시

예1 $43.59 \times 6.148 = 268.0$

예2 $(4.359 \times 10^2) \times (6.148 \times 10^{-3}) = 2.6799$

예3 $8.51 \div 23.492 = 0.362$

주의

계산기 사용에 대하여

① 간단한 계산은 필산 내지 암산으로 할 것. 적어도 3자릿수×3자릿수 정도의 계산은 필산으로 가능하도록 할 것

이유 : 간단한 계산에 계산기를 사용하는 것은 이웃집에 갈 때 자동차를 타고 가는 것과 같은 것으로서 능률도 나쁘고 수에 대한 감을 둔하게 한다. 이것은 기술자로서의 기본적 소양을 손상시키는 것이다.

② 수치계산을 할 때는 식을 충분히 변형하여 불필요한 계산을 줄이고 또 계산 정밀도를 유지하도록 할 것

이유 : 식의 내용을 음미하여 좌변에 산출해야 할 양을 산출하고 나서 수치계산을 하는 것이 불필요한 계산을 줄이고 실수를 적게 한다.

1.2 차 원

1.2.1 차원이란

지구와 태양의 반지름(모두 길이)의 대소는 비교할 수 있지만 5m(길이)와 30kg(질량)과의 대소는 비교할 수 없다. 또 5m^3(체적)에 15km(길이)를 더한다고 하는 것도 무의미하다.

이와 같이 물리량에는 다른 종류(길이·면적·질량 등)가 있으며 종류가 다르면 비교하거나 더하거나 할 수 없다. 이 종류를 나타낸 것이 **차원**(dimension)이다. 물리량은 일반적으로 반드시 차원을 가진다. 다만 그냥 수나 같은 차원량의 비 등은 무차원량과 같이 보이지만, 이것들은 0차원의 양으로 이해하자.

1.2.2 차원의 사고방식

어떤 도형의 면적도 어떠한 (길이)×(길이), 또 체적은 (길이)×(길이)×(길이)이다. 이하 **길이의 차원**을 L이라 적는다. 그리고 면적은 L^2의 차원을 가진다고 한다. 그렇게 생각하면 체적의 차원은 L^3이 된다.

모든 물리량은 일반적으로 길이·질량·시간 등의 차원을 조합시킨다. **질량의 차원을** M, **시간의 차원을** T로서 나타낸다.

양 X의 차원을 $\dim(X)$로서 표현한다.

주 X의 차원을 $[X]$로서 나타내는 것도 있다. 예 : [면적] = $[L^2]$

예

- 속도 : 속도는 진행된 거리를 그 시간으로서 나눈 양
  그러므로 $\dim(\text{속도}) = L/T = LT^{-1}$ (마이너스는 역수)
- 가속도 : 가속도는 단위시간(예를 들면 1초) 내의 속도 변화(증 또는 감)
  그러므로 $\dim(\text{가속도}) = \dim(\text{속도}/\text{시간}) = (L/T)/T = L/T^2 = LT^{-2}$
- 밀도 : 밀도는 단위체적 중의 질량(예를 들면 1 세제곱미터(m^3) 중의 질량)
  그러므로 $\dim(\text{밀도}) = M/L^3 = L^{-3}M$

- 힘 : (Newton의 역학 제2법칙에 의해)힘=질량×가속도

  그러므로 dim(힘)=LMT^{-2}
- 압력 : 압력은 단위면적(예를 들면 1제곱미터(m^2))에 걸리는 힘=힘/면적

  그러므로 dim(압력)=$LMT^{-2}/L^2=L^{-1}MT^{-2}$
- 에너지와 일 : 이것은 =질량×(속도)^2, 또는 =힘×(그 힘의 수동점受働点으로부터 움직여진 또는 힘에 거슬러 움직인 거리)

  그러므로 dim(에너지나 일)=L^2MT^{-2}
- 일률 : 이것은 단위시간에 이루어진 일, 또는 단위시간에 발생(소멸)된 에너지. 이것은 =일(또는 에너지)/시간

  그러므로 dim(일률)=L^2MT^{-3}
- 힘의 모멘트 : 이것은 지점으로부터 역점力点까지의 거리×힘

  그러므로 dim(힘의 모멘트)=L^2MT^{-2}

1.2.3 차원은 왜 중요한가?

물리량에는 다음의 근본적 법칙이 있다(일부는 1.2.1항에서 이미 다루었다).

① 방정식이나 부등식의 양변은 동일한 차원이어야 한다.
즉, 상등相等이나 대소大小의 비교는 같은 차원의 양 사이에서만 허용된다.
② 양의 덧셈·뺄셈은 같은 차원의 양끼리만 허용된다.
③ 양의 곱셈·나눗셈은 다른 차원끼리라도 좋다.
어느 것도 매우 상식적인 규칙이다.
차원이 중요한 것은 다음과 같은 효능이 있기 때문이다.

ⓐ 식을 세울 때의 검사. 식이 올바르기 위해서는 좌우 양변의 차원이 일치하고 있고 또 식 속에 다른 차원끼리의 합·차가 있어서는 안 된다. 이것은 식이 바르기 위한 필요조건(충분조건은 아니다).

ⓑ 일정 양이 나왔을 때, 그 물리적 의미를 판단하여 이해하는 것에 유용하다.

ⓒ 미지의 자연 법칙의 발견(차원 해석이라고 함)

당분간 ⓐ를 알아두면 좋을 것이다.

기술자는 언제나 양의 차원을 고려하거나 식의 차원을 검사하는 습관을 붙이도록 하자.

예제 a, b, c는 길이의 차원을 가지고 S는 면적의 차원을 가진다. 다음 식은 바른가?

$$S = ab^2 + c^4$$

풀이

두 가지 점에서 오류. 첫 번째는 우변 제1항의 차원은 L^3, 제2항은 L^4, 그러므로 더하기를 할 수 없다. 두 번째는 좌변은 면적으로서 차원은 L^2, 그러므로 양변은 다른 차원. 그러므로 이 식은 바르지 않다.

1.3 단위와 그 변환

1.3.1 단 위

공학에서는 국제단위계(SI; Système International d'Unitès)를 이용한다(종래 각종 단위가 이용되고 있었으나 SI로 통일된다).

1.3.2 기본단위

SI에서는 7개의 기본단위를 정의하고 있다. 그중 특히 토목에서 주요한 기본단위는 다음의 3개이다.

길이 …… 미터, m　　질량 …… 킬로그램, kg　　시간 …… 초, s

1초 : ^{133}Cs(세슘) 원자가 어느 상태로부터 다른 어느 상태로 옮길 때에 방사 또는 흡수 하는 전자파의 진동주기인 9,192,631,770배의 시간
1m : 빛이 진공 속을 1/299,792,458초 사이에 나아가는 거리
1kg : 국제 킬로그램 원기의 질량

1.3.3 조립단위

힘, 압력 등의 단위는 기본단위를 조립하여 만든다. 토목에서 자주 이용되는 단위의 이름, 기호, 기본단위에서의 표현 방법은 다음과 같다.

힘 …… newton, N, $m \cdot kg \cdot s^{-2}$
압력 …… pascal, Pa, $m^{-1} \cdot kg \cdot s^{-2}$(=$N/m^2$)
에너지 및 일 …… joule, J, $m^2 \cdot kg \cdot s^{-2}$(=N·m)
일률 …… watt, W, $m^2 \cdot kg \cdot s^{-3}$(=J/s)

당연한 것이지만 조립단위의 구성은 차원과 같다. 그러므로 차원을 알 수 있으면 조립단위는 바로 쓴다.

이 밖에 cm, g, s를 기본단위로 하는 cgs 단위계 등, SI 이외의 단위가 지금도 자주 사용되고 있다. 주된 명칭과 기호는 다음과 같다.

가속도 …… gal, 1Gal=$1cm \cdot s^{-2}$
힘 …… dyne, 1dyn=$1cm \cdot g \cdot s^{-2}$; **1킬로그램중, 1kgf=9.80665N**
압력 …… bar, 1bar=$10^6 dyn \cdot cm^{-2}$
에너지 및 일 …… erg, 1erg=1dyn·cm=10^{-7}J
일률 …… 마력(프) PS, 1PS=$75m \cdot kgf \cdot s^{-1}$=735.5W

1.3.4 단위의 변환

동일한 양에서도 단위가 바뀌면 수치는 바뀐다(봉의 길이를 cm로서 측정한

경우와 m로서 측정한 경우를 생각해보자). 여기에서 그 계산법을 기술한다.

주 이후 시간의 분分을 min, 시時를 h로 나타내는 것으로 한다.

예제 1 1m/min과 1m/s와의 관계를 구하시오.

풀이

[m/min]$=X$[m/s]로 두어 X를 구하면

$$X=[\mathrm{m}]/[\mathrm{m}]\times[\mathrm{s}]/[\mathrm{min}]=\frac{[\mathrm{s}]}{60[\mathrm{s}]}=\frac{1}{60}$$

즉 1m/min의 속도는 1/60m/s에 해당한다.

주 위의 계산에서는 m 등을 곱셈으로 착각하지 않도록 [ ]를 붙였다. 그러나 문제에 있는 것과 같이 [ ]를 없애도 된다.

이와 같이 구 단위로부터 신 단위로 변환할 때는 구 단위를 신 단위로서 나타낸 수를 구 단위의 분자·분모에 넣으면 된다.

계산 시에는 단위는 분수의 형으로도, /를 사용한 형으로도, 마이너스 몇 제곱의 형으로 해도 된다.

예제 2 50km/h는 초속 몇 m인가?

풀이

구 단위는 km와 h, 신 단위는 m와 s, 1km=1000m, 1h=3600s.

그러므로

$$50\frac{\mathrm{km}}{\mathrm{h}}=50\times\frac{1000\mathrm{m}}{3600\mathrm{s}}\fallingdotseq 14\mathrm{m/s}$$

예제 3 $2m^3$로 5ton인 암석이 있다. 이 밀도 ρ를 cgs 단위로 나타내시오.

풀이

구 단위는 m와 ton이고 신 단위는 cm와 g. $1m=10^2cm$, $1ton=10^6g$이므로

$$\rho = \frac{5ton}{2m^3} = \frac{5\times10^6g}{2\times(10^2)^3cm^3} = 2.5g/cm^3$$

예제 4 500kgf의 힘은 몇 N인가? 또 이 힘이 하중으로서 $3m^2$의 토지에 작용하고 있다. 압력 p는 몇 Pa인가?

풀이

1kgf=9.80665N. 그러므로 $500kgf=500\times9.80665N \fallingdotseq 4.90\times10^3N$.

압력은 $p=4.90\times10^3N/3m^2=1.63\times10^3N/m^2=1.63\times10^3Pa$.

예제 5 어느 하천에서 유량이 $6m^3/h$였다.

① 이 유량은 매분 얼마인가?

② $6m^3/h$는 몇 ton/min에 해당하는가? 다만 물의 밀도는 $1g \cdot cm^{-3}$이라 한다.

풀이

$1m=10^2cm$, $1ton=10^6g$, 1h=60min이다.

① 이 유량을 m^3/min으로 나타내면

$$6\frac{m^3}{h} = 6\times\frac{m^3}{60min} = 0.1m^3/min$$

② 우선 물의 밀도는 ton/m^{3}으로 나타내면

$$1\frac{g}{cm^3} = 1 \times \frac{10^{-6}ton}{(10^{-2})^3m^3} = 1ton/m^3$$

그러므로 해답은 6m^3/h에 물의 밀도를 곱하여 h를 min으로 변환하면 된다. 즉

$$6\frac{m^3}{h} \times 1\frac{ton}{60min} = 0.1ton/min$$

예제 6 깊이 100m의 해저에 있어서의 수압은 얼마로 될까? 다만 해수의 비중은 1.025로 한다(9.14절의 예제 1을 참조).

풀이

해수의 단위 체적의 중량 w는 비중이 1.025이므로

$$w = 1.025ton/m^3$$

(왜냐하면 단위체적의 중량 w =비중×물의 단위체적의 중량)

수압 P는 깊이 H와 단위체적의 중량 w에 비례한다. H=100m이므로

$$\begin{aligned} P = w \cdot H &= 1.025tonf/m^3 \times 100m \\ &= 102.5tonf/m^2 \\ &= 10.25kgf/cm^2 \end{aligned}$$

연습문제

1.1 지구의 적도 반경 a는 $a = 6377.397155\text{km}$이다. a를 m단위로서 유효숫자 6자리까지 구하시오.

1.2 초속 9.8m는 시속 몇 km로 될까?

1.3 0.874tonf/m^2은 몇 N/mm^2으로 될까? 또 몇 Pa로 될까?

1.4 길이를 x, y, z로 하고 γ를 무차원 정수로 할 때 어느 물체의 체적 V는 다음의 ①~⑤의 어떤 것으로 될까?

① $\gamma \cdot x$, ② γy^2, ③ $\gamma \cdot x \cdot z$, ④ $\gamma \cdot x \cdot y \cdot z$, ⑤ $\gamma \cdot \dfrac{x \cdot z}{y}$

1.5 문제 그림 1.1과 같은 가늘고 긴 도랑이 있다. 이 도랑의 a, b, c를 측정하면 $a = 25.82\text{cm}$, $b = 43.86\text{mm}$, $c = 2.58\text{m}$였다. 이 도랑의 체적을 cm^3단위로서 소수 2자리까지 구하시오.

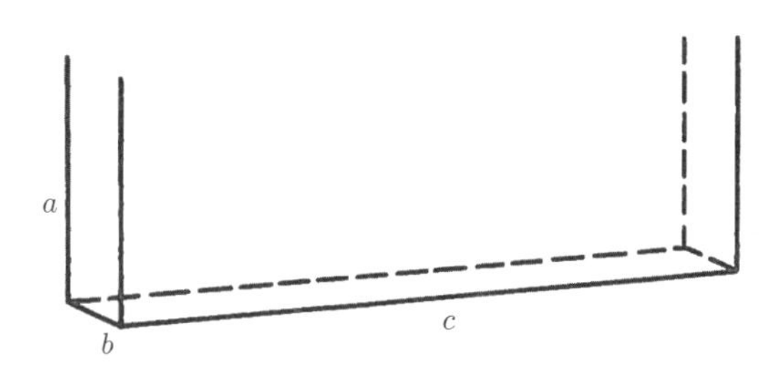

문제 그림 1.1

Chapter 02

식과 도형을 다루는 방법

Chapter 02 식과 도형을 다루는 방법

토목 공사의 계획·설계·시공을 할 때에는 여러 가지 수량을 수식적으로 처리하여 그것을 도식화하는 것이 많다.

2장에서는 그 기초로 되는 정식, 분수식, 무리식의 계산법과 직선, 삼각형, 원이라고 하는 도형의 성질을 복습한다.

2.1 정식의 전개, 분수식, 무리식의 계산법

2.1.1 단항식·다항식

x, $x^2(=x\times x)$, x^3 등을 x의 거듭제곱이라 하며 x^2, $2x^4y$ 등을 단항식이라 한다. 단항식은 $2x^4y$와 같이 수의 부분을 최초에, 다음에 문자를 알파벳순으로 나란히 적는다. 수의 부분을 계수, 곱하는 문자의 개수를 차수라 한다.

단항식이 모인 $2x^2-x+3+5x^3$ 등을 다항식이라 한다. x^3의 항을 3차, x의 항을 1차, 3의 항을 정수항이라 한다. 다항식의 차수는 그 식에 포함된 최고차의 차수를 써서 말한다. $2x^2-x+3+5x^3$을 $3-x+2x^2+5x^3$의 형으로 정리하는 것을 오름차순의 순으로 정리한다고 한다. 역으로 $5x^3+2x^2-x+3$의 형으로 정리하는 것을 내림차순의 순으로 정리한다고 한다.

주 수열 A_0, A_1, ⋯, A_n의 합, $A_0+A_1+\cdots+A_n=\sum_{i=0}^{n}A_i$를 급수라 한다. 특히

$a_0 + a_1x + \cdots + a_nx^n = \sum_{i=0}^{n} a_ix^i$ (a_0, a_1, ⋯, a_n은 정수)를 멱급수라 한다.

2.1.2 중요한 공식

정식의 전개, 분수식, 무리식의 계산에서는 다음 공식을 많이 이용한다.

1. $a+b=b+a$, $a \cdot b=b \cdot a$ (교환법칙)
2. $a+(b+c)=(a+b)+c$, $a \cdot (b \cdot c)=(a \cdot b) \cdot c$ (결합법칙)
3. $a \cdot (b+c)=a \cdot b+a \cdot c$, $(a+b) \cdot c=a \cdot c+b \cdot c$ (분배법칙)
4. $\frac{a}{b}=\frac{a \cdot c}{b \cdot c}$, $\frac{a}{b}=\frac{\frac{a}{c}}{\frac{b}{c}}$ $(c \neq 0)$
5. $\frac{a}{b} \pm \frac{c}{b}=\frac{a \pm c}{b}$
6. $\frac{a}{b} \pm \frac{c}{d}=\frac{ad}{bd} \pm \frac{bc}{bd}=\frac{ad \pm bc}{bd}$
7. $\frac{a}{b} \times \frac{c}{d}=\frac{a \cdot c}{b \cdot d}$
8. $\frac{a}{b} \div \frac{c}{d}=\frac{a}{b} \times \frac{d}{c}=\frac{a \cdot d}{b \cdot c}$
9. $\sqrt{a^2}=|a|$
10. $a>0$, $b>0$이면 $\sqrt{a} \cdot \sqrt{b}=\sqrt{a \cdot b}$, $\frac{\sqrt{a}}{\sqrt{b}}=\sqrt{\frac{a}{b}}$

2.1.3 정식의 전개

$(a+b) \cdot (2a-3b)$의 전개는 다음과 같이 하여 시행한다.

$$(a+b) \cdot (2a-3b) = \overset{①}{(a) \cdot (2a)} + \overset{②}{(a) \cdot (-3b)} + \overset{③}{(b) \cdot (2a)} + \overset{④}{(b) \cdot (-3b)}$$

$$= 2a^2 - 3ab + 2ab - 3b^2 = 2a^2 - ab - 3b^2$$

2.1.4 유용한 전개공식

$$(a \pm b)^2 = a^2 \pm 2ab + b^2$$

$$(a+b) \cdot (a-b) = a^2 - b^2$$

$$(a+b+c)^2 = a^2 + b^2 + c^2 + 2(ab+bc+ca)$$

$$(a \pm b) \cdot (a^2 \mp ab + b^2) = a^3 \pm b^3$$

더욱이 $(a+b)^n$의 전개는 다음의 박스에 나타낸 것과 같다.

파스칼의 삼각형

```
            1   1
          1   2   1
        1   3   3   1
      1   4   6   4   1
    1   5  10  10   5   1
  1   6  15  20  15   6   1
..............................
```

파스칼(Pascal, 프랑스 1623~1662, 수학자·물리학자·철학자, 압력의 단위 pascal, Pa는 그 이름을 기념한 것)이 발견하였다.

$(a+b)^n$의 각항의 계수를 나타낸다. 예를 들면 $(a+b)^5$의 계수는 위로부터 5행째로부터

$$(a+b)^5 = a^5 + 5a^4b + 10a^3b^2 + 10a^2b^3 + 5ab^4 + b^5$$

로 적는다. 차원에 주의. a, b는 같은 차원으로 좌변은 a^5, 그러므로 우변 각항도 같은 차원. 그러므로 a^3b 등 다른 차원의 항이 들어가서는 안 된다. 이 삼각형의 각 숫자는 위의 행의 바로 양측의 합이다. 그러므로 $(a+b)^{100}$의 전개식에서도 쓸 수 있다.

2.1.5 분수식의 계산법

1) 분수식이란

분수식이란 $\dfrac{(\text{정식})}{(\text{정식})}$이다.

주 정식 부분이 더욱이 분수식으로 되는 것도 있다. 이 항의 6) 참조

2) 약수·배수

분수식 A/B에 있어서 A/B가 나누어떨어질 때, B를 A의 약수, A를 B의 배수라 한다. 약수 중에서 가장 차수가 높은 것을 최대공약수, 배수 중에서 가장 차수가 낮은 것을 최소공배수라 한다.

예제 1 x^2-x-2와 x^2-2x-3의 최대공약수와 최소공배수를 구하시오.

풀이

$x^2-x-2=1\cdot(x-2)\cdot(x+1)$, $x^2-2x-3=1\cdot(x-3)\cdot(x+1)$로부터 최대공약수$=(x+1)$, 최소공배수$=(x+1)\cdot(x-2)\cdot(x-3)$

3) 덧셈·뺄셈

분수식의 덧셈·뺄셈은 2.1.2항의 4, 5, 6의 공식을 이용한다.

예제 2 $\dfrac{x-8}{x^2-x-2}-\dfrac{x-11}{x^2-2x-3}$의 계산을 하시오.

풀이

분모의 최소공배수가 $(x+1)\cdot(x-2)\cdot(x-3)$이므로 공식 6을 이용하여,

$$\frac{x-8}{x^2-x-2}-\frac{x-11}{x^2-2x-3}=\frac{(x-8)(x-3)}{(x+1)(x-2)(x-3)}-\frac{(x-11)(x-2)}{(x+1)(x-3)(x-2)}$$

$$= \frac{(x^2-11x+24)-(x^2-13x+22)}{(x+1)(x-2)(x-3)}$$

$$= \frac{2x+2}{(x+1)(x-2)(x-3)}$$

(공식 4로부터) $= \dfrac{2(x+1)}{(x+1)(x-2)(x-3)}$

$$= \frac{2}{(x-2)(x-3)}$$

4) 곱셈

곱셈은 2.1.2항의 4, 7의 공식을 이용한다.

예제 3 $\dfrac{3x}{x^2-x-2} \times \dfrac{4}{x^2-x}$를 계산하시오.

풀이

$$\frac{3x}{x^2-x-2} \times \frac{4}{x^2-x} = \frac{3x}{(x+1)(x-2)} \times \frac{4}{x(x-1)}$$

(공식 7로부터) $= \dfrac{3x \cdot 4}{(x+1)(x-2)x(x-1)}$

(공식 4로부터) $= \dfrac{12}{(x+1)(x-2)(x-1)}$

5) 나눗셈

나눗셈은 2.1.2항의 4, 8의 공식을 이용한다.

예제 4 $\dfrac{x+1}{x^2-4} \div \dfrac{x^2+3x+2}{x-2}$를 계산하시오.

풀이

$$\frac{x+1}{x^2-4} \div \frac{x^2+3x+2}{x-2} = \frac{(x+1)}{(x-2)(x+2)} \div \frac{(x+1)(x+2)}{(x-2)}$$

$$(\text{공식 8로부터}) = \frac{(x+1)}{(x-2)(x+2)} \times \frac{(x-2)}{(x+1)(x+2)}$$

$$= \frac{(x+1)(x-2)}{(x+2)(x-2)(x+1)(x+2)}$$

$$(\text{공식 4로부터}) = \frac{1}{(x+2)^2}$$

6) 복분수식의 계산

복분수식이란 $\frac{(\text{분수식})}{(\text{분수식})}$이다. 계산은 다음의 예제 순서로 한다.

예제 5

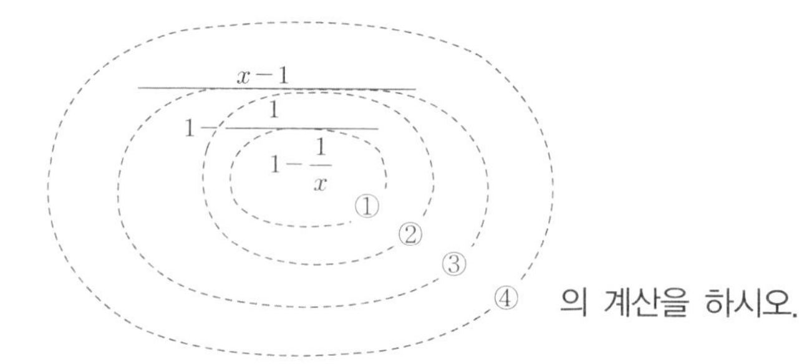

의 계산을 하시오.

풀이

순서 ① $1-\frac{1}{x}=\frac{x-1}{x}$

순서 ② $\frac{1}{1-\frac{1}{x}}=\frac{1}{\frac{x-1}{x}}=\frac{x}{x-1}$

순서 ③ $1-\frac{1}{1-\frac{1}{x}}=1-\frac{x}{x-1}=\frac{x-1-x}{x-1}=\frac{-1}{x-1}$

순서 ④ $\dfrac{x-1}{1-\dfrac{1}{1-\dfrac{1}{x}}} = \dfrac{x-1}{\dfrac{-1}{x-1}} = (x-1)\cdot\dfrac{(x-1)}{-1} = \dfrac{(x-1)^2}{-1}$

$$= -(x-1)^2$$

2.1.6 무리식의 계산법

1) 무리식이란

무리식이란 $\sqrt{(\text{정식 혹은 분수식})}$을 말한다. $\sqrt{\ }$에 대해서 다음의 것에 주의한다.

① 실수만을 다룰 때는 $\sqrt{\ }$ 내는 0 또는 정(+)

② $\sqrt{\ }$ **는 반드시 정수를 나타낸다고 약속한다**. 따라서 $\sqrt{4}=\pm 2$는 오류이며, $\sqrt{4}=2$이다(2.1.2항 공식 9 참조).

2) 무리식의 계산

무리식의 계산은 2.1.2항의 9, 10의 공식을 이용하여 분수식의 계산과 마찬가지로 시행한다.

예제 2 $\dfrac{3}{\sqrt{2x-1}+\sqrt{x}}$의 분모를 유리화하시오.

풀이

분모의 유리화란 분모·분자에 분모의 켤레식($\sqrt{2x-1}-\sqrt{x}$)을 곱하여 분모를 $\sqrt{\ }$가 없는 형으로 하는 것을 말한다.

$$\frac{3}{\sqrt{2x-1}+\sqrt{x}} = \frac{3(\sqrt{2x-1}-\sqrt{x})}{(\sqrt{2x-1}+\sqrt{x})(\sqrt{2x-1}-\sqrt{x})}$$
$$= \frac{3(\sqrt{2x-1}-\sqrt{x})}{(2x-1)-(x)}$$
$$= \frac{3(\sqrt{2x-1}-\sqrt{x})}{x-1}$$

예제 7 $\dfrac{3\sqrt{x}}{x-1}+\dfrac{3}{\sqrt{2x-1}+\sqrt{x}}$ 를 계산하시오.

풀이

$$\frac{3\sqrt{x}}{x-1}+\frac{3}{\sqrt{2x-1}+\sqrt{x}} = \frac{3\sqrt{x}}{x-1}+\frac{3(\sqrt{2x-1}-\sqrt{x})}{(\sqrt{2x-1}+\sqrt{x})(\sqrt{2x-1}-\sqrt{x})}$$
$$= \frac{3\sqrt{x}}{x-1}+\frac{3(\sqrt{2x-1}-\sqrt{x})}{x-1}$$
$$= \frac{3\sqrt{x}+3\sqrt{2x-1}-3\sqrt{x}}{x-1} = \frac{3\sqrt{2x-1}}{x-1}$$

2.2 기본적인 도형의 성질

여러 가지 도형을 취급하기 위한 기본적 요소는 직선, 삼각형, 원이다. 그래서 이러한 기본적 성질을 나타내둔다.

2.2.1 직 선

① 서로 다른 2점을 지나는 직선은 보통 하나로 정해진다.

② 하나의 직선과 이 직선상에 없는 한 점을 지나 이 직선에 평행한 직선은 보통 하나로 정해진다.

③ 서로 다른 2직선은 보통 1점에서 만난다.

④ 서로 다른 3직선 l, m, n에 있어서 α와 γ, β와 δ, α'과 γ', β'과 δ'들을 맞꼭지각, α와 α', β와 β', γ와 γ', δ와 δ'을 동위각이라 한다. l과 m이 평행한 경우는 동위각이 같다(그림 2.1).

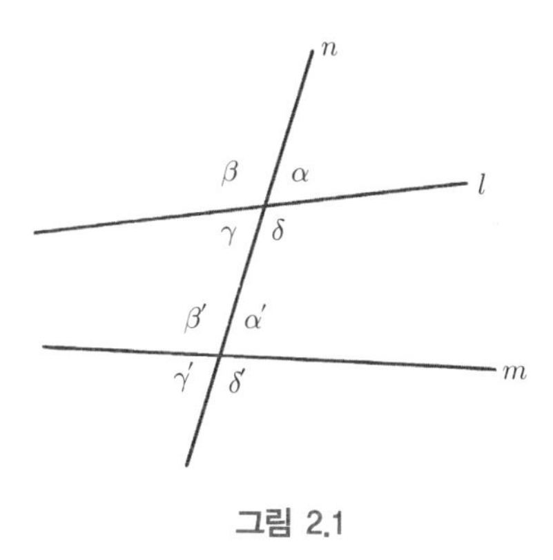

그림 2.1

2.2.2 삼각형과 사변형

① 삼각형의 내각의 합은 180°이다.

주 n각형의 내각의 합은 $180° \times (n-2)$이다.

② 2개의 삼각형이 상사이기 위해서는 다음의 어느 것이 성립할 필요가 있다(그림 2.2).

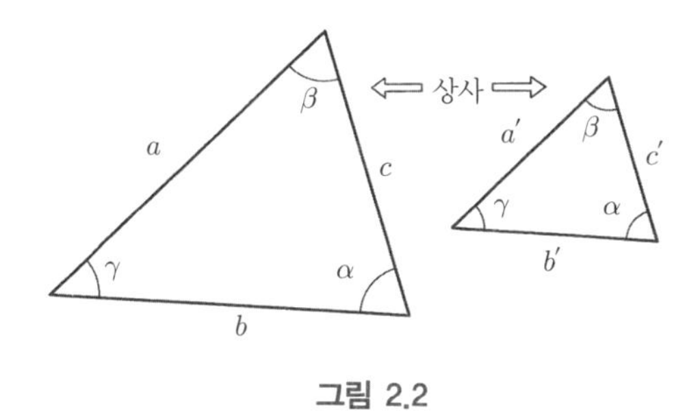

그림 2.2

ⓐ 대응하는 2개의 내각이 각각 같다.

ⓑ 대응하는 세 개의 변의 비가 모두 같다.

ⓒ 대응하는 1각과 2변의 비가 같다.

③ 직각 삼각형의 3변을 r, a, b라 하면 3변의 사이에

$$r^2 = a^2 + b^2 \tag{2.1}$$

의 관계가 성립한다(피타고라스 혹은 세제곱의 정리라 한다)(그림 2.3).

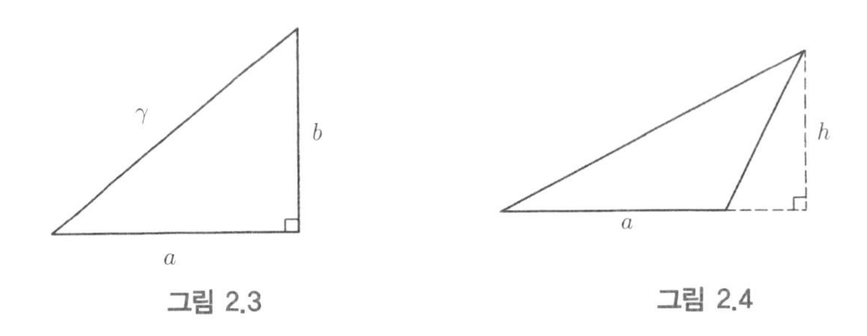

그림 2.3　　그림 2.4

④ 삼각형의 면적은 밑변을 a, 높이를 h라 하면 $\frac{a \cdot h}{2}$이다(그림 2.4).

⑤ 평행사변형의 면적은 밑변을 a, 높이를 h라 하면 $a \cdot h$이다.

⑥ 사다리꼴의 면적은 윗변 a, 밑변 b, 높이 h라 하면 $\frac{(a+b) \cdot h}{2}$이다.

2.2.3 원(7.6절 참조)

원이란 1점으로부터 같은 거리에 있는 점의 집합이다.

① 반경 r인 원의 원주의 길이는 $2\pi r$이다.

(π : 원주율, $\pi = 3.141592 \cdots$) 또, 면적은 πr^2이다.

② 원주 위의 1점에서 접선을 그을 때 접점과 원의 중심을 연결한(반) 직선은 접선과 직교한다.

③ 중심각은 원주각의 2배이다(그림 2.5).

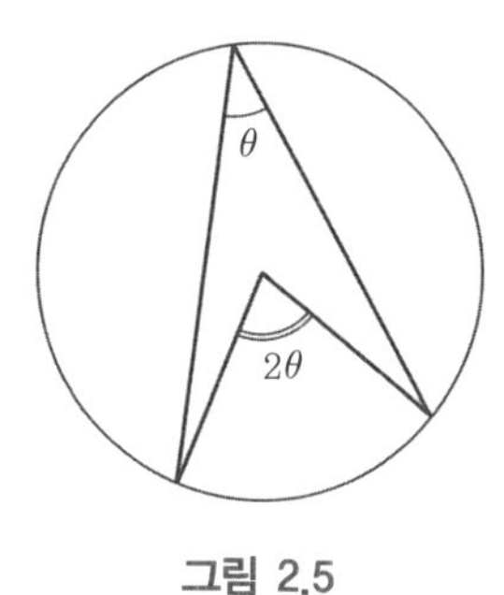

그림 2.5

2.3 호도법

2.3.1 정 의

각을 나타내는 경우 도(혹은 도, 분, 초)를 이용하지만 원호의 길이와 원의 중심각의 관계로부터 원호를 기준으로 하여 각을 나타내는 것이 있다. 이것을 **호도**弧度**법**이라 하며 라디안(radian, 줄여서 rad)이라 적는다.

1rad의 정의는 다음과 같다.

반경 r인 원을 생각할 때 이 원의 반경 r과 같은 길이를 원주 위에 취하여 그곳에 생긴 부채꼴의 중심각을 1rad라 한다.

2.3.2 호도와 도의 관계

호도 [rad]와 도[°]의 사이에는

$$1\text{rad} = \frac{180^\circ}{\pi},\ 1^\circ = \frac{\pi}{180}\text{rad}$$ 의 관계가 있다.

2.3.3 호길이와 부채꼴의 면적

반경 r, 중심각 θrad인 부채꼴의 호길이 l과 면적 S에는 $l = r\theta$, $S = \frac{1}{2}r^2\theta$ (그림 2.6)의 관계가 성립한다.

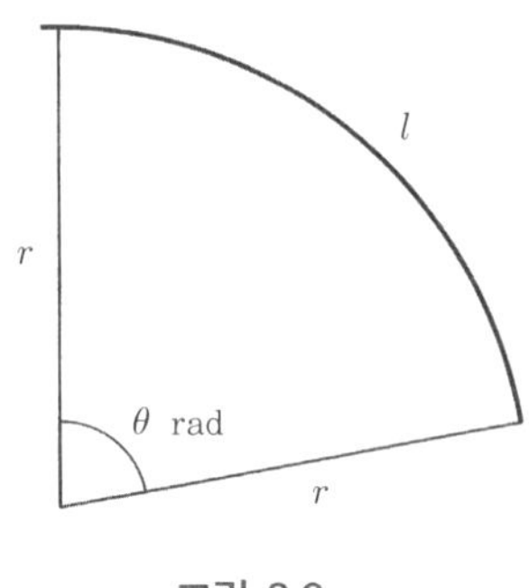

그림 2.6

연 습 문 제

2.1 $(a+b)^3 = a^3 + 3a^2b + 3ab^2 + b^3$ 이다. 이것을 이용하여 $(2x-3)^3$ 을 전개하시오.

2.2 파스칼의 삼각형을 이용하여 $(2x-y)^6$ 을 전개하시오.

2.3 다음의 분수식을 간단히 하시오.

① $\dfrac{x-2}{x^2-x-6} + \dfrac{5}{x-3}$ ② $\dfrac{2x}{x^2-1} - \dfrac{x^2+3x}{x^3-1}$

2.4 다음의 복분수식을 간단히 하시오.

① $\dfrac{\dfrac{x^2-1}{2x}}{\dfrac{2x}{x-1}}$ ② $\dfrac{\dfrac{3x}{x^2-x-2}}{x-\dfrac{2}{x+5}}$

2.5 사변형 ABCD에 있어서 $\angle B = 53°26'$, $\angle C = 49°31'$, $\angle D = 72°5'$ 일 때, $\angle A$ 의 크기를 구하시오.

2.6 문제 그림 2.1의 삼각형 ABC의 면적을 구하시오.

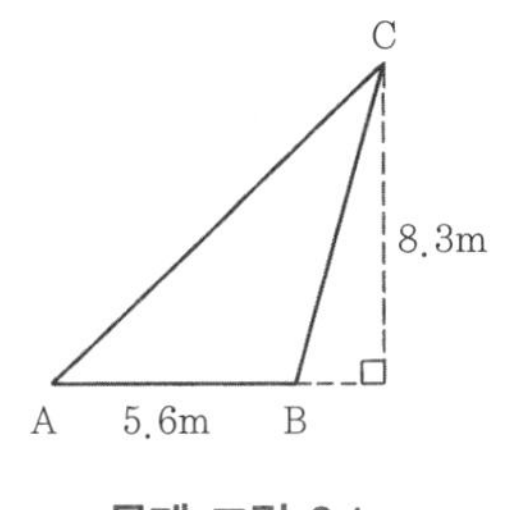

문제 그림 2.1

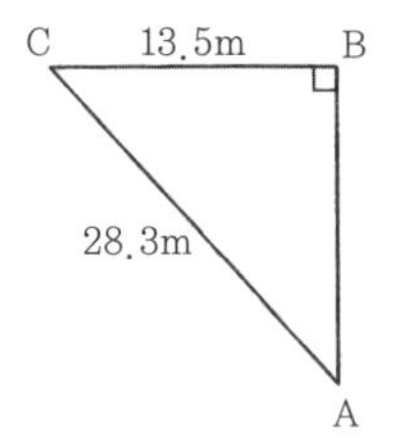

문제 그림 2.2

2.7 문제 그림 2.2의 직각 삼각형 ABC에 있어서 AC = 28.3m, BC = 13.5m 일 때, AB의 길이를 m단위로서 소수 1자리까지 구하시오.

2.8 $53°40'$은 몇 rad이 될까? 다만 π의 값은 3.14159로 하고 유효 5자릿수까지 구하시오.

2.9 직경 23.5cm의 원판을 관측점으로부터 50m떨어진 지점에 두었을 때, 이 원판은 몇 초의 각으로 보일까?

2.10 길이 4.0m, 폭 3.0m, 높이 5.0m, 저부 두께 0.5m, 측벽 두께 0.2m의 콘크리트 케이슨을 해면에 띄울 때 케이슨의 흘수는 얼마로 될까? 다만 콘크리트의 단위중량은 $2400kg/m^3$, 바닷물의 단위중량은 $1.025g/cm^3$으로 한다.

Chapter 03
삼각함수

Chapter 03 삼각함수

삼각함수는 토목을 비롯하여 공학의 계산에 꼭 필요한 도구이다. 일반적으로 각을 취급하는 경우에는 반드시라고 해도 좋을 만큼 사용한다. 간단한 예를 보자.

예 그림 3.1과 같이 경사진 지층(경사각 30°)이 있다. 지점 O로부터 지층을 따라서 500m 뚫으면 금광맥을 발견하였다. 지표면(수평면)으로부터 수직으로 뚫어 이 금광맥을 채굴하려고 한다. 지표면의 어느 점으로부터 몇 m 아래로 뚫으면 좋을까?

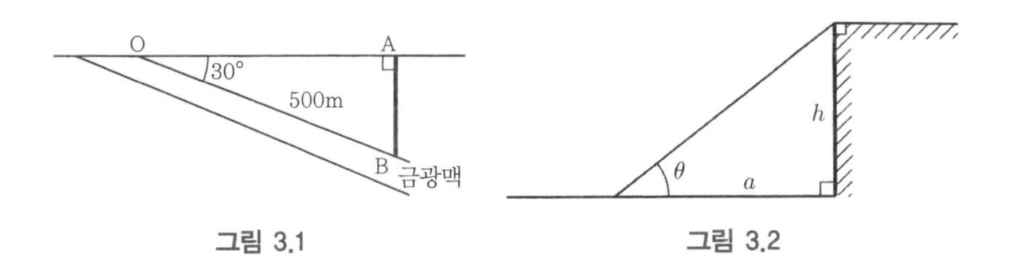

그림 3.1　　그림 3.2

예 그림 3.2와 같은 절벽이 있다. 절벽의 직하까지의 거리 a와 절벽의 정상의 앙각仰角 θ를 측정하여 절벽의 높이 h를 구하고 싶다. 어떻게 하면 좋을까?

이것들은 모두 삼각함수로서 해결된다. 이 장에서는 삼각함수란 무엇인지, 어떻게 사용하는지를 설명한다. 함수에 대해서는 5.1절에서 설명한다.

3.1 삼각함수의 정의

임의의 다각형은 ① 얼마간의 삼각형으로 분할할 수 있고, ② 하나의 삼각형은 두 개의 직각 삼각형으로 분할할 수 있다. 더욱이 ③ 상사인 (직각)삼각형에 있어서는 서로 대응하는 각은 같고 2변의 비는 일정하다. 이러한 성질로부터 삼각함수는 직각삼각형에 있어서의 하나의 각과 2변의 비의 관계를 나타내는 것으로서 정의되었다. 하나의 직각 삼각형이 주어졌을 때, 예로부터 직각에 대응하는 변을 빗변, 하나의 내각을 θ로 하여 θ에 대응하는 변을 맞변, 나머지 변을 밑변으로 하여[그림 3.3 (a)],

$$\frac{\text{맞변}}{\text{빗변}}\text{을 sin(사인)},\quad \frac{\text{밑변}}{\text{빗변}}\text{을 cos(코사인)},\quad \frac{\text{맞변}}{\text{밑변}}\text{을 tan(탄젠트)}$$

의 기호로서 나타내어 왔다. 따라서 그림 3.3 (b)의 직각 삼각형에 있어서 삼각함수를 정의하면,

$$\sin\theta = \frac{y}{r},\quad \cos\theta = \frac{x}{r},\quad \tan\theta = \frac{y}{x}$$

로 된다.

주 $\operatorname{cosec}\theta\left(=\frac{1}{\sin\theta}\right)$, $\sec\theta\left(=\frac{1}{\cos\theta}\right)$, $\cot\theta\left(=\frac{1}{\tan\theta}\right)$의 기호도 종종 이용된다. 각각 코세컨트, 세컨트, 코탄젠트라고 읽는다.

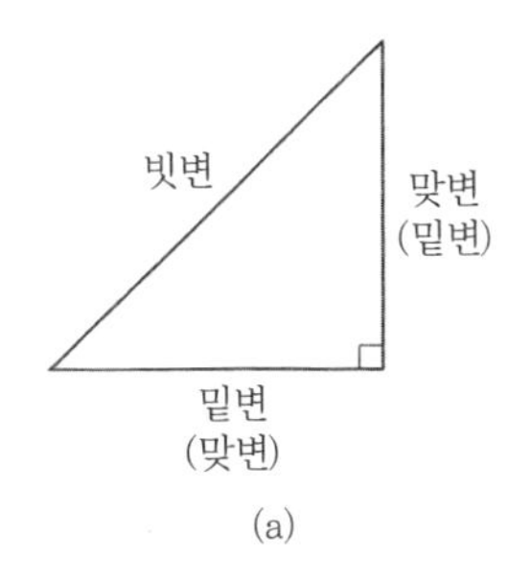

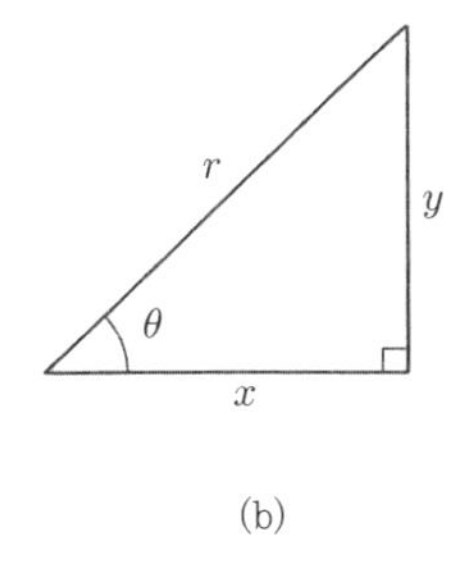

그림 3.3

사인, 코사인, 탄젠트는 영어의 sine, cosine, tangent이지만 본래는 라틴어의 sinus, cosinus, tangens이며 더욱더 거슬러 올라가면 아라비아어에서 출발한다. 이 말은 대략 16세기에 유럽의 수학자가 사용하기 시작하였다. sin, cos, tan인 기호는 17세기경부터 사용되어 18세기의 대수학자 오일러(Euler, 스위스 출생, 1707∼1783)에 의해 보급되었다.

또한 접두어 co는 여각余角(어느 각의 여각이란 그 각과 직각과의 차)의 sin, tangent, secant를 의미한다.

그런데 $\sin\alpha$ 등을 공부하지 않은 학생이 $\sin \times \alpha$라 생각하는 것은 논할 바가 못 되지만 함수라고 하는 것을 확실히 하기에는 컴퓨터 소프트웨어의 진내장함수와 같이 $\sin(\alpha)$로 해야 하는 쪽이 좋을지도 모른다. 그러나 오랜 세월의 습관임과 동시에 $\sin\alpha$로 쓰는 쪽이 식이 간결하게 된다고 하는 이점이 있다.

또 $(\sin\alpha)^n$을 $\sin^n\alpha$로 쓰는 것도 **예전부터의 관습**이고 현재에서는 **약속·규칙**이다. 그러므로 이것을 $\sin\alpha^n$으로 쓰는 것은 규칙 위반이다. 이 규칙은 초심자가 오해하기 쉬워 $1/\sin\alpha$를 $\sin^{-1}\alpha$로 쓰는 것도 무리가 아닐 것이다. 물론 이것은 역삼각함수의 기호이다(뒤에서 기술). (α^2의 사인을 쓰고 싶으면 $\sin(\alpha^2)$으로 (   )를 사용하는 것이 좋다). 어떻든 관습·약속·규칙은 지키지 않으면 안 된다.

고대 중국 및 에도江戸 시대의 일본에서도 이미 삼각함수의 사고방식이 있었다고 한다.

주의 각 및 삼각함수는 모두 무차원량이다.

3.2 삼각함수의 기본적 관계

세 개의 삼각함수는 서로 독립적인 것이 아니다. 다음의 관계가 특히 기본적이다.

① $\tan\theta = \dfrac{y}{x} = \dfrac{\dfrac{y}{r}}{\dfrac{x}{r}} = \dfrac{\sin\theta}{\cos\theta}$

② 피타고라스의 정리, 식 (2.1)을 변형한

$$1 = \left(\frac{x}{r}\right)^2 + \left(\frac{y}{r}\right)^2$$

로부터

$$\cos^2\theta + \sin^2\theta = 1$$

3.3 삼각함수의 그래프

각 θ의 범위를 확장하여 일반의 각으로 하면 그림 3.4와 같이 되므로 삼각함수의 값을 y로 하여 $(\theta,\ y)$의 관계를 도시하면 그림 3.5 (a), (b)와 같이 된다.

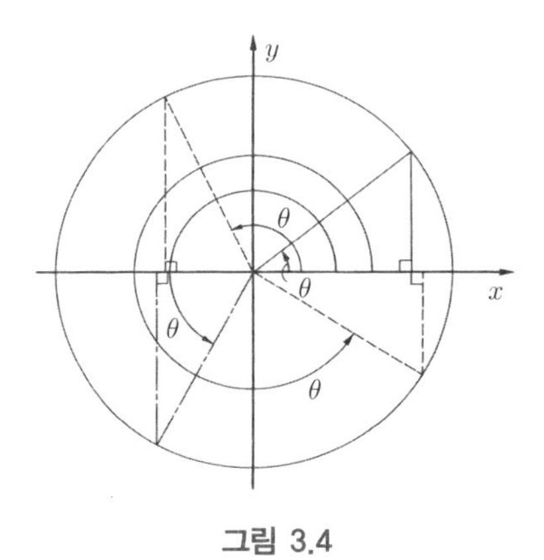

그림 3.4

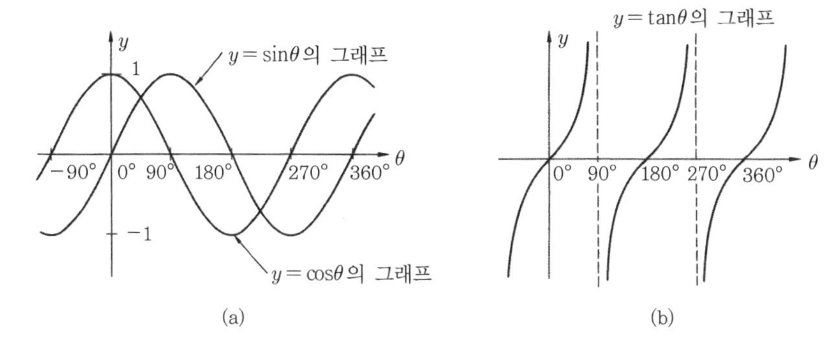

그림 3.5

3.4 삼각함수의 부호

그림 3.6과 같이 세 개의 함수의 제I상한(0°~90°), 제II상한(90°~180°), 제III상한 (180°~270°), 제IV상한 (270°~360°)의 부호는 표 3.1과 같이 된다.

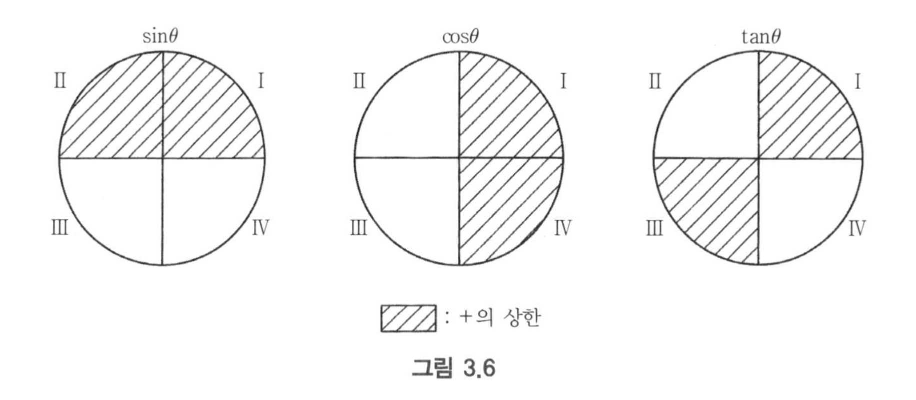

그림 3.6

표 3.1

	제I상한	제II상한	제III상한	제IV상한
$\sin\theta$	+	+	−	−
$\cos\theta$	+	−	−	+
$\tan\theta$	+	−	+	−

3.5 특별한 각의 삼각함수의 값

삼각함수의 값은 삼각함수표나 계산기를 사용하여 구할 수 있지만 0°, 30°, 45°, 60°, 90°, 270° 등의 값은 간단한 작도에 의해서 구할 수 있다.

예 30°와 60°일 때의 값 : 정삼각형을 2등분하여[그림 3.7 (a)]

예 45°일 때의 값 : 직각 이등변 삼각형으로부터[그림 3.7 (b)]

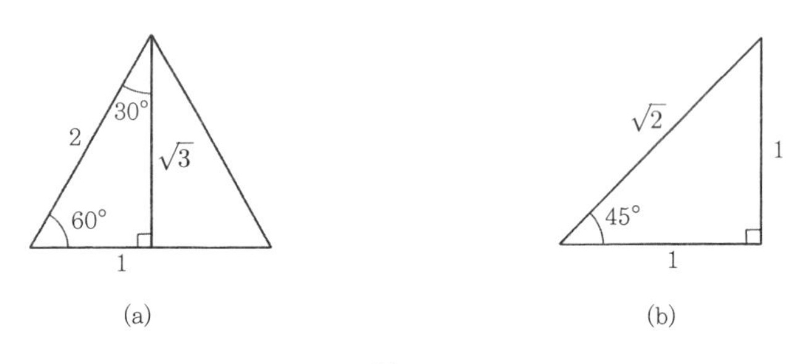

그림 3.7

각각의 각에 대한 삼각 함수의 값을 계산하면 표 3.2와 같이 된다.

표 3.2

	0°	30°	45°	60°	90°	180°	270°
$\sin\theta$	0	$\frac{1}{2}$	$\frac{1}{\sqrt{2}}$	$\frac{\sqrt{3}}{2}$	1	0	-1
$\cos\theta$	1	$\frac{\sqrt{3}}{2}$	$\frac{1}{\sqrt{2}}$	$\frac{1}{2}$	0	-1	0
$\tan\theta$	0	$\frac{1}{\sqrt{3}}$	1	$\sqrt{3}$	없음	0	없음

주 $\tan\theta$는 90°(혹은 270°)보다 작은 각으로부터 90°(혹은 270°)에 가까워지면 정(+)의 무한대로, 90°(혹은 270°)보다 큰 각에서 90°(혹은 270°)에 가까워지면 부(−)의 무한대로 된다. 따라서 tan90°, tan270°의 값은 없음으로 한다.

지금까지 삼각함수의 정의와 기본적 성질을 배웠다. 여기에서 3장의 예 1, 예 2를 생각해보자.

예 1의 해 : 그림 3.1에 의해 OB=500m, $\angle$AOB =30°이므로

$$\sin 30^\circ = \frac{AB}{500m}$$

그러므로,

$$AB = 500m \times \sin 30^\circ = 500m \times \frac{1}{2} = 250m$$

예 2의 해 : 그림 3.2에 있어서 $\tan\theta = \frac{h}{a}$ 그러므로 $h = a \cdot \tan\theta$

3.6 덧셈정리와 그 응용

3.6.1 덧셈정리

수의 계산에 있어서는 a, α, β를 모두 수라 하면 $a \cdot (\alpha+\beta) = a\alpha + a\beta$로 된다.

그러면 $\sin(\alpha+\beta) = \sin\alpha + \sin\beta$로 될까? 그것은 다음과 같이 된다.

$$\sin(\alpha \pm \beta) = \sin\alpha\cos\beta \pm \cos\alpha\sin\beta$$
$$\cos(\alpha \pm \beta) = \cos\alpha\cos\beta \mp \sin\alpha\sin\beta$$
$$\tan(\alpha \pm \beta) = \frac{\tan\alpha \pm \tan\beta}{1 \mp \tan\alpha\tan\beta}$$

이 공식을 삼각함수의 덧셈정리라고 한다.

3.6.2 응 용

덧셈정리로부터 배각의 공식, 합(차)로부터 곱으로 고치는 공식, 곱으로부터 합(차)로 고치는 공식 등, 여러 가지 공식이 유도된다. 여러 공식은 공식집을 참조하시오.

여기에서는 덧셈정리를 직접 사용하는 ① 배각의 공식, ② $\sin(180° - \theta)$, $\cos 15°$ 등의 계산, ③ 단진동의 합성을 생각하자.

1) 배각의 공식, $\alpha = \beta$로 하여

$\sin 2\alpha = 2\sin\alpha\cos\alpha$,

$\cos 2\alpha = \cos^2\alpha - \sin^2\alpha = 2\cos^2\alpha - 1 = 1 - 2\sin^2\alpha$

$$\tan 2\alpha = \frac{2\tan\alpha}{1 - \tan^2\alpha}$$

2) $\sin(180° - \theta)$, $\cos 15°$ 등의 계산

예1 $\sin(180° - \theta) = \sin 180° \cdot \cos\theta - \sin\theta \cdot \cos 180°$

$= 0 \cdot \cos\theta - \sin\theta \cdot (-1) = \sin\theta$

(기타의 공식은 공식집을 보시오.)

예2 $\cos 15° = \cos(45° - 30°) = \cos 45° \cdot \cos 30° + \sin 45° \cdot \sin 30°$

$$= \frac{\sqrt{2}}{2} \cdot \frac{\sqrt{3}}{2} + \frac{\sqrt{2}}{2} \cdot \frac{1}{2} = \frac{\sqrt{6} + \sqrt{2}}{4}$$

3) 단진동의 합성

예제 2개의 단진동 $y_1 = \sin\omega t$, $y_2 = 2\cos\omega t$를 합성($y_1 + y_2$)하시오(연습문제 3.7 참조).

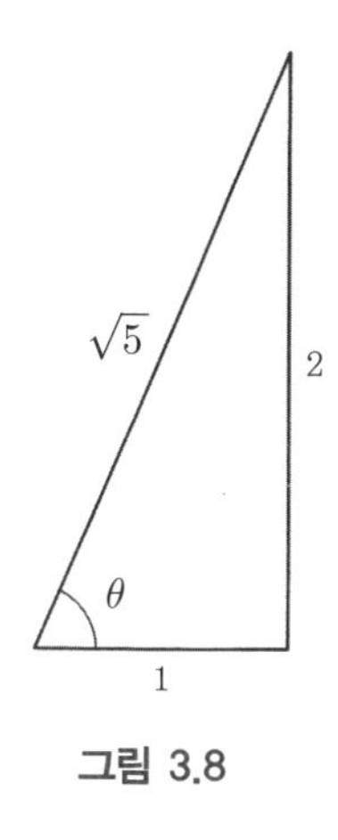

그림 3.8

풀이

$$y = y_1 + y_2 = \sin\omega t + 2\cos\omega t$$
$$= \sqrt{5}\left(\frac{1}{\sqrt{5}}\sin\omega t + \frac{2}{\sqrt{5}} \cdot \cos\omega t\right)$$
$$= \sqrt{5}\,(\cos\theta \cdot \sin\omega t + \sin\theta \cdot \cos\omega t)$$
$$= \sqrt{5}\sin(\omega t + \theta),\ (\tan\theta = 2)$$(그림 3.8).

즉 2개의 진동 $\sin\omega t$와 $2\cos\omega t$를 중합시키면 진동이 $\sqrt{5}$이고 위상차 $\theta(\tan\theta = 2)$의 진동이 생긴다.

일반적으로 $a\sin\omega t$와 $b\cos\omega t$를 중합시키면

$\sqrt{a^2 + b^2} \cdot \sin(\omega t + \theta)$(다만 $\tan\theta = \dfrac{b}{a}$)의 진동이 된다.

3.7 역삼각함수에 대해서

비比의 값(y)을 주고 각(θ)을 구할 때는 $y = \sin\theta$, $y = \cos\theta$, $y = \tan\theta$의 각각을 $\theta = \sin^{-1}y$, $\theta = \cos^{-1}y$, $\theta = \tan^{-1}y$로 적고 역삼각함수라 한다.

주 $\sin^{-1}$은 아크 사인, $\cos^{-1}$ 아크 코사인, $\tan^{-1}$은 아크 탄젠트라 읽는다.

그림 3.5 (a), (b)의 그래프로부터도 명확한 바와 같이 y의 값을 한 개 지정하여도 그것을 만족하는 θ의 값은 몇 개나 있다. 그래서 대표의 값(이것을 주

치主値라 한다)을 한 개만 표시한다. 주치의 범위는 다음과 같다.

$$-90° \leq \sin^{-1}y \leq 90°,\ 0° \leq \cos^{-1}y \leq 180°,\ -90° < \tan^{-1}y < 90°$$

3.8 각 구하는 방법

삼각함수의 값을 알고 이것으로부터 그것을 만족하는 각 θ를 구할 때는 반드시 $\tan^{-1}y$로부터 산출해야 한다. 이것은 구하는 각에 가능한 한 오차가 들어가는 것을 적게 하기 위해서이다. 그 이유는 다음과 같다.

① θ가 90°부근에서는 $\sin\theta(=y)$의 값의 변화가 작다. 역으로 말하면 y의 미소한 변화에 대해 각 θ의 변화는 커져 오차가 커진다(θ가 0°부근에서의 $\cos\theta$의 변화도 마찬가지이다).

② $\tan\theta(=y)$의 변화는 $\sin\theta$, $\cos\theta$에 비해 크다. 역으로 말하면 y의 미소한 변화에 대해 각 θ의 변화는 작아져 오차가 작아진다.

예제 $\sin\theta = 0.875$일 때, 이것을 만족하는 θ를 구하시오. 다만 θ는 제II상한의 각으로 한다.

풀이

$\sin^2\theta + \cos^2\theta = 1$로부터 $\cos\theta = \pm\sqrt{1-\sin^2\theta}$. 여기에서 θ가 제II상한의 각이므로 $\cos\theta = -\sqrt{1-\sin^2\theta}$. 그러므로

$$\tan\theta = \frac{\sin\theta}{-1\sqrt{1-\sin^2\theta}} = \frac{0.875}{\sqrt{1-(0.875)^2}}$$

로 된다.

따라서 계산기를 이용하면 θ의 주치는

$$\tan^{-1}\left(-\frac{0.875}{\sqrt{1-(0.875)^2}}\right)=-61°2'42''.$$

더욱이 θ는 제Ⅱ상한의 각이므로 $180° - 61°2'42'' = 118°57'18''$로 된다.

$\tan^{-1}y$의 주치를 α, 구하는 각을 θ라 하면 제Ⅰ상한에서는 $\theta = \alpha(\alpha > 0)$, 제Ⅱ상한에서는 $\theta = 180° + \alpha(\alpha < 0)$, 제Ⅲ상한에서는 $\theta = 180° + \alpha(\alpha > 0)$, 제Ⅳ상한에서는 $\theta = 360° + \alpha(\alpha < 0)$으로 된다.

3.9 삼각법 입문

삼각법의 6요소(세 개의 변과 세 개의 각) 중 3요소(① 1변과 2각, ② 2변과 1각, ③ 3변. 다만 세 개의 각만으로는 불가)를 알고 다른 3요소를 구하는 것을 삼각법이라 한다. 이것에는 여러 가지 공식이 이용되지만 기본은 사인(sine) 정리와 코사인(cosine) 정리에 의하는 2개의 공식이다.

3.9.1 사인정리와 그 사용방법

1) 정리

그림 3.9의 임의의 삼각형에 있어서

$$\frac{a}{\sin A}=\frac{b}{\sin B}=\frac{c}{\sin C}=2R\text{(}R\text{은 외접원의 반경)}$$

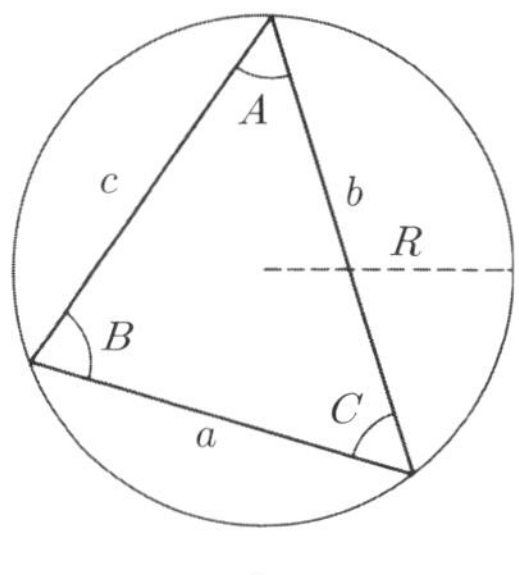

그림 3.9

2) 사용방법

삼각형의 **2각과 끼인 변으로부터 다른 2변을 구할** 때에 이용한다.

예제 1 삼각형 ABC에 있어서 $\angle A = 48°$, $\angle B = 61°$, 변 $BC = 53.6m$ 일 때 변 AB와 변 AC의 길이는 얼마인가?

풀이

$\angle C = 180° - \angle A - \angle B = 71°$. 삼각형 ABC에 사인정리를 이용하여

$$\frac{AB}{\sin 71°} = \frac{AC}{\sin 61°} = \frac{53.6m}{\sin 48°}$$

그러므로 $AB = \dfrac{53.6m \cdot \sin 71°}{\sin 48°} \fallingdotseq 68.2m$

$$AC = \frac{53.6m \cdot \sin 61°}{\sin 48°} \fallingdotseq 63.1m$$

3.9.2 코사인정리와 그 사용방법

1) 정리

그림 3.9의 임의의 삼각형에 있어서

$$a^2 = b^2 + c^2 - 2bc\cos A$$
$$b^2 = c^2 + a^2 - 2ca\cos B$$
$$c^2 = a^2 + b^2 - 2ab\cos C$$

상기의 정리를 바르게는 제2 코사인정리라 한다.

2) 사용방법

① 삼각형의 2변과 끼인각으로부터 다른 1변을 구하고

② 삼각형의 3변으로부터 각 내각을 구할 때에 이용한다.

예제 2 삼각형 OAB에 있어서 OA=23.4m, OB=19.3, ∠AOB=53°일 때 AB의 길이를 구하시오.

풀이

삼각형 OAB에 코사인정리를 이용하여

$$\mathrm{AB} = \sqrt{(23.4)^2 + (19.3)^2 - 2 \cdot (23.4) \cdot (19.3) \cdot \cos 53^\circ} \fallingdotseq 19.4[\mathrm{m}]$$

3.9.3 응용(삼각형의 면적)

임의의 다각형은 얼마간의 삼각형으로 분할할 수 있다. 따라서 다각형의 면적은 분할된 삼각형의 면적의 합이 된다. 그래서 삼각형의 면적을 구하는 방법의 몇 가지를 생각해본다. 그림 3.10과 같이 3변을 a, b, c, 각 내각을, α,

β, γ로 하고 구하는 면적을 S라 하면,

1) 2변과 끼인각으로부터

$$S = \frac{ab}{2}\sin\gamma = \frac{\mathrm{bc}}{2}\sin\alpha = \frac{ca}{2}\sin\beta$$

2) 2각과 끼인각으로부터

$$S = \frac{a^2\sin\beta\sin\gamma}{2\sin(\beta+\gamma)} = \frac{b^2\sin\gamma\sin\alpha}{2\sin(\gamma+\alpha)} = \frac{c^2\sin\alpha\sin\beta}{2\sin(\alpha+\beta)}$$

3) 3변으로부터

$$S = \sqrt{s(s-a)(s-b)(s-c)} \quad \left(\text{다만} \quad s = \frac{a+b+c}{2}\right)$$

이것을 Heron의 **공식**이라고 한다. 공식 1), 2), 3)의 도출은 각자 시도해보라.

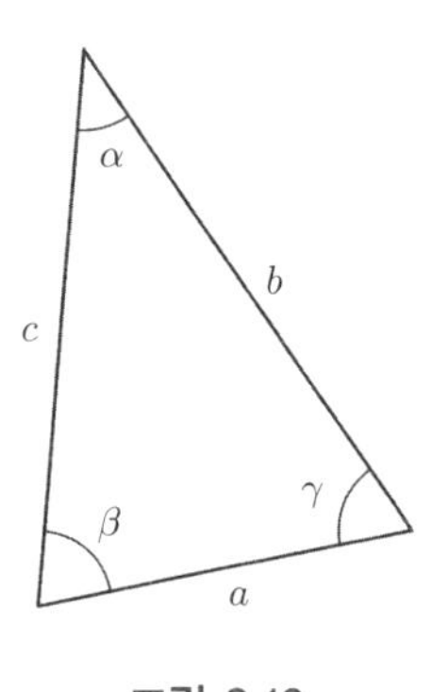

그림 3.10

연 습 문 제

3.1 문제 그림 3.1의 삼각형에 있어서 $\sin\theta$, $\cos\theta$, $\tan\theta$의 값을 a, b, c로서 나타내시오.

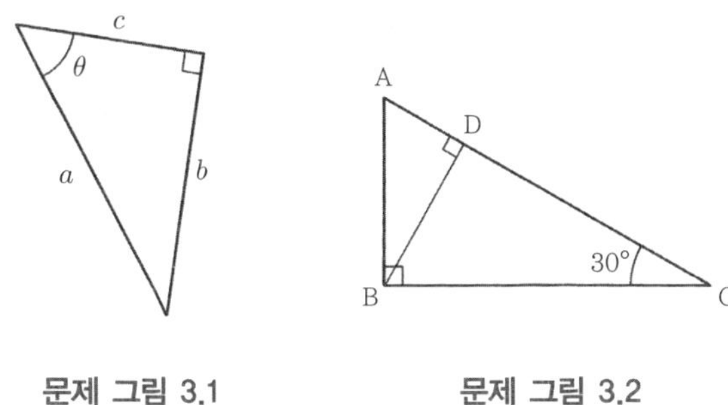

문제 그림 3.1　　　　문제 그림 3.2

3.2 $\sin\theta = 0.8057$일 때, $\cos\theta$ 및 $\cot\theta$의 값을 소수 4자리까지 구하시오. 다만 $90° < \theta < 180°$로 한다.

3.3 문제 그림 3.2의 BD의 길이를 구하시오. 다만 삼각형 ABC는 직각삼각형이고 $\angle B = 90°$, $\angle C = 30°$, $AC = 20m$로 한다.

3.4 문제 그림 3.3과 같이 절벽의 높이를 측정하기 위해 절벽 근처의 C 지점으로부터 올려다보면 60°였다. C 지점으로부터 200m 절벽의 반대 방향으로 걷고 나서 올려다보면 30°였다. 절벽의 높이는 얼마가 될까?

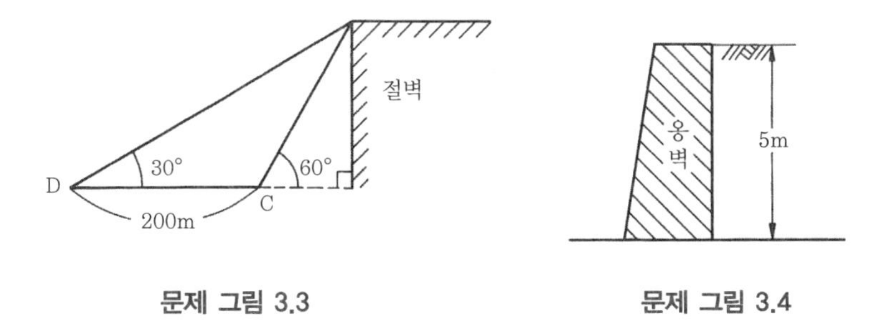

문제 그림 3.3　　　　문제 그림 3.4

3.5 문제 그림 3.4와 같은 옹벽이 점착력이 없는 흙을 지지하고 있는 경우, 깊이 $H = 5\text{m}$에 있어서의 주동토압 강도는 얼마인가? 다만 흙의 단위 중량 $w = 1.7\text{ton} \cdot \text{f/m}^3$, 내부마찰각 $\phi = 30°$로 하고 주동토압강도 P_a는 $P_a = w \cdot H \cdot \tan^2\left(45° - \frac{\phi}{2}\right)$를 이용한다.

3.6 문제 그림 3.5에 나타낸 금광맥을 포함한 지층(A층)의 두께 t와 점 A에서의 깊이 d를 구하시오. 다만 지표부에서의 A층의 노출 폭을 W [m], 경사각을 $\beta°$라 한다.

3.7 $y_1 = 3\sin\omega t$, $y_2 = 2\cos\omega t$일 때, $y_1 + y_2$를 $y = a\sin(\omega t + \delta)$의 형으로 나타내시오.

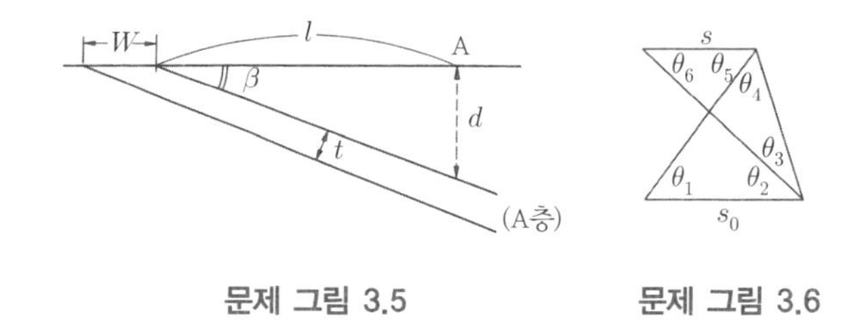

문제 그림 3.5　　　　문제 그림 3.6

3.8 문제 그림 3.6과 같이 s의 길이를 구하기 위해 s_0 및 $\theta_1 \sim \theta_6$의 각을 측정하였다. 이것으로부터 s를 s_0 및 $\theta_1 \sim \theta_6$의 각을 이용하여 나타내시오.

3.9 지도 위에서 북극으로부터 위도 ϕ까지의 직선거리 r은 $r = 2R\sin\frac{\delta}{2} \cdot s$로서 구해진다. $R = 6370\text{km}$, 축척 $s = 1/300,000,000$이라 하였을 때 적도까지의 지도상 거리는 몇 cm로 될까?(유효숫자 2자리까지 구하시오). 다만 $\delta = 90° - \phi$(ϕ : 위도)이다.

3.10 삼각형의 3변을 a, b, c라 하면 이 삼각형의 면적은

$S = \sqrt{p(p-a)(p-b)(p-c)}$ 다만 $p = \frac{a+b+c}{2}$로 구해진다. 이것을 증명하시오.

Chapter 04

지수 및 대수

Chapter 04

지수 및 대수

4.1 지 수

4.1.1 지수란?(2장 참조)

$a \times a$는 a^2, $a \times a \times a$는 a^3이라고 쓰고 어깨의 수를 지수指數, a를 밑이라 부른다. 그렇지만 공학이나 자연과학에서는 $a^{3/2}$라든가 a^{-4}라고 하는 지수가 정정수正整数가 아닌 법칙이나 식이 빈번히 나온다. 예를 들면 뒤에서 기술할 개수로에 대한 Manning 공식에서는 수로의 구배 I의 1/2 제곱 등이 나온다.

지수를 정정수 이외의 수로도 확장하면 법칙이나 식의 의미를 고려하거나 그것들의 계산이 편리해진다고 하는 이점이 있다. 또 지수는 다음의 대수의 이해에 빠뜨릴 수 없다.

4.1.2 지수의 법칙

m, n을 정정수라 할 때, 지수에 관하여 다음의 법칙이 있다. 이것들은 스스로 확인해보자.

① $a^m \times a^n = a^{m+n}$, ② $a^m \div a^n = a^{m-n}$, ③ $(a^m)^n = a^{mn}$

이것들의 법칙이 m, n이 정부(±)의 유리수에서도 성립한다고 하면 다음과 같은 여러 가지가 나온다.

②에서 $m=n$이라 두면 좌변=1,	$\therefore\ a^0=1$ 다만 $a \neq 0$
②에서 $m=0$이라 두면 좌변=$1/a^n$	$\therefore\ a^{-n}=1/a^n$ 다만 $a \neq 0$

③에서 $m=1/n$으로 두면 좌변=$(a^{1/n})^n$, $\therefore a^{1/n}=\sqrt[n]{a}$ 다만 $a>0$

따라서

$$a^{m/n}=\sqrt[n]{a^m},\ a^{-m/n}=1/\sqrt[n]{a^m}$$

이러한 결과는 반드시 알고 있지 않으면 안 된다.

주 밑이 정수가 아니면 다음과 같은 끔찍한 사태가 되는 것이 있다.

예 $-27=(-3)^3=(-3)^{6/2}=729^{1/2}=27$

예제 1 $9^{1/2} \times 64^{-1/3}$을 구하시오.

풀이

$9=3^2$, $64=4^3$. 그러므로 $9^{1/2}\times 64^{-1/3}=3\times 1/4=3/4$

예제 2 $2^x=4\sqrt{2}$를 푸시오.

풀이

우변에서 $4=2^2$, $\sqrt{2}=2^{1/2}$ $\therefore$ 우변 $=2^{2+1/2}=2^{5/2}$ $\therefore\ x=5/2$

4.1.3 오일러(Euler)의 수, e

이제 $\left(1+\dfrac{1}{n}\right)^n$이라고 하는 식에서 $n=1, 2, 3, \cdots$으로 해서 생기는 수열은 n이 무한히 커지면($n \to \infty$라 적고) 무한히 어떤 정해진 수에 가깝다(스스로 계산기로서 시도하여 보라). 그 극한값을 e라 적는다. e는 **오일러의 수**라 불리기도 한다.

$$e = \lim_{n \to \infty}\left(1+\frac{1}{n}\right)^n = 2.718281828 \cdots \quad (\lim\text{은 } n \to \square\text{에서의 극한의 뜻})$$

주 다른 오일러의 수(E_n)나 상수가 되는 수 γ(연습문제 4.12 참조)도 있다.

e는 다음과 같은 급수로서도 표현된다($n!$는 **n의 계승**(乘階)이라 하며, $n! = 1 \cdot 2 \cdot 3 \cdots n$인 것).

$$e = 1 + \frac{1}{1!} + \frac{1}{2!} + \frac{1}{3!} + \cdots + \frac{1}{n!} + \cdots$$

e는 미분·적분이나 오차론 등에서 상당히 중요한 수이다(9장 및 10장 참조).

lim은 원래 리메스(limes, 라틴어)라 읽는다. 통상 영어의 리밋(limit)이라 불린다. 극한의 뜻이다.

4.1.4 지수함수와 그 그래프

(함수에 대해서는 5.1절에서 설명한다.)

a^x는 $a(a>0)$를 정수라고 하면 x의 함수로 된다. $f(x)=a^x$를 **지수함수**, a를 **밑**이라 부른다. 특히 e^x는 중요하므로 이것을 **지수함수**라 부르는 경우가 많다.

e^x를 exp x 또는 exp(x)라고 적는 것도 있다(exponential이라 읽는다).

$y = a^x$의 그래프[그림 4.1 (a), (b)]

x가 증가할 때 다음의 경우에 착안

① $a > 1$일 때 : a^x는 $x < 0$에서 완만하게, $x > 0$에서 급속하게 증대

② $0 < a < 1$일 때 : a^x는 $x < 0$에서 급속하게, $x > 0$에서 완만하게 감소

그림 4.1에서 알 수 있는 바와 같이 a^x의 그래프는 항상 점(0, 1)을 지난다.

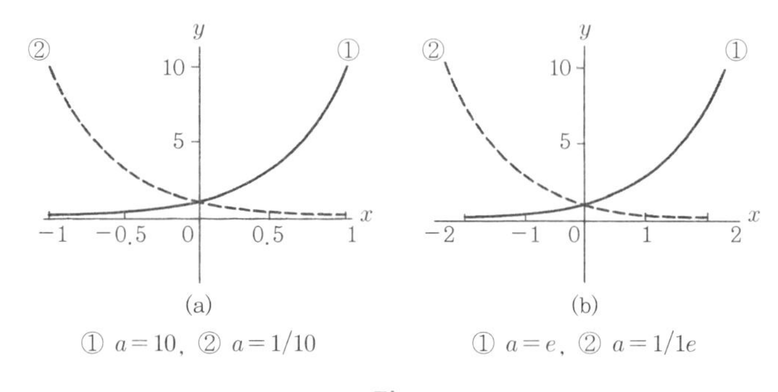

그림 4.1

주의 **지수는 반드시 무차원**, 또 e^x등 무차원량의 x제곱도 무차원

예제 3 $a > 1$일 때 a^{-x}는 위의 ①, ②의 어느 쪽의 그래프가 될까?

풀이

x가 증가할 때, a^{-x}는 감소하기 때문에 ②의 그래프가 된다.

예제 4 그림 4.2는 개수로의 단면이다. 단면적을 A[m²], 단면적의 길이를 s [m], 점도계수를 n, 구배를 I로 하면 평균유속 v[m/s]는 Manning 공식

$$v = \frac{1}{n} \cdot R^{2/3} I^{1/2}$$

로 주어진다. 여기에서 R[m]은 동수반경動水半径으로서 $R = A/s$, A =100[m^2], s =20[m], I=1/1000, n =0.013인 개수로의 평균유속 v[m/s]를 구하시오.

풀이

$R = A/s$ =5이므로,

$$v = \frac{1}{0.013} \cdot 5^{2/3} \cdot \left(\frac{1}{1000}\right)^{1/2} = 7.1\,[\mathrm{m/s}].$$

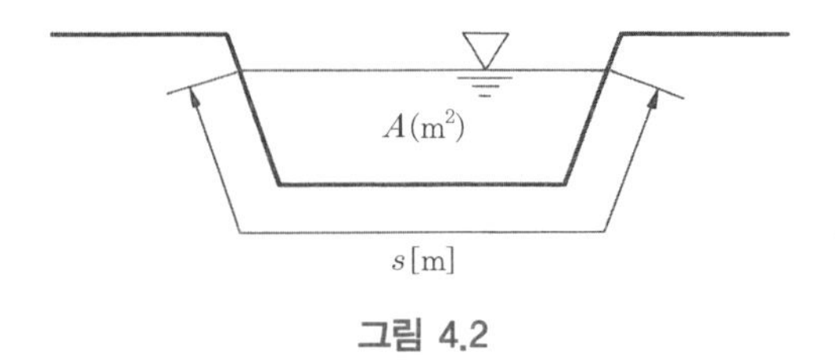

그림 4.2

4.2 대수(로그)

대수対数(로그)는 수량 사이의 함수 관계 등 우리가 마주치는 자연계의 거동이나 법칙을 예리하게 전망할 때에 절대적인 위력을 발휘한다. 지수와 마찬가지로 공학·자연과학에 빠뜨릴 수 없으며 토목의 프로가 되기 위해서는 필수이다. 대수(특히 상용대수)의 효능이나 용도는 이 장에서도 다루지만(4.2.3항), 5장에서 상세히 기술한다.

4.2.1 대수(로그)란?

10을 몇 제곱하면 100이 될까. 답은 2제곱이다.

즉 $10^x=100$으로 되는 x를

$x=\log_{10}$ 100이라 적고 10을 **밑으로 하는** 100의 **대수**라고 한다.

↗ 밑 ↖ 진수真数

마찬가지로 $2^x=8$로 되는 x는 $x=\log_2 8=3$로 된다. 이것은 **2를 밑으로 하는 8의 대수**이다.

일반적으로 양수 a, b(다만 $a \neq 1$)가 있을 때 $a^x=b$로 되는 x를 $x=\log_a b$로 적고 **a를 밑으로 하는 b의 대수**라고 한다.

예

$\log_{10} 1000=\log_{10} 10^3=3$, $\log_{10} 0.1=\log_{10} 10^{-1}=-1$

$\log_{10} 10=\log_{10} 10^1=1$, $\log_{10} 0.01=\log_{10} 10^{-2}=-2$

$\log_{10} 1=\log_{10} 10^0=0$, $\log_{10} 0.0001=\log_{10} 10^{-4}=-4$

$\log_2 16=\log_2 2^4=4$, $\log_3 \sqrt{3}=\log_3 3^{1/2}=0.5$

$\log_2 0.125=\log_2 2^{-3}=-3$, $\log_3 1/\sqrt{27}=\log_3 3^{-3/2}=-1.5$

대수의 기호 log는 대수의 라틴어 logarithmus로부터 유래하였다. 그리고 이 말은 그리스어 λόγος(언어 및 비比의 뜻)과 ἀριθμός(수)의 합성어이다. 대수는 나피어(Napier, 영국, 1550~1617)가 1614년에 발명하고 이것은 자연대수에 가까운 것이었다. 한편 상용대수는 브릭스(Briggs, 영국, 1561~1631)가 1617년경 제창하였다. 일본에서도 대수는 에도江戸시대에는 알려져 있어 이노우 타다타카伊能忠敬(1745~1818)는 측량 계산에 사용하고 있다.

주의 $\log_a x$의 x나 $\log_a x$ 자체는 무차원

4.2.2 대수의 중요한 성질

ⓐ $\log_a 1 = 0$, $\log_a a = 1$

ⓑ $\log_a(AB) = \log_a A + \log_a B$, $\log_a \dfrac{A}{B} = \log_a A - \log_a B$

ⓒ $\log_a A^n = n\log_a A$

ⓓ $\log_a b = \dfrac{1}{\log_b a}$, $\log_c A = \dfrac{\log_a A}{\log_a c}$, $\log_a A = \log_a c \cdot \log_c A$

ⓓ는 밑을 변환하는($c \to a$, $a \to c$) 것에 응용되는 공식이다.

4.2.3 대수함수와 그 그래프

$\log_a x$는 a를 정수라 하면 x의 함수가 된다. $f(x) = \log_a x$를 **대수함수**, 특히 $\log_e x$는 중요, 그러므로 이것을 **대수함수**라고 부르는 경우가 많다.

$y=\log_a x$ 의 그래프[그림 4.3 (a), (b)] x가 증가할 때 다음의 경우에 착안한다.

① $a > 1$일 때 : $\log_a x$는 $x < 1$에서 급속히, $x > 1$에서 완만히 증대

② $0 < a < 1$일 때 : $\log_a x$는 $x < 1$에서 급속히, $x > 1$에서 완만히 감소

그림 4.3에서 알 수 있는 바와 같이 $\log_a x$의 그래프는 항상 점(1, 0)을 지난다.

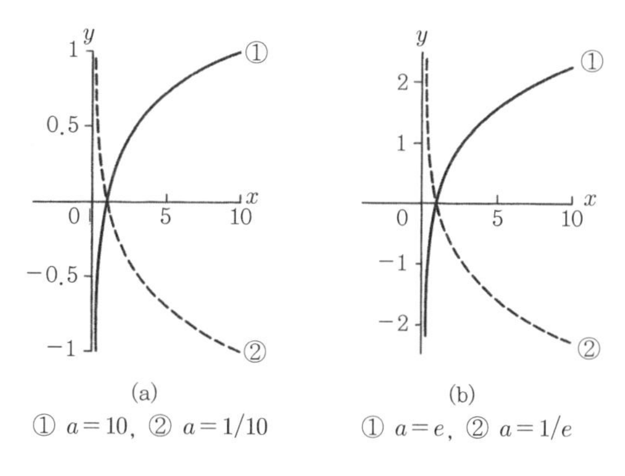

(a) ① $a=10$, ② $a=1/10$

(b) ① $a=e$, ② $a=1/e$

그림 4.3

대수함수와 지수함수는 서로 **역의 함수(역함수)**인 것에 주의한다.

4.2.4 상용대수

상용대수란 10을 밑으로 하는 대수. 실용상 가장 자주 사용된다. 그러므로 공학 등에서는 밑의 10을 생략하여 $\log A$로 적는 경우가 많다.

A가 주어지면 $\log A$는 대수표 또는 계산기로서 구할 수 있다. 또 $a = \log x$가 되는 a를 알 수 있어 x를 구하는(**역대수**라 한다. $x = 10^a$인 x를 구하는 것) 것은 지금은 전자계산기에 의하는 것이 보통이지만 대수표를 역으로 찾거나 역대수표를 이용하는 방법도 있다.

예 $\log 2 = 0.301\ 0 \cdots$, $\log 3 = 0.477\ 1 \cdots$, 등

그렇게 하면

$$\log 300 = \log 3 + \log 100 = 2.477\ 1 \cdots$$
$$\log 0.2 = \log(2/10) = \log 2 - \log 10 = -0.699\ 0 \cdots$$

으로 계산할 수 있다.

주의 임의 수 N의 상용대수를 대수표로서 구하기 위해서는 $N = x.xxx \cdots \times 10^n$의 형으로 수정하여 $\log N = n + \log x.xxx \cdots$로 하여 $\log x.xxx \cdots$를 표에서 찾으면 된다.

$10^{0.301\ 0} \cdots$ 의 의미를 미심쩍게 생각하는 사람을 위해 해설을 추가하면 지수법칙 ①에 의해 $10^{0.3010\ 0} \cdots = 10^0 \times 10^{3/10} \times 10^0 \times 10^{1/1\ 000} \times 10^0 \times \cdots$라고 하는 것이다.

예제 1 $\log 2 = 0.3010$, $\log 3 = 0.4771$이다. 이것을 이용하여 $\log 200$, $\log 0.03$, $\log 1.2$, $\log \sqrt[4]{150}$ 을 구하시오(단, 전자계산기 사용 불가).

풀이

대수의 성질 ⓑ, ⓒ를 이용한다. 그렇게 해보면 다음과 같다.

$$\log 200 = \log(2 \times 10^2) = \log 2 + \log 10^2 = 2.3010$$

$$\log 0.03 = \log(3 \times 10^{-2}) = \log 3 + \log 10^{-2} = -1.5229$$

$$\log 1.2 = \log(2^2 \times 3 \times 10^{-1}) = 2 \times \log 2 + \log 3 - 1 = 0.0791$$

$$\log \sqrt[4]{150} = 1/4 \log(3 \times 100/2) = 1/4(\log 3 + \log 10^2 - \log 2) = 0.5441$$

예제 2 다음의 값을 구하시오(전자계산기 사용 가능).

① $\log_2 5$, ② $\log_7 0.12$.

풀이

대수의 성질 ⓓ를 이용하여 각 대수를 상용대수, 즉 밑을 10으로 고친다.

① 성질 ⓓ 제2식에서 $c = 2$, $a = 10$, $A = 5$로 두면 된다. 그렇게 하면 다음과 같다.

$$\log_2 5 = \log_{10} 5 / \log_{10} 2 = 2.3219$$

② 마찬가지로 $\log_7 0.12 = \log_{10} 0.12 / \log_{10} 7 = -1.0896$

예제 3 어느 흙의 변수위 투수시험은 시료흙을 이용하여 그림 4.4와 같은 방법으로 시행하였다. 시료흙의 지름은 D[cm], 길이는 L[cm], 스탠드 파이프의 안지름(지름)은 d[cm]이다. 이때 투수계수 k[cm/s]는 다음의 공식으로 구할 수 있다.

$$k = \frac{2.3 \cdot a \cdot L}{A \cdot t} \log_{10}\left(\frac{h_1}{h_2}\right) \text{ [cm/s]}$$

여기에서, a는 스탠드 파이프의 단면적 [cm²], A는 흐름의 방향에 직각인 시료 단면적 [cm²], t는 투수시간 [s], h_1, h_2는 투수개시 및 종료 시 스탠드 파이프의 수위 [cm]이다.

D=8cm, L=10cm, d=1.5cm일 때, 5분간에 스탠드 파이프의 수위가 100cm에서 85cm로 내려갔다. 투수계수 k[cm/s]를 구하시오.

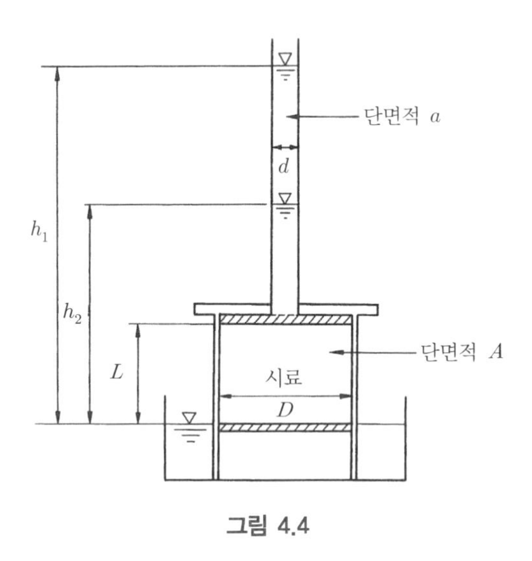

그림 4.4

풀이

주어진 데이터로부터

$$A = \pi(D/2)^2 = 50.24\text{cm}^2, \ a = \pi(d/2)^2 = 1.77[\text{cm}^2]$$

위의 공식을 이용하여 k를 구하면 다음과 같다.

$$k=\frac{2.3\times1.77\times10}{50.24\times300}\times\log_{10}\left(\frac{100}{85}\right)=0.002\,701\times0.070\,58$$
$$=1.91\times10^{-4}[\mathrm{cm/s}]$$

4.2.5 자연대수

$\log_e A$를 A의 자연대수라 한다($\ln A$라고도 적는다). 이론적 계산, 특히 미분·적분에서 중요하다.

$\log_e A$와 $\log A$ 사이의 계산 4.2.2항의 대수의 성질 ⓓ로부터

$$\log_e A=\frac{\log A}{\log e}=\log A\cdot\log_e 10,\quad \log A=\frac{\log_e A}{\log_e 10}=\log_e A\cdot\log e,$$

여기에서 $\log\ e=0.434\,294\,481\cdots$, $\log_e 10=1/\log\ e=2.302\,585\,093\cdots$.

4.3 대수의 효능과 그 응용

대수(특히 상용대수)에는 어떠한 효능이 있을까. 주된 것을 들면 다음과 같다.

① 상당히 폭이 있는 수치(예를 들면 분자의 지름으로부터 지구의 지름까지)를 한눈에 전망할 수 있다.

② 두 개의 측정값(실험이나 관측으로부터 얻어진 데이터) 사이의 관계를 발견하고 실험식을 만들기에 매우 유력하다.

4.3.1 ①에 대해서

5.4.2항을 참조하자. 그 항에서 들었던 예에서는 흙입자의 크기 D[mm]를 문제로 하고 있다. 그렇지만 D는 작은 것은 0.075mm, 큰 것은 9.5mm까지이

다. 이것을 1개의 그래프에 기입하는 것을 생각해본다. 작은 것을 적으려고 하면 큰 것은 그래프용지로부터 돌출하고, 큰 것을 적으려고 하면 작은 것은 지나치게 가늘어 볼 수 없다. 이와 같은 경우는 $\log D$로서 적는다. 그렇게 하면 $\log D = -1.12 \sim 0.978$의 범위로 되어 1개의 그래프용지에 충분히 넣을 수 있다(뒤에 기술하겠지만 실제로는 대수 그래프를 이용한다).

4.3.2 ②에 대해서

자연계에 있어서의 2개의 양 x, y 사이의 관계식을 찾아내는 것은 과학이나 기술에 매우 중요하다. 왜냐하면 이 식에 의해서 x의 임의 값에 대한 y의 값을 구할 수 있을 뿐만 아니라 더한층 깊게 이 법칙의 근원에 있는 원인이나 자연계의 메커니즘을 명확히 할 수 있기 때문이다.

실험이나 관측으로부터 얻어진 데이터 사이의 관계식을 **실험식**(또는 **경험식**)이라 한다(5.2절 참조). 그런데 자연계에는 2개의 양 x, y가

$$y = Cx^n, \text{ 또는 } y = Ce^{kx}, \; y = C \cdot 10^{kx} \quad (C, \; n, \; k\text{는 정수})$$

로서 표현되는 법칙이 많다. 이와 같은 때는 각각 $\log x$ 대 $\log y$, 또는 x 대 $\log y$의 그래프로서 고찰한다. 다음의 5장에서 상세히 기술한다.

대수의 효용에 대해서의 보충 전자계산기나 컴퓨터가 생기기 이전의 일이다. 자릿수가 많은 수 a, b의 곱셈·나눗셈은 계산의 수고를 덜기 위해 대수의 성질 4.2.2 항의 ⓑ를 이용하여 $\log a$, $\log b$의 덧셈·뺄셈으로 수정하여 그 결과를 진수眞數로 되돌려 구하였다. 또 a^x도 성질 ⓒ를 이용하여 $x \log a$로 고쳐 구하는 것이다. 대수를 구하거나 역으로 진수를 구할 때는 대수표라고 하는 수표를 사용하였다. 이 때문에 대수표는 계산에 빠뜨릴 수 없는 것이었다.

연 습 문 제

4.1 ① $2^{5/2} \times 4^{-3/4}$ 및 ② $36^{-1/2} \div 81^{1/4}$를 구하시오. (전자계산기 사용 불가)

4.2 ① $\left(\frac{1}{5}\right)^x = 25 \cdot \sqrt[4]{5}$ 및 ② $8^{2x} = 16^{x+1}$을 푸시오. (전자계산기 사용 불가)

4.3 $\log 2 = 0.3010$, $\log 3 = 0.4771$이다. 이것을 이용하여 다음의 문제를 푸시오(답은 소수점 4자리까지). (전자계산기 사용 불가)

$$\log 4,\ \log 5,\ \log 6,\ \log 8,\ \log 9,\ \log 12,\ \log(2/3)$$

$$\log(3/8),\ \log\sqrt{2},\ \log 3^{2.3},\ \log(3^{0.2} \cdot 2^{1.5})$$

4.4 다음의 값을 문제 4.3의 대수를 이용하여 구하시오. (역대수를 낼 때만 전자계산기 사용가능, 답은 유효숫자 4자리까지)

$$10^{3/2},\ 12^{-2/5},\ 24^{-5/3}$$

4.5 다음의 식을 $\log 2$로서 나타내시오. (전자계산기 사용 불가)

$$3\log\sqrt{2} + \log 64,\ \log 125 + \log 8 - \log 1000$$

(아래의 문제는 전자계산기를 사용해도 좋다)

4.6 다음의 대수를 구하시오. (답은 소수점 아래 4자리까지)

$$\log_2 10,\ \log_{3.2} 6,\ \log_4 1.5,\ \log_5 9$$

4.7 다음의 x를 구하시오. (답은 유효숫자 4자리까지)

① $\log 11 = \log_2 x$ ② $\log 25 = \log_{16} x$

③ $\log_3 15 = \log_5 x$ ④ $\log_7 8 = \log_3 x$

⑤ $\log C = x \log_e C$ ⑥ $\log_e Q = x \log Q$

4.8 $\log 2 = 0.301\,0$으로 하면 2^{25}는 몇 자리의 수일까.

4.9 연이율 5%로서 1년 마다 복리에 의해 원리합계가 원금의 2배 이상이 되는 때는 몇 년 후인가.

4.10 어느 원소의 방사성 동위체의 반감기(동위체가 붕괴하여 처음의 양의 반 정도로 되는 시간)가 24.10일이다. 이 동위체의 양이 처음의 18%로 되는 것은 처음 날짜로부터 며칠 후인가.

4.11 어느 광물에 포함되어 있는 방사성 물질의 친원소(親元素, parent element)의 양을 P, 낭원소(娘元素, daughter element)의 양을 D라 하면, 이 광물의 현재로부터의 생성 연대(결국 연령) t는

$$t = \frac{1}{\lambda}\log_e\left(1 + \frac{D}{P}\right)$$

로서 구할 수 있다. 여기에서 λ는 붕괴의 '속도'를 나타내고 그 물질 고유의 정수(붕괴 정수)이다. 이제 $\lambda = 4.75 \times 10^{-9}$, $P = 1.3 \times 10^{-5}$g, $D = 4.0 \times 10^{-6}$g일 때 t(년)을 구하시오. 또한 λ의 차원과 단위는 무엇인가. 그리고 λ, P, D의 대소에서 t의 대소는 어떻게 영향받는가.

4.12 오일러의 정수 γ는

$\gamma = \lim\limits_{n \to \infty}\left(1 + \frac{1}{2} + \frac{1}{3} + \cdots + \frac{1}{n} - \log_e n\right) = 0.5772\cdots$ 로서 정의된다. $n =$ 20으로 하여 ( ) 내를 구하여 보시오(유효숫자를 4자리까지).

Chapter 05

함수와 그래프

Chapter 05 함수와 그래프

5.1 함 수

지금까지 3장 및 4장에서 함수函數라는 용어가 나왔지만 여기에서 새롭게 함수에 대해서 생각해보자.

5.1.1 함수란

우리의 업무는 도형의 수량적 성질이나 정리, 자연법칙의 응용이 중심이다. 일반적으로 이것들은 2개(또는 2개 이상)의 **양의 사이의 관계**로서 표현된다. 예를 들어보자.

원의 면적은 반지름이 정해지면 결정된다. 이것을 간단히

'원의 면적 S는 반지름 r의 함수이다'

라고 한다. 일반적으로는

'x의 값에 대응하여 y의 값이 정해질 때 y는 x의 함수이다'

라고 한다. 이때 x를 **독립변수**, y를 **종속변수**라 부른다.

주 3장의 삼각함수란 각 θ의 값에 대응하여 직각 삼각형 변의 비($\sin\theta$ 등)가 정해진다고 하는 함수, 또 4장의 지수함수란 x의 값에 대응하여 a^x가 결정된다고 하는 함수이다.

주의 자주 'x가 변화할 때 y가 그것에 따라 변화하는 경우, y는 x의 함수이다'라고 말하는 것이 있다. 그러나 이것은 엄밀한 표현은 아니다. x와 y와의 대응 관계가 중요한 것이다.

수학과 그 응용에서는 함수가 중요한 역할을 한다. 삼각함수·지수·대수를 비롯해 각종 함수가 등장한다. 그리고 미분·적분은 함수의 성질을 조사하거나 응용하기에 빠뜨릴 수 없는 도구이다(9장 참조).

5.1.2 함수의 표현 방법

종속변수 y가 독립변수 x의 함수일 때 일반적으로 $y = f(x)$ 또는 $y = y(x)$ 등으로 적는다. 원의 면적으로는 $S = f(r)$이다.

> f는 라틴어인 functio(영어의 function)의 f로부터 온 것이다. $y = f(x)$라고 하는 표기법은 오일러가 1734년에 사용하기 시작했다고 한다. 옛날 유럽에서는 학술적 기술에는 라틴어나 그리스어가 이용되고 있었다. 이것은 일본에서 학문에 한문이 이용되고 있었던 것과 동일하다. 그 때문에 삼각함수나 대수를 비롯하여 수학용어에도 이러한 언어에 의하는 것이 많다.

주 x의 함수 y를 나타내는 것에 주요한 방법이 3개 있다.

(1) $y = f(x)$의 형으로 나타내는 방법. 이것을 **양함수**陽函數**의 형으로서 나타낸다**고 한다(9.7절 참조).

(2) 예를 들면 $x^3 + 3axy + y^3 = 0$으로 표현되는 y는 x의 양함수로서 나타내는 것이 곤란하다. 이 경우는 그대로 하여 둔다. 이것을 **음함수**陰函數**의 형으로서 표현한다**고 한다. 일반 표현방법은 $f(x, y) = 0$(9.7절 참조).

(3) 예를 들면 $x = a\cos t$, $y = b\sin 5y$와 같이 x, y를 별도 변수 y를 이용하여 표현하는 방법. 이것을 **매개변수 t로서 표현한다**고 한다. 일반 표현 방법은 $x = x(t)$, $y = y(t)$(9.2절 참조).

이하, **취급 변수나 함수는 모두 실수로 한다.**

5.1.3 기본이 되는 함수

함수의 종류는 그야말로 무한히 많으나 그중에서 기본적인 것은 다음과 같다.

(i) 정식, 분수식, 이것들의 무리식(2장 참조)
(ii) 삼각함수, 역삼각함수(3장 참조)
(iii) 지수함수, 대수함수(4장 참조)

일반 함수는 이것들을 조합시킨 것이다.

5.1.4 함수에 관한 몇 가지 사항

(이 항과 다음의 5.1.5항 역함수는 처음에는 피하고 9장에 들어가기 전에 읽어도 좋다.)

본래 함수는 매우 엄밀히 거론되는 것이지만 여기에서는 실용상 유의해야 할 것만을 기술한다.

1) 구간에 대해서, 개구간과 폐구간

'x의 값이 a와 b의 범위(구간)에 있다'라고 하는 것을 다소 엄밀히 고려하여 본다. 중요한 것은 x가 단점[端点] a나 b의 값을 취할까 말까이다. 그것에 따라서 구간에는 다음의 4종이 고려된다.

$$a < x < b,\ a \leq x < b,\ a < x \leq b,\ a \leq x \leq b$$

=가 붙지 않은 단점을 열린 단점, =가 붙은 단점을 닫힌 단점이라 한다. 그리고 위의 4종의 구간 중, $a < x < b$를 **개구간**, $a \leq x \leq b$를 **폐구간**이라 한다. 그래프에서는 그림 5.1과 같이 열린 단점은 ○, 닫힌 단점은 ●으로 나타낸다.

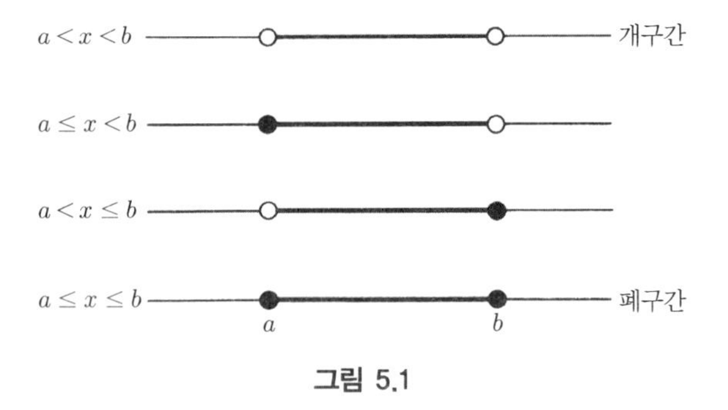

그림 5.1

2) 함수로서 성립될 x의 범위(정의역이라 함)를 확인하여 둘 것

이것은 그 구간 내에서만 $y = f(x)$가 의미를 가진(정의되고 있는)다고 하는 범위이다.

예 $y = \sqrt{x}$. x도 y도 실수로 하고 있는 것이므로 이 범위는 $x \geq 0$

$y = \sqrt{(3-x)(x-1)}$. 같은 이유에서 이 범위는 $1 \leq x \leq 3$

$y = \sin^{-1}x$, $y = \cos^{-1}x$에서는 $|x| \leq 1$(3.7절 참조)

3) 1가價 함수인지 다가多價 함수인지를 확인할 것

$y = f(x)$에서 x의 하나의 값에 대해 y의 값이 1개만 정해질 때 이 함수를 1가 함수, 그렇지 않은 함수를 다가(2가, 3가, ⋯) 함수라 한다. **다가 함수의 취급은 요주의**

예1 $x^2 + y^2 = 1$인 함수로 결정되는 $y = y(x)$인 함수. 이것은 하나의 x의 값에 대해 y는 $\pm\sqrt{1-x^2}$로 2개의 값을 취하므로 $y = y(x)$는 x의 2가 함수. 그러나 $+\sqrt{1-x^2}$, $-\sqrt{1-x^2}$으로 2개로 나뉘면 각각은 x의 1가 함수

예2 $y = \sin^{-1}x$, $y = \cos^{-1}x$, $y = \tan^{-1}x$. 이것들은 무한 다가 함수(3.7절 참조).

4) 함수의 연속·불연속에 유의할 것

이것은 함수 이론 중에서도 가장 중요한 개념의 하나이지만 여기에서는 매우 단순하게 고려하는 것으로 한다. 함수를 취급할 때는 특히 불연속점에 주의

① 연속함수란

$y = f(x)$가,

(i) x의 임의 값 c에서 $f(c)$인 값을 가지고 또

(ii) x가 c에 한없이 가까이 갈 때 ($x < c$의 측으로부터 가까이 가도, $x > c$의 측으로부터 가까이 가도), $f(x)$가 $f(c)$에 한없이 가까이 가면,

$\boldsymbol{y = f(x)}$**는** $\boldsymbol{c}$**에서 연속**한다고 한다. 간단히 말하면 $x = c$에서 $f(x)$의 값으로 "도약(overshoot)"이 없다고 하는 것이다. 이것을 식을 사용하여 적으면,

$$\lim_{x \to c} f(x) = f(c) \text{일 때 } f(x)\text{는 } c\text{에서 연속} \tag{5.1}$$

으로 된다(lim의 의미는 4.1.3항 참조).

연속함수의 예 : 정식($2x^2 + x$ 등), 삼각함수 중 $\sin x$, $\cos x$, 지수함수(a^x, e^x).

② 불연속함수란

식 (5.1)의 극한값 $f(c)$가 없던지 또는 있어도 $\lim_{x \to c} f(x) \neq f(c)$일 때 $\boldsymbol{f(x)}$**는** $\boldsymbol{c}$**에서 불연속**이라고 한다.

$f(x)$의 값에 c에서 "단차가 있는" 것과 같은 경우도 이것에 포함된다.

이하 불연속 함수의 예를 들어보자(그림 5.2).

예 a $y = f(x) = 1/x$. 불연속점은 $x = 0$. 여기에서는 $f(x)$의 값은 없다[그림 (a)].

예 b $y = f(x) = 1/x^2$. 불연속점은 $x = 0$. 여기에서는 $f(x)$의 값은 없다[그림 (b)].

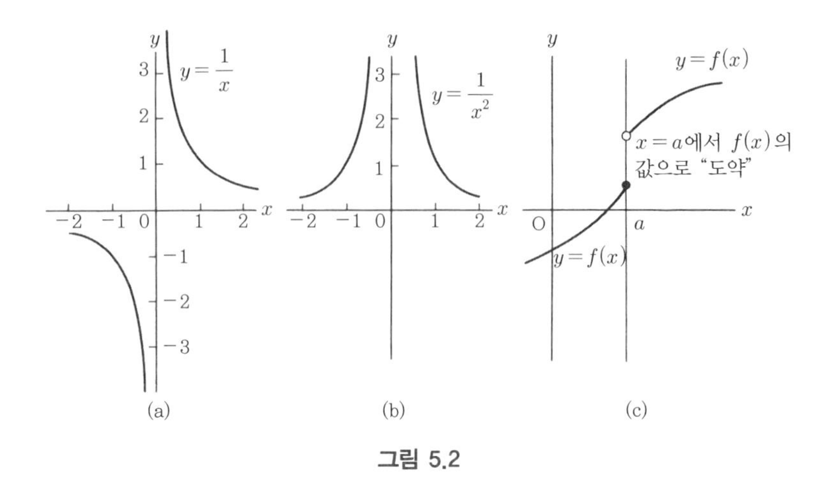

그림 5.2

예 c $y = f(x) = \tan x$. 불연속점은 $x = \pm n\pi/2$(n은 홀수). 여기에서는 $f(x)$의 값은 없다[그림은 3장의 그림 3.5 (b) 참조].

예 d $x = a$에서 값에 도약(overshoot)이 있는 함수 $y = f(x)$. $f(x)$는 ● 쪽의 값을 취한다[그림 (c)].

불연속점의 유무, 특히 예 a, b, c와 같이 $f(x)$의 값이 한없이 커지는(이것을 간단히 '무한대로 된다'고 칭하는 경우가 있다) 경우는 충분한 주의가 – 특히 미분·적분에 있어서 – 필요하다.

이상의 논의는 언뜻 현실과 동떨어진 것으로 생각할 지도 모르지만 그렇지는 않다. 일상에서도 일어난다. 예를 들면 우편물의 중량과 유편 요금의 관계가 그것이다(5.4.5항 참조).

5.1.5 역함수

x의 임의 범위에서 $y = f(x)$에 의해 x의 하나의 값에 y의 값이 하나만, 또

그 x의 범위에서는 y의 하나의 값에 x의 값이 하나만 대응한다고 해보자. 이때 x는 역으로 y의 함수가 된다. 이것을 $f(x)$의 **역함수**라 하며 $x = f^{-1}(y)$라 적는다(습관상 x와 y들을 치환하여 $y = f^{-1}(x)$와 같이 적는다).

역함수의 그래프

$y = f^{-1}(x)$의 곡선은 그림 5.3에 나타낸 바와 같이 직선 $y = x$에 관해 원래의 $y = f(x)$의 곡선과 대칭이 된다.

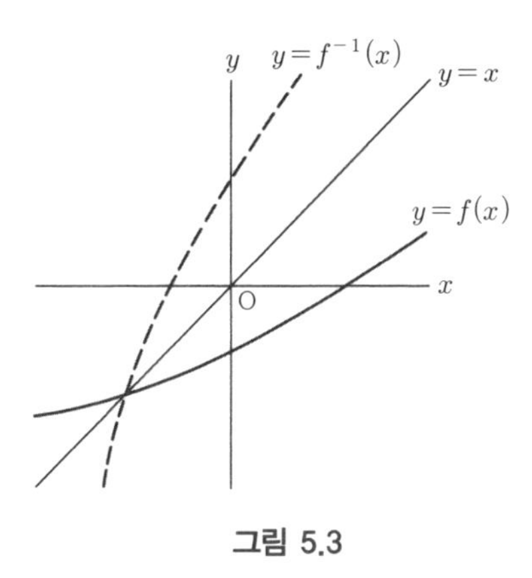

그림 5.3

예제 1 $y = f(x) = 2x + 1$의 역함수를 구하시오.

풀이

주어진 식을 x에 대해서 풀면 $x = f^{-1}(y) = (y-1)/2$. x와 y들을 바꾸어 넣으면 $f(x)$의 역함수는 $y = (x-1)/2$가 된다.

예제 2 $y = f(x) = x^2$의 역함수를 구하시오.

풀이

주어진 식을 x에 대해서 풀면 $x = \pm\sqrt{y}\ (y \geq 0)$. x와 y들을 바꾸어 넣으

면 $y=\pm\sqrt{x}\,(x\geq 0)$. 이와 같은 때는 요주의. +와 −의 “가지(branch)”로 나누어 처리한다.

5.2 그래프의 중요성

① 주어진 함수를 이해하기에 유용하다. 즉 정의역과 그것에 따른 y값의 범위, y의 변화의 상황 등 함수의 성질을 파악·이해하는 것이 용이해진다. 함수가 나오면 우선 그래프를 상기하거나 보거나 하고 가능한 한 직접 써보는 것이다.

② 4.3.2항에서 기술한 바와 같이 토목공학·자연과학에는 양의 관계를 조사하는 것이 상당히 많다. 그리고 많은 경우 그 관계는 식으로 표현되어 있지 않다. 이와 같은 양의 사이의 법칙성을 명확히 하기 위해서는 그래프를 만들고 도표화하는 것 이외에 수단은 없다.

더욱이 그 그래프로부터 양의 사이의 관계를 **통찰하고** 관계식을 구한다. 이렇게 하여 얻어진 식을 **실험식** 혹은 **경험식**이라 한다(4.3.2항 참조).

이와 같이 여러 현상이나 측정 데이터를 도표화함으로써 분석이 가능해지거나 한층 더 이해하기 쉬워진다(10장 참조).

5.3 그래프용지 취급방법

그래프용지는 용도에 따라서 사용하는 방법이 구분된다. 이러한 그래프용지는 도표에서 다루는 수량이나 분석하는 사상에 따라 다르다. 여기에서는 도표화하기 위한 그래프의 취급방법에 대해서 기술한다.

공학이나 자연과학의 분야에 있어서 다음의 그래프용지가 사용되고 있다.

진수에 관한 그래프 …… 모눈종이
대수에 관한 그래프 …… 편대수·양대수 그래프용지

기타 분석용 그래프 …… 삼각좌표 그래프, 원좌표 그래프 등

5.3.1 진수眞數에 관한 그래프

진수에 관한 그래프는 일반적으로 자주 사용되고 있다. 그래프용지는 모눈종이를 이용하여 세로축과 가로축에 각각 관련 있는 수치를 배치하여 양자의 관계를 그래프로서 표현한다(그림 5.4).

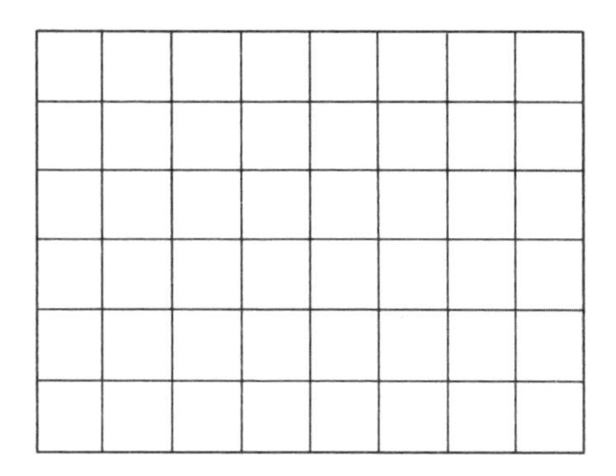

그림 5.4

5.3.2 대수對數에 관한 그래프

대수(로그)에 관한 그래프는 지수함수가 되는 측정 데이터나 수량이 대소에 극단적인 폭이 있는 여러 현상의 표현 등에 자주 사용된다. 그래프용지로서 편대수 그래프용지와 양대수 그래프용지가 있다. 이러한 그래프용지는 진수에 관한 그래프에 이용하는 모눈종이와는 한눈에 봐도 다르다. 이 차이는 '눈금'의 폭이 서서히 좁아지고 있으며 다른 눈금 폭이 반복하고 있기 때문에 알 수 있다[그림 5.5 (a), (b)]. 이러한 대수(편대수·양대수) 그래프용지는 시판되고 있기 때문에 입수는 가능하다.

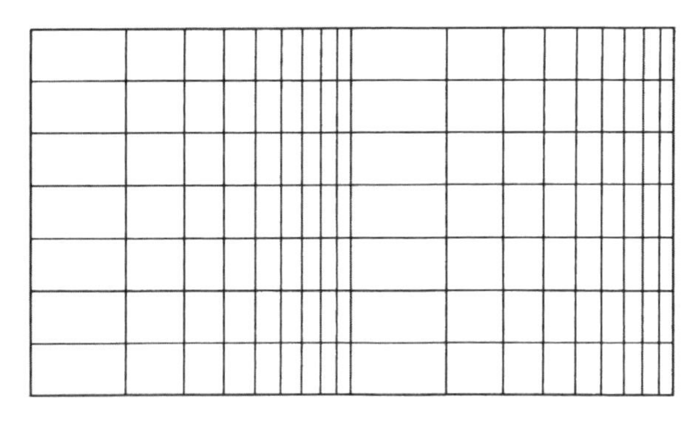

(a) 편대수 그래프용지

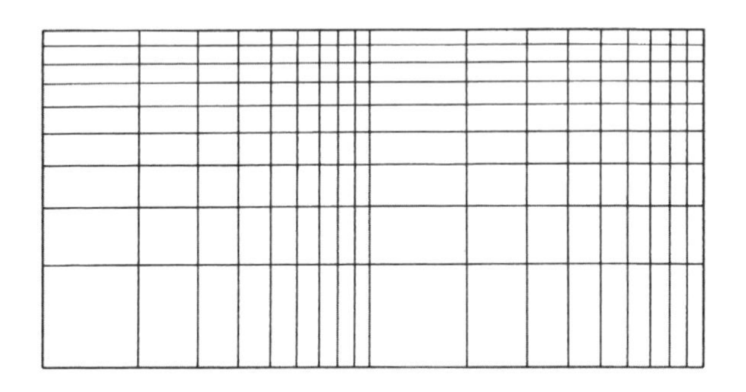

(b) 양대수 그래프용지

그림 5.5

5.3.3 기타 분석용 그래프

측정 데이터를 분석하거나 이해도를 높이기 위해 여러 가지 그래프용지가 연구·고안되어 있다.

여기에서는 삼각 좌표 그래프와 원좌표 그래프를 소개한다.

1) 삼각좌표 그래프

삼각좌표 그래프는 3개의 성질을 가진 것을 분류할 때에 자주 이용된다(그림 5.6).

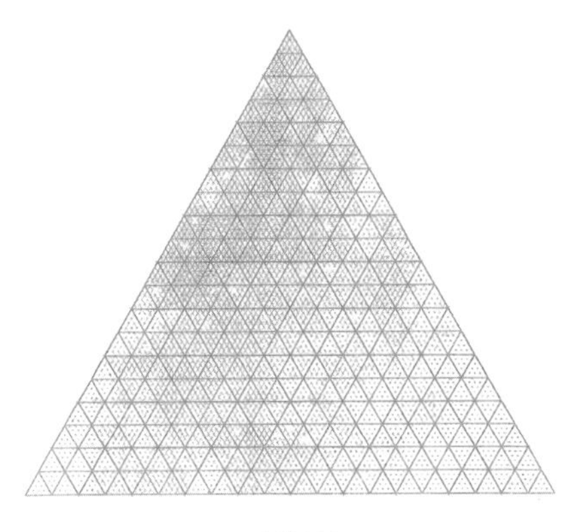

그림 5.6

2) 원좌표 그래프

원좌표 그래프는 2개의 성질을 가지는 것을 분류할 때에 자주 이용된다. 여기에서는 **울프네트**(Wulff net)를 소개한다[그림 5.7 (a), (b)].

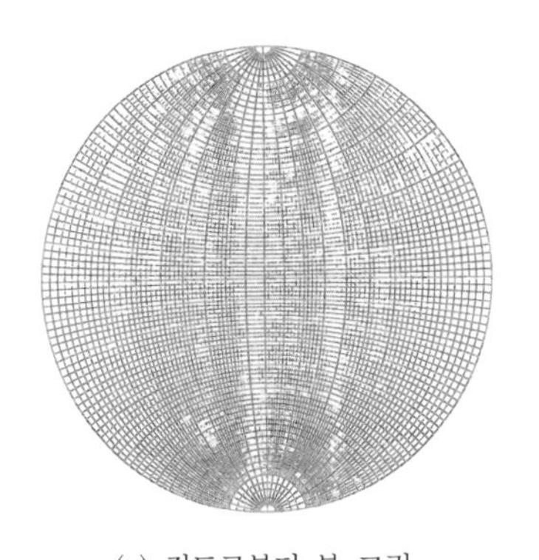

(a) 적도로부터 본 그림

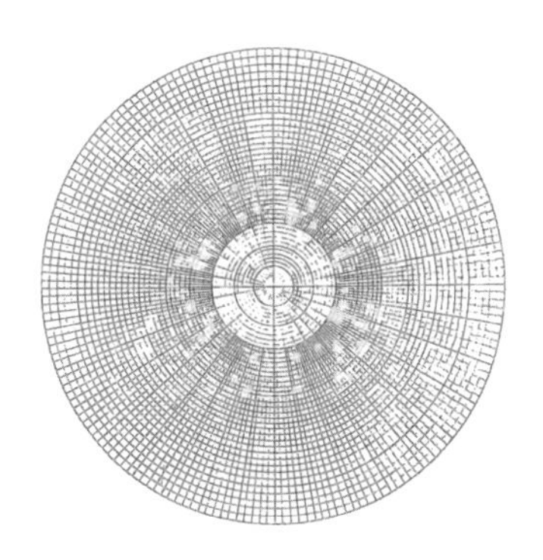

(b) 극으로부터 본 그림

그림 5.7

5.4 그래프 서식과 보는 방법(실험식 혹은 경험식의 예)

그래프용지는 수량이나 분석하는 사상에 따라서 각각 사용되고 있다. 여기에서는 진수에 관한 그래프, 대수에 관한 그래프, 분석용 그래프에 대해서 구체적인 예를 이용하여 설명한다.

5.4.1 진수에 관한 그래프

예1 도로의 노상 위에 대해서 평판재하시험을 한 바, 표 5.1과 같은 결과를 얻었다. 표로부터 하중-침하량 곡선을 그리시오.

표 5.1 평판재하시험 결과

하중(kgf/cm²)	침하량(mm)
0	0
0.36	0.41
0.72	0.82
1.08	0.95
1.24	1.50

그림 5.8로부터 명확한 바와 같이 하중과 침하량은 비례 관계에 있다. 즉 침하량을 x, 하중을 y라 하면 $y = ax$의 관계식을 얻는다. 여기에서 a는 비례 정수.

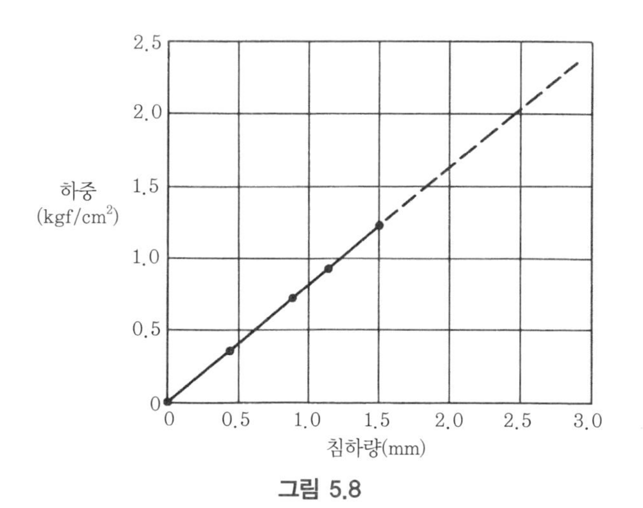

그림 5.8

그림 5.8 및 표의 결과로부터 침하량 1.25mm에 대한 하중은 1.10kgf/cm^{2}으로 된다.

예2 그래프 보는 방법의 일례

현상을 그래프로 표현하면 서로의 관계가 명확해진다. 따라서 그래프로부터 수치를 읽어내는 것이 가능하다.

일례로서 산사태 사면에서 안정해석을 하는 경우 현지의 실적을 중시하여 역산에 의해 평균적 전단력을 추정하는 것이 많다. 활동면 위의 저항력과 활동력이 평형하고 있는 경우는 안전율(F_s)이 1.0이라고 생각한다. 이때 점착력 C [t/m^2]와 내부마찰각 ϕ[°]의 관계식을 구하면 그림 5.9와 같은 1차의 관계가 얻어진다.

$$F_s = \frac{\text{활동면상의 전단저항의 합}}{\text{활동면상의 전단응력의 합}}$$

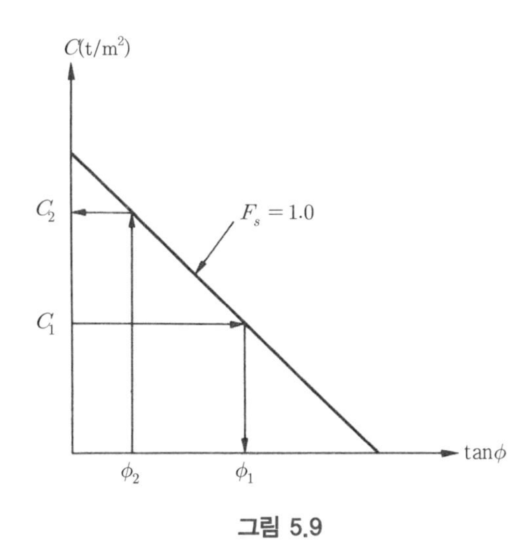

그림 5.9

이 그래프로부터 읽어 낼 수 있는 것은 다음과 같다.

① 점착력(C)를 결정하여 그림 중에서 내부마찰각(ϕ)를 구하는 것

② 역으로 활동면을 형성하는 흙의 입도로부터 내부마찰각(ϕ)를 결정하여 그림 중에서 점착력(C)를 구하는 것

5.4.2 대수에 관한 그래프

예1 편대수 그래프

흙의 입도 분포는 체가름에 의해서 입경(mm)과 통과백분율(%)에 의해 구할 수 있다. 특히 흙의 입경은 숫자가 상당히 작은 것(예를 들면 0.074mm)부터 큰 것(예를 들면 9.5mm)까지 분포하고(표 5.2), 모눈종이 위에 표현하면 책상을 초과하는 길이의 그래프용지가 필요하다.

표 5.2 흙의 입도분포

체(mm)	잔류율(%)	가적잔류율(%)	가적통과율(%)
9.5	0	0	100
4.75	1.80	1.80	98.2
2.0	7.38	9.18	90.82
0.85	5.20	14.38	85.62
0.425	13.00	27.38	72.62
0.250	6.30	33.68	66.32
0.106	34.24	67.92	32.08
0.074	22.03	89.95	10.05

이와 같이 그래프용지로서 사용하기 쉽게 고안된 것이 편대수 그래프용지이다. 체가름에 의해서 얻어진 흙의 입경가적곡선을 구해보자. 이 결과는 그림 5.10과 같이 된다.

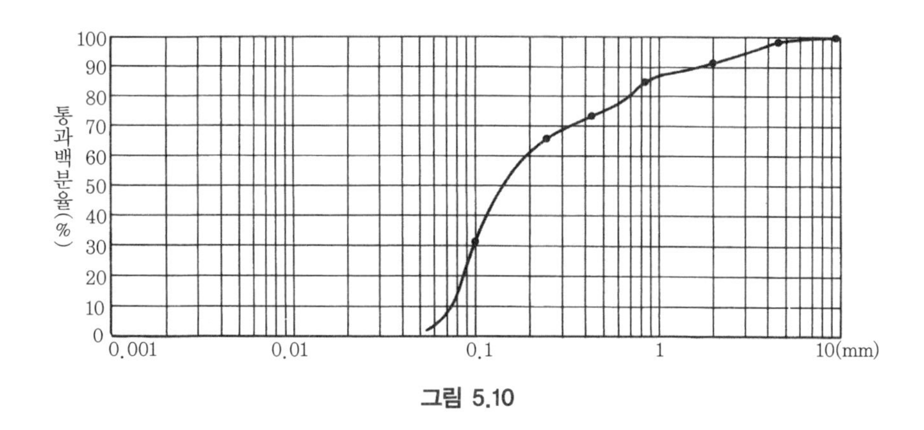

그림 5.10

이와 같이 수치가 상당히 작은 것부터큰 것 까지 분포하는 양이 1장의 그래프용지로서 표현할 수 있다.

예2 **편대수 그래프**

점토 지반의 압밀침하량과 경과시간(압밀시간)의 관계는 표 5.3과 같이 된다. 그것을 그래프에 나타내면 그림 5.11 (a)와 같이 된다.

표 5.3 압밀침하량(y)과 경과시간(x)

압밀침하량 y(cm)	1.40	3.00	4.00	7.10	8.00	9.50
압밀시간 x(월)	1.0	3.8	8.0	25.0	35.0	50.0

그래프로부터 경과시간이 걸어질수록 압밀침하량은 증대하는 것이 판명된다. 이와 같이 진수 그래프에서는 곡선으로 표현되지만[그림 (a)], 편대수 그래프상에서 직선이 되는 현상이 있다[그림 (b)].

그림 5.11 (a), (b) 중의 관계식의 a, b의 결정은 10장을 참조하시오. 이때는 $y = a + b \log x$의 관계식이 성립한다.

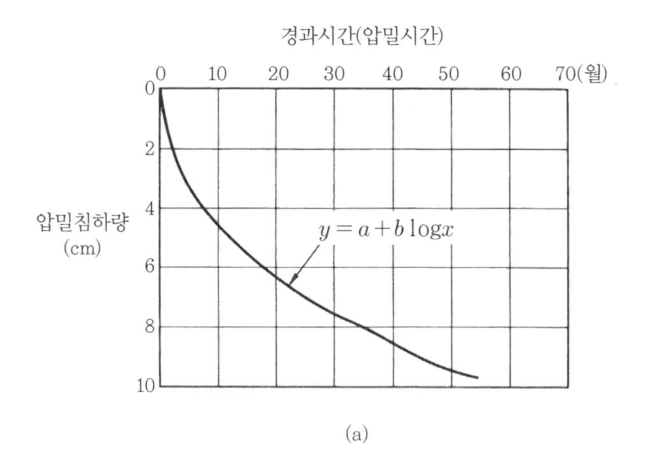

(a)

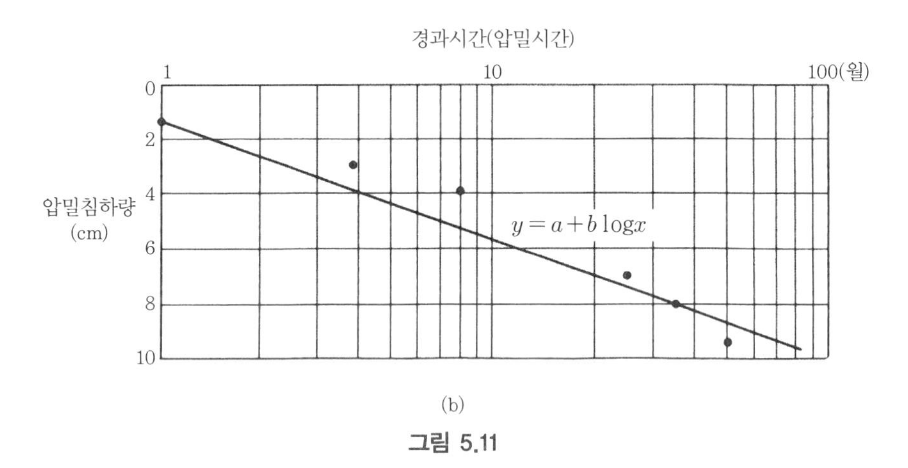

(b)

그림 5.11

예3 양대수 그래프

루전값과 시멘트 주입량(kg/m)의 관계. 댐의 기초 암반의 투수성(루전값)과 지수를 위한 시멘트 주입량(kg/m)의 관계는 그림 5.12 및 그림 5.13과 같이 된다(10.7절 참조).

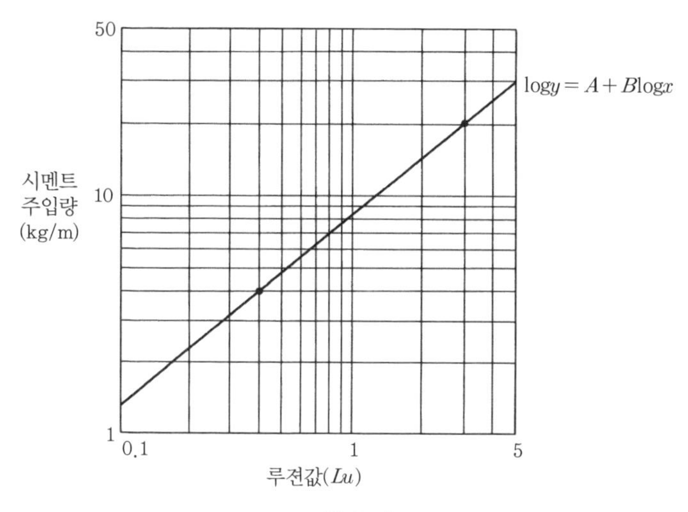

그림 5.12

루전값이 커지면 투수성도 커진다. 따라서 시멘트 주입량(kg/m)은 증대하는 것이 판명된다.

예 3과 같이 양대수 그래프상에서 직선으로 되는 경우가 많다. 이때는 $\log y = A + B\log x$ 라고 하는 관계가 성립한다. 즉 $y = Cx^B$로 된다.

예제 그림 5.12의 직선 식 $\log y = A + B\log x$로서 A, B를 구하시오. 또 다음에 $y = Cx^B$로서 C를 구하시오.

풀이

그림 5.12로부터 $\log 20 = A + B\log 3$, $\log 4 = A + B\log 0.4$의 직선 식을 구할 수 있다. 2개의 직선 식으로부터 $A = 0.920$, $B = 0.799$로 된다.

또 $20 = C \times 3^{0.799}$로부터 $C = 8.314$를 구할 수 있고 $y = 8.314x^{0.799}$로 된다.

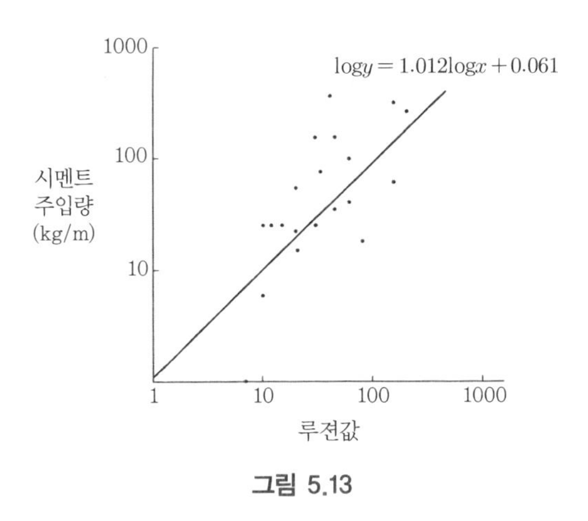

그림 5.13

5.4.3 삼각좌표 그래프

흙이나 광물 등에서 3개의 요소를 가지는 것의 분류를 구하기 위해 조성역을 삼각좌표로 분포시킨 분류도가 작성되고 있다. 이것을 삼각좌표 분류라고 한다.

예 모래 32%, 실트 42%, 점토 26%의 조성을 가진 흙의 명칭을 삼각좌표 분류로부터 구하시오.

그림 5.14의 삼각좌표 분류도로부터 이것은 점토질롬의 조성역 내에 속하는 것을 알았다. 따라서 이 조성을 가진 흙은 '점토질롬'으로 된다.

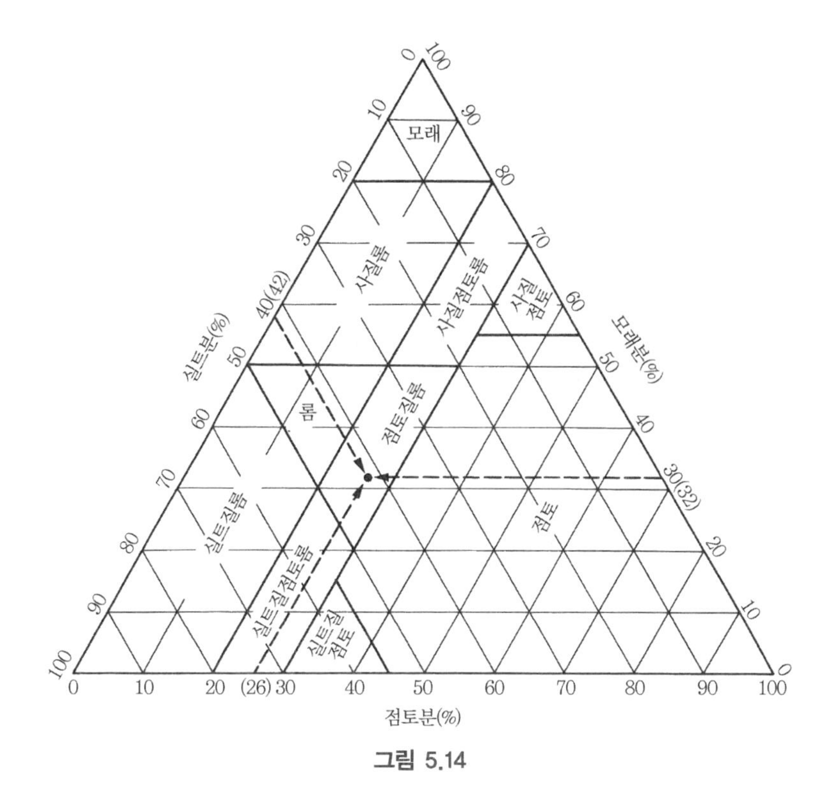

그림 5.14

5.4.4 원좌표 그래프

2개의 각도의 성질을 가진 것을 평면도 위에 표현할 수 있는 그래프로서 울프네트(Wulff net)가 있다(그림 5.15).

예 임의 지층을 해석할 때, 지층이 가진 주향과 경사를 표현하시오. 단 주향은 N30W, 경사는 N60으로 한다.

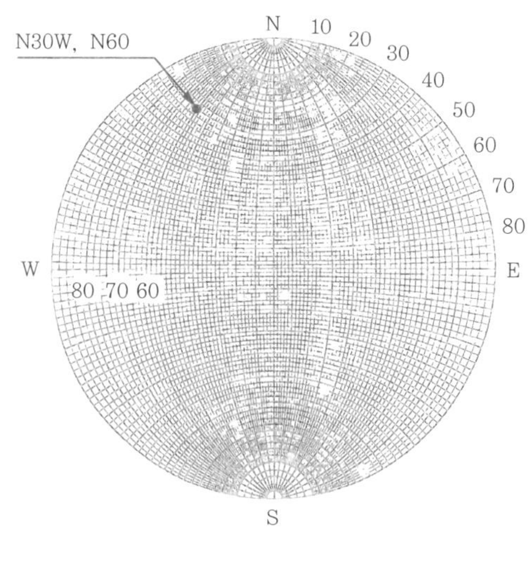

그림 5.15

5.4.5 기타 그래프

불연속 함수로서 우편요금 그래프가 있다(5.1.4항 참조). 이 그래프는 불연속이지만 중량이나 요금을 단번에 이해할 수 있다.

예 정형 외 우편물의 중량과 요금은 표 5.4와 같이 결정되어 있다. 이것을 그래프로 나타낸다(그림 5.16).

표 5.4 정형 외 우편물의 요금(1992년 당시)

내용	중량	요금(엔)
정형 외 우편물	50g까지	120
	100g까지	175
	250g까지	250
	500g까지	360
	1kg까지	670
	2kg까지	930
	3kg까지	1130
	4kg까지	1340

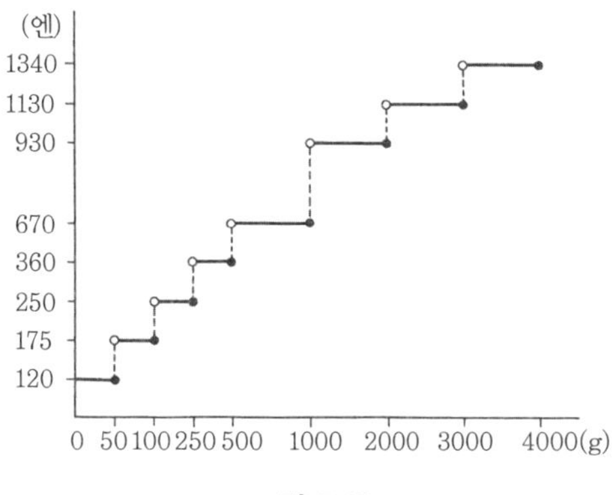
(엔)
1340
1130
930
670
360
250
175
120
0
50
100
250
500
1000
2000
3000
4000(g)

그림 5.16

연 습 문 제

5.1 변수 x 및 그 함수가 실수일 때 다음의 함수의 정의역을 보이시오.

① $f(x) = \sqrt{\log_e x}$　　② $f(x) = \sqrt{(x-2)(x+1)}$

5.2 다음의 함수의 불연속점을 보이고 그 부근의 그래프를 그림으로써 어떠한 불연속점인가를 기술하시오.

① $f(x) = \dfrac{1}{(x-1)^2(x+1)}$　　② $f(x) = \sec x \quad (0 \leq x \leq \pi)$

5.3 $\sin x$와 $\sin^{-1} x$, $\cos x$와 $\cos^{-1} x$, $\tan x$와 $\tan^{-1} x$들은 각각 서로 역함수로 되는 것을 확인하시오(3장 참조).

단, $\sin x$의 x는 $-\pi/2 \leq x \leq \pi/2$, $\cos x$의 x는 $0 \leq x \leq \pi$, $\tan x$의 x는 $-\pi/2 < x < \pi/2$로 하고 역삼각 함수는 모두 주치主値라고 한다.

5.4 a^x와 $\log_a x$, e^x와 $\log_e x$는 각각 서로 역함수로 되는 것을 확인하시오(4장 참조).

5.5 임의 한쪽 지지 봉이 진동하고 있다. 그 진동은 시간과 함께 점점 감쇠해 나간다. 시간을 t(진동개시의 시각을 $t=0$로 한다), $t=0$에 있어서의 봉의 끝의 수평 위치로부터의 변위(진동)를 a, 시각 t에 있어서의 변위를 x, 진동의 주기로서 T라 하면, x는 t의 함수로서

$$x = ae^{-t/T_0}\cos\left(\frac{2\pi t}{T}\right)$$

로서 표현된다.

$a = 10\text{cm}$, $T = 24\text{s}$, $T_0 = 54\text{s}$일 때, $t = 36\text{s}$에 있어서의 변위 x[cm]를 구하시오. ( ) 속은 물론 rad이다. T_0의 차원은 무엇인가. 이 양은 무엇을 나타내는가. $T_0 = 27\text{s}$, 54s, 1.3min의 $x(t)$의 그래프($0 \leq t \leq 1.3$ min)를 써서 고찰하시오.

5.6 콘크리트의 단열 온도상승 분포를 다음의 각 재령 시에 있어서 구하고 그래프에 나타내시오. 단, 단열 온도 상승을 구하는 방법은 다음 식에 의한다.

$$T = 35.92(1 - e^{-0.83t}) \quad [T : \text{단열온도}(℃),\ \ t : \text{재령(일)}]$$

문제 표 5.1

재령(t)	1	2	3	5	10	15
온도(T)						

5.7 모래 30%, 실트 45%, 점토 24%의 조성을 가진 흙의 명칭을 그림 5.14의 삼각 좌표분류로부터 구하시오.

Chapter 06

행렬식과 행렬

Chapter 06

행렬식과 행렬

연립 1차 방정식이나 좌표를 사용한 도형의 문제 및 벡터(8장의 문제, 예를 들면 힘의 평형이나 응력의 문제와 같이 많은 미지수를 구할 때)와 같이 많은 변수를 취급하는 경우 행렬식이나 행렬을 이용하면 조직적으로 예측하기 좋고 간소하게 계산할 수 있어 상당히 편리하다. 단 행렬식과 행렬은 명칭도 유사하여 서로 밀접한 자매관계에 있으나 완전히 다른 성격을 가지는 것이므로 혼동해서는 안 된다.

행렬식을 세계에서 처음 고안한 것은 일본의 에도江戸시대의 대수학자 세키 타카카즈関 孝和(1640?~1708)이다. 그가 연립1차 방정식을 풀 때에 고안하였다(해복제지법解伏題之法, 1683년). 물론 한자 세로쓰기이다. 1992년에 초상화와 그 행렬식이 그려진 우표(62엔)가 발행되었다.

또한 유럽에서는 1693년경 라이프니츠(Leibnitz, 독일, 1646~1716)가, 크라멜(Cramer, 스위스, 1704~1752)도 조금 늦은 1750년경 마찬가지의 것을 고안하였다.

6.1 행렬식이란

예를 들면 $\begin{cases} a_1x + b_1y = c_1 \\ a_2x + b_2y = c_2 \end{cases}$ (단, $a_1 \cdot b_2 \neq a_2 \cdot b_1$)의 연립방정식의 해를 구

하면 $x=(c_1 \cdot b_2 - c_2 \cdot b_1)/(a_1 \cdot b_2 - a_2 \cdot b_1)$, $y=(a_1 \cdot c_2 - a_2 \cdot c_1)/(a_1 \cdot b_2 - a_2 \cdot b_1)$으로 된다. 여기에서 이 해를 관찰하면

① 해의 분모는 x, y 모두 동일하고 $\underset{(1)}{a_1 \cdot b_2} - \underset{(2)}{a_2 \cdot b_1}$는 대각선 끼리의 곱의 차이다.

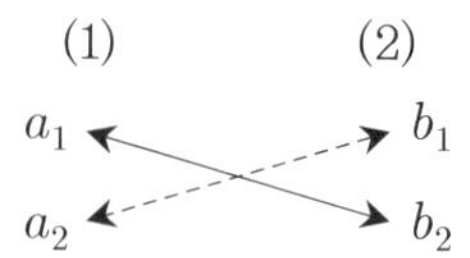

② 해의 분자는 각각 $a_1 \to c_1$, $a_2 \to c_2$, $b_1 \to c_1$, $b_2 \to c_2$로 치환하여 그 후의 계산은 분모와 같다. 그래서 세키 타카카즈[関 孝和]나 Cramer들이 천재적 발상으로 이것을 다음 절과 같이 정방형으로 계수 등을 나열하는 방법을 취하면 참으로 편리한 것, 또 계수 간의 관계나 해의 성질이 상당히 예측하기 좋게 이해할 수 있는 것을 발견하였다.

6.2 행렬식의 계산법

A, B, C, D를 아래와 같이 나열하고 좌우에 세로선을 그은 것을 행렬식이라 한다.

$$\begin{vmatrix} A & B \\ C & D \end{vmatrix} \begin{matrix} \to 1\text{행} \\ \to 2\text{행} \end{matrix}$$

$$\begin{matrix} \downarrow & \downarrow \\ 1\text{열} & 2\text{열} \end{matrix}$$

이것은 2행 2열의 행렬식이므로 2차 행렬식이라 한다. A, B, C, D를 행

렬식의 으뜸 또는 요소라 한다. 더욱이 이것을 확장하여 3차, 4차 등의 행렬식을 다음과 같이 적는다.

$$\begin{vmatrix} A & B & C \\ D & E & F \\ G & H & I \end{vmatrix} \qquad \begin{vmatrix} A & B & C & D \\ E & F & G & H \\ I & J & K & L \\ M & N & O & P \end{vmatrix}$$

(3차 행렬식) (4차 행렬식)

일반적으로 n행, n열로 이루어진 행렬식을 n차 행렬식이라 부른다. 이 행렬식의 연산은 다음의 순서로서 한다(이하, 1행 1열의 요소를 (1, 1) 요소, … 등이라 부르기로 한다).

순서 ① (1, 1) 요소에 +, 다음을 −, 로 서로 +와 −를 붙인다.

순서 ② 임의 행(또는 열)에 착안하여 그 각 요소를 제거한 소형의 행렬식(**소행렬식**이라 한다)과 그 요소와의 곱을 만든다.

순서 ③ 그 대수代數적 합을 만든다.

2차 행렬식 : $\begin{vmatrix} A^{(+)} & B^{(-)} \\ C^{(-)} & D^{(+)} \end{vmatrix} = +A \cdot D - B \cdot C$

3차 행렬식 :

$$\begin{vmatrix} A^{(+)} & B^{(-)} & C^{(+)} \\ D^{(-)} & E^{(+)} & F^{(-)} \\ G^{(+)} & H^{(-)} & I^{(+)} \end{vmatrix} = +A \times \begin{vmatrix} E & F \\ H & I \end{vmatrix} - B \times \begin{vmatrix} D & F \\ G & I \end{vmatrix} + C \times \begin{vmatrix} D & E \\ G & H \end{vmatrix}$$

$$= A \cdot (EI - FH) - B \cdot (DI - FG) + C \cdot (DH - EG)$$

4차 행렬식 :

$$\begin{vmatrix} A^{(+)} & B^{(-)} & C^{(+)} & D^{(-)} \\ E^{(-)} & F^{(+)} & G^{(-)} & H^{(+)} \\ I^{(+)} & J^{(-)} & K^{(+)} & L^{(-)} \\ M^{(-)} & N^{(+)} & O^{(-)} & P^{(+)} \end{vmatrix} = +A \times \begin{vmatrix} F & G & H \\ J & K & L \\ N & O & P \end{vmatrix} - B \times \begin{vmatrix} E & G & H \\ I & K & L \\ M & O & P \end{vmatrix}$$

$$+C \times \begin{vmatrix} E & F & H \\ I & J & L \\ M & N & P \end{vmatrix} - D \times \begin{vmatrix} E & F & G \\ I & J & K \\ M & N & O \end{vmatrix}$$

이하 마찬가지

예1

$$\begin{vmatrix} 3 & -2 \\ 4 & 5 \end{vmatrix} = 3 \times 5 - (-2) \times 4 = 15 + 8 = 23$$

예2

$$\begin{vmatrix} 4 & -1 & 5 \\ -3 & 4 & 0 \\ 1 & 3 & 6 \end{vmatrix} = 4 \times \begin{vmatrix} 4 & 0 \\ 3 & 6 \end{vmatrix} - (-1) \times \begin{vmatrix} -3 & 0 \\ 1 & 6 \end{vmatrix} + 5 \times \begin{vmatrix} -3 & 4 \\ 1 & 3 \end{vmatrix}$$

$$= 4 \cdot (24 - 0) + 1 \cdot (-18 - 0) + 5 \cdot (-9 - 4)$$

$$= 96 - 18 - 65 = 13$$

예3

$$\begin{vmatrix} 2 & 1 & 4 & 0 \\ -1 & 5 & 3 & 1 \\ 0 & 2 & -4 & 3 \\ 1 & 1 & -5 & 0 \end{vmatrix} = 2 \times \begin{vmatrix} 5 & 3 & 1 \\ 2 & -4 & 3 \\ 1 & -5 & 0 \end{vmatrix} - 1 \times \begin{vmatrix} -1 & 3 & 1 \\ 0 & -4 & 3 \\ 1 & -5 & 0 \end{vmatrix}$$

$$+4\times\begin{vmatrix}-1 & 5 & 1\\ 0 & 2 & 3\\ 1 & 1 & 0\end{vmatrix}$$

$$=2\{5\cdot(0+15)-3\cdot(0-3)+1\cdot(-10+4)\}$$
$$-1\{-1\cdot(0+15)-3\cdot(0-3)+1\cdot(0+4)\}$$
$$+4\{-1\cdot(0-3)-5\cdot(0-3)+1\cdot(0-2)\}$$
$$=156+2+64=222$$

6.3 행렬식의 성질

앞 절의 예 3으로부터 알 수 있는 바와 같이 4차, 5차 등의 행렬식의 계산은 매우 번잡해진다. 그래서 행렬식의 계산에서는 다음에 기술할 행렬식의 성질을 이용하면 계산이 비교적 간단해지는 것이 많다(이하의 예는 3차 행렬식으로 주고 있으나 기타의 행렬식에서도 마찬가지).

(1) **행과 열을 바꿔 넣어도 행렬식의 값은 변하지 않는다.**

예 1

$$\begin{vmatrix}-2 & 5 & 4\\ 3 & 2 & 6\\ -5 & -3 & 2\end{vmatrix}=\begin{vmatrix}-2 & 3 & -5\\ 5 & 2 & -3\\ 4 & 6 & 2\end{vmatrix}$$

(2) **어느 쪽이든 2개의 행(또는 열)을 바꿔 넣으면 역부호의 값이 된다.**

예 2

$$\begin{vmatrix}-2 & 5 & 4\\ 3 & 2 & 6\\ -5 & -3 & 2\end{vmatrix}=-\begin{vmatrix}3 & 2 & 6\\ -2 & 5 & 4\\ -5 & -3 & 2\end{vmatrix}$$

(3) **어느 쪽이든 2개의 행(또는 열)이 동일한 요소로 이루어져 있으면 그 행렬식의 값은 0이다.**

예 3

$$\begin{vmatrix} 5 & 1 & 5 \\ -3 & 3 & -3 \\ 6 & 9 & 6 \end{vmatrix} = 0$$

(4) **어느 쪽이든 행(또는 열)의 요소가 모두 k배 되어 있으면 k는 행렬식 밖으로 꺼낼 수 있다.**

예 4

$$\begin{vmatrix} 5 & 6 & 1 \\ -3 & 3 & -4 \\ 6 & 9 & 5 \end{vmatrix} = 3\begin{vmatrix} 5 & 2 & 1 \\ -3 & 1 & -4 \\ 6 & 3 & 5 \end{vmatrix}$$

(5) **어느 쪽이든 하나의 행 또는 열이 2개의 요소의 합(혹은 차)으로 되어 있으면 2개의 행렬식의 합(혹은 차)으로 분해된다.**

예 5

$$\begin{vmatrix} 5 & -3 & 2 \\ 1+2 & 2+5 & -1+3 \\ -4 & 9 & 8 \end{vmatrix} = \begin{vmatrix} 5 & -3 & 2 \\ 1 & 2 & -1 \\ -4 & 9 & 8 \end{vmatrix} + \begin{vmatrix} 5 & -3 & 2 \\ 2 & 5 & 3 \\ -4 & 9 & 8 \end{vmatrix}$$

(6) **어느 쪽이든 하나의 행(또는 열)을 k배 하고 다른 행(또는 열)에 더하여도 행렬식의 값은 변하지 않는다.** (이 성질은 매우 이용도가 높다.)

예제

$$\begin{vmatrix} 2 & 1 & 4 & 0 \\ -1 & 5 & 3 & 1 \\ 0 & 2 & -4 & 3 \\ 1 & 1 & -5 & 0 \end{vmatrix}$$ 의 계산법을 보이시오.

풀이

$$\begin{vmatrix} 2 & 1 & 4 & 0 \\ -1 & 5 & 3 & 1 \\ 0 & 2 & -4 & 3 \\ 1 & 1 & -5 & 0 \end{vmatrix} \xrightarrow[=]{\text{(1)의 성질로부터}} \begin{vmatrix} 2 & -1 & 0 & 1 \\ 1 & 5 & 2 & 1 \\ 4 & 3 & -4 & -5 \\ 0 & 1 & 3 & 0 \end{vmatrix} \xrightarrow[=]{\text{(2)의 성질로부터}}$$

$$= -\begin{vmatrix} 0 & 1 & 3 & 0 \\ 1 & 5 & 2 & 1 \\ 4 & 3 & -4 & -5 \\ 2 & -1 & 0 & 1 \end{vmatrix} \xrightarrow[=]{\text{(6)의 성질로부터}} = -\begin{vmatrix} 0 & 1 & 0 & 0 \\ 1 & 5 & -13 & 1 \\ 4 & 3 & -13 & -5 \\ 2 & -1 & 3 & 1 \end{vmatrix}$$

($\times(-3)$: 2열 → 3열)

$$= -(-1)\begin{vmatrix} 1 & -13 & 1 \\ 4 & -13 & -5 \\ 2 & 3 & 1 \end{vmatrix} = 1 \cdot \begin{vmatrix} 1 & -13 & 1 \\ 4 & -13 & -5 \\ 2 & 3 & 1 \end{vmatrix} \xrightarrow{\text{(6)의 성질로부터}}$$

($\times 13$: 1열 → 2열)

$$= \begin{vmatrix} 1 & 0 & 1 \\ 4 & 39 & -5 \\ 2 & 29 & 1 \end{vmatrix} = \begin{vmatrix} 1 & 0 & 0 \\ 4 & 39 & -9 \\ 2 & 29 & -1 \end{vmatrix} = 1 \cdot \begin{vmatrix} 39 & -9 \\ 29 & -1 \end{vmatrix} = 1 \cdot (-39 + 261)$$

($\times(-1)$: 1열 → 3열)

$$= 222$$

6.4 행렬식의 응용

행렬식은 공학 문제의 해결에 즈음하여 여러 가지 장면으로 나타난다. 여기에서는 ① 연립방정식의 해법과 ② 힘의 모멘트 산출(벡터 곱)을 예로 든다.

6.4.1 연립방정식의 해법(Cramer의 방법)

Cramer의 방법에 의해 해를 구하는 순서는 다음과 같다.

순서 ① 분모는 미지수가 x, y, $\cdots$,로 n개 일 때, x의 계수, y의 계수, $\cdots$를 각각 세로로 나열하여 미지수의 계수로 이루어진 n차 행렬식을 만든다.

순서 ② 분자는 분모의 행렬식으로 각각 미지수의 열을 정수로서 치환한 행렬식을 만든다.

순서 ③ 분모·분자의 행렬식을 계산하고 해를 구한다.

예 1

$$\begin{cases} 2x - y = 3 \\ -3x + 5y = -1 \end{cases}$$ 의 x, y를 구하시오.

$$x = \frac{\begin{vmatrix} 3 & -1 \\ -1 & 5 \end{vmatrix}}{\begin{vmatrix} 2 & -1 \\ -3 & 5 \end{vmatrix}} = \frac{15-1}{10-3} = \frac{14}{7} = 2,\quad y = \frac{\begin{vmatrix} 2 & 3 \\ -3 & -1 \end{vmatrix}}{\begin{vmatrix} 2 & -1 \\ -3 & 5 \end{vmatrix}} = \frac{-2+9}{10-3} = \frac{7}{7} = 1$$

일반적으로 $\begin{cases} a_1x + b_1y = c_1 \\ a_2x + b_2y = c_2 \end{cases}$ 일 때,

$$x = \frac{\begin{vmatrix} c_1 & b_1 \\ c_2 & b_2 \end{vmatrix}}{\begin{vmatrix} a_1 & b_1 \\ a_2 & b_2 \end{vmatrix}}, \quad y = \frac{\begin{vmatrix} a_1 & c_1 \\ a_2 & c_2 \end{vmatrix}}{\begin{vmatrix} a_1 & b_1 \\ a_2 & b_2 \end{vmatrix}}$$ 이다.

예 2

$$\begin{cases} -x + y + 2z = 7 \\ 3x + 2y - z = 4 \\ 2x - 4y + 5z = 9 \end{cases}$$ 의 x, y, z를 구하시오.

$$x = \frac{\begin{vmatrix} 7 & 1 & 2 \\ 4 & 2 & -1 \\ 9 & -4 & 5 \end{vmatrix}}{\begin{vmatrix} -1 & 1 & 2 \\ 3 & 2 & -1 \\ 2 & -4 & 5 \end{vmatrix}}, \quad y = \frac{\begin{vmatrix} -1 & 7 & 2 \\ 3 & 4 & -1 \\ 2 & 9 & 5 \end{vmatrix}}{\begin{vmatrix} -1 & 1 & 2 \\ 3 & 2 & -1 \\ 2 & -4 & 5 \end{vmatrix}}, \quad z = \frac{\begin{vmatrix} -1 & 1 & 7 \\ 3 & 2 & 4 \\ 2 & -4 & 9 \end{vmatrix}}{\begin{vmatrix} -1 & 1 & 2 \\ 3 & 2 & -1 \\ 2 & -4 & 5 \end{vmatrix}}$$

따라서 $x = 1$, $y = 2$, $z = 3$.

일반적으로 $$\begin{cases} a_1x + b_1y + c_1z = d_1 \\ a_2x + b_2y + c_2z = d_2 \\ a_3x + b_3y + c_3z = d_3 \end{cases}$$ 일 때

$$x=\frac{\begin{vmatrix} d_1 & b_1 & c_1 \\ d_2 & b_2 & c_2 \\ d_3 & b_3 & c_3 \end{vmatrix}}{\begin{vmatrix} a_1 & b_1 & c_1 \\ a_2 & b_2 & c_2 \\ a_3 & b_3 & c_3 \end{vmatrix}},\ y=\frac{\begin{vmatrix} a_1 & d_1 & c_1 \\ a_2 & d_2 & c_2 \\ a_3 & d_3 & c_3 \end{vmatrix}}{\begin{vmatrix} a_1 & b_1 & c_1 \\ a_2 & b_2 & c_2 \\ a_3 & b_3 & c_3 \end{vmatrix}},\ z=\frac{\begin{vmatrix} a_1 & b_1 & d_1 \\ a_2 & b_2 & d_2 \\ a_3 & b_3 & d_3 \end{vmatrix}}{\begin{vmatrix} a_1 & b_1 & c_1 \\ a_2 & b_2 & c_2 \\ a_3 & b_3 & c_3 \end{vmatrix}}$$ 이다.

방정식을 풀면 해를 원래의 방정식에 넣어 반드시 검산하시오.

6.4.2 힘의 모멘트

8.6절에서 기술할 바와 같이 힘의 모멘트 ($\boldsymbol{M}$)은

$$\boldsymbol{M}=\boldsymbol{r}\times\boldsymbol{F}\ (\boldsymbol{r}: \text{팔 길이},\ \boldsymbol{F}: \text{힘})$$

으로 주어진다. 이것은 x축, y축, z축 방향의 기본 벡터를 $\boldsymbol{i}$, $\boldsymbol{j}$, $\boldsymbol{k}$로 하고 $\boldsymbol{r}=(\boldsymbol{r}_x,\ \boldsymbol{r}_y,\ \boldsymbol{r}_z)$, $\boldsymbol{F}=(\boldsymbol{F}_x,\ \boldsymbol{F}_y,\ \boldsymbol{F}_z)$이라 하면

$$\boldsymbol{M}=\boldsymbol{r}\times\boldsymbol{F}=\begin{vmatrix} \boldsymbol{i} & \boldsymbol{j} & \boldsymbol{k} \\ \boldsymbol{r}_x & \boldsymbol{r}_y & \boldsymbol{r}_z \\ \boldsymbol{F}_x & \boldsymbol{F}_y & \boldsymbol{F}_z \end{vmatrix}$$

의 행렬식을 계산함으로써 모멘트의 방향과 크기가 구해진다.

예를 들면 그림 6.1과 같이 점 C에 AB에 평행한 선 위 30°의 각도를 가지고 100kgf의 힘이 작용하고 있는 경우 점 A에서의 힘의 모멘트는 다음과 같이 된다.

$$M_A = \begin{vmatrix} \boldsymbol{i} & \boldsymbol{j} & \boldsymbol{k} \\ 3 & 1 & 0 \\ 100 \cdot \cos 30° & 100 \cdot \sin 30° & 0 \end{vmatrix} \quad (M_A \text{의 단위는 kgf·m})$$

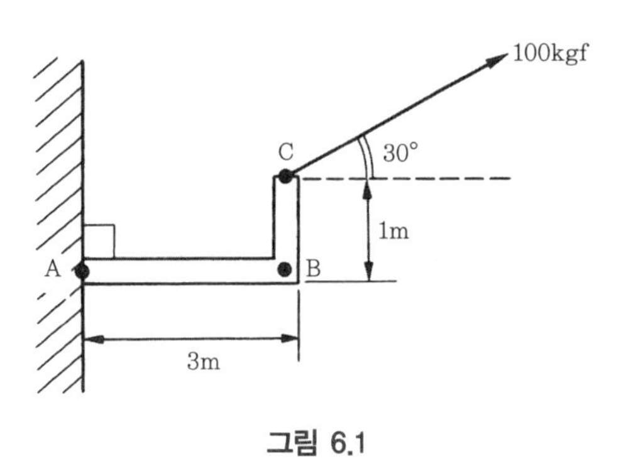

그림 6.1

6.5 행렬이란

행렬은 행렬식과 마찬가지로 **행**과 **열**로 이루어진다. 그러나 이것으로는 단순한 수의 모임에 지나지 않는다. 행렬이란 다음의 6.6절에서 기술할 연산의 법칙에 따른 모임을 말한다. 다음에 나타낸 것은 m행, n열로 이루어진 행렬이다.

$$\begin{pmatrix} a_{11} & a_{12} & \cdots & a_{1n} \\ a_{21} & a_{22} & \cdots & a_{2n} \\ \vdots & \vdots & & \vdots \\ a_{m1} & a_{m2} & \cdots & a_{mn} \end{pmatrix} \begin{matrix} \rightarrow 1\text{행} \\ \rightarrow 2\text{행} \\ \wr \\ \rightarrow m\text{행} \end{matrix}$$

$$\begin{matrix} \downarrow & \downarrow & \sim & \downarrow \\ 1\text{열} & 2\text{열} & & n\text{열} \end{matrix}$$

여기에서 a_{ij}는 i행 j열의 요소이다. 이 행렬을 (m, n)행렬, 또는 $m \times n$행

렬이라고 한다. 특히 1행만의 행렬을 **행벡터**, 1열만의 행렬을 **열벡터**라고 부른다. 행과 열이 같은 개수의 행렬을 **정방행렬**이라 하며 응용상 특히 중요하다.

예1

(2, 3)행렬 $\begin{pmatrix} 3 & -5 & 6 \\ 0 & 8 & 7 \end{pmatrix}$

예2

(3, 1)행렬 $\begin{pmatrix} 3 \\ 6 \\ -8 \end{pmatrix}$ 열 벡터

예3

(3, 3)행렬 $\begin{pmatrix} 3 & -5 & 6 \\ 0 & 8 & 7 \\ 9 & 3 & -5 \end{pmatrix}$ 정방행렬

행과 열을 바꿔 넣은 행렬을 **전치轉置행렬**이라고 한다.

$$\begin{pmatrix} -2 & 5 & 4 \\ 3 & 2 & 6 \\ -5 & -3 & 2 \end{pmatrix} \rightarrow \begin{pmatrix} -2 & 3 & -5 \\ 5 & 2 & -3 \\ 4 & 6 & 2 \end{pmatrix}$$

6.6 행렬의 계산법

6.5절에서 기술한 바와 같이 수의 배열만으로는 단순한 수의 집합에 지나지 않는다. 행렬이란 합, 차, 곱이 다음의 법칙에 따른 배열인 것이다.

6.6.1 합과 차의 법칙

행렬끼리의 합(혹은 차)은 **동일한 형끼리가 아니면 안 된다.** 행렬의 합(혹은 차)이란 각 행렬의 각 요소마다의 합으로 이루어진 행렬이다.

예1

$$\begin{pmatrix} -3 & 5 & 2 \\ 6 & -8 & 9 \end{pmatrix} + \begin{pmatrix} 4 & 0 & -3 \\ 9 & 2 & -5 \end{pmatrix} = \begin{pmatrix} 1 & 5 & -1 \\ 15 & -6 & 4 \end{pmatrix}$$

일반적으로 $A = \begin{pmatrix} a_{11} & a_{12} & \cdots & a_{1n} \\ a_{21} & a_{22} & \cdots & a_{2n} \\ a_{m1} & a_{m2} & \cdots & a_{mn} \end{pmatrix}$ $B = \begin{pmatrix} b_{11} & b_{12} & \cdots & b_{1n} \\ b_{21} & b_{22} & \cdots & b_{2n} \\ b_{m1} & b_{m2} & \cdots & b_{mn} \end{pmatrix}$

$A \pm B = \begin{pmatrix} a_{11} \pm b_{11} & a_{12} \pm b_{12} & \cdots & a_{1n} \pm b_{1n} \\ a_{21} \pm b_{21} & a_{22} \pm b_{22} & \cdots & a_{2n} \pm b_{2n} \\ a_{m1} \pm b_{m1} & a_{m2} \pm b_{m2} & \cdots & a_{mn} \pm b_{mn} \end{pmatrix}$이다.

6.6.2 수와 행렬의 곱의 법칙

k는 다음과 같이 행렬의 전 요소에 곱해진다.

$$k \cdot \begin{pmatrix} a_{11} & a_{12} & a_{13} \\ a_{21} & a_{22} & a_{23} \end{pmatrix} = \begin{pmatrix} ka_{11} & ka_{12} & ka_{13} \\ ka_{21} & ka_{22} & ka_{23} \end{pmatrix}$$

예2 $-2 \cdot \begin{pmatrix} -3 & 6 \\ 2 & 7 \end{pmatrix} = \begin{pmatrix} 6 & -12 \\ -4 & -14 \end{pmatrix}$

주 행렬식과 수의 곱의 법칙과 절대로 혼동하지 않을 것. 6.3절의 (4)와 비교하시오.

6.6.3 행렬끼리의 곱의 법칙

① 곱하기 기호의 좌측의 행렬의 열의 개수와 우측의 행렬의 행의 개수가 같을 때에만 가능하다.

② 행렬끼리의 곱이란 행(좌)과 열(우)의 각 요소마다의 곱을 만들어 그것들을 더한 것을 요소로 한 행렬이다.

예 3

$$\begin{pmatrix} -3 & 4 & 1 \\ 2 & 5 & 8 \end{pmatrix} \cdot \begin{pmatrix} 3 \\ -5 \\ 9 \end{pmatrix} = \begin{pmatrix} (-3) \times 3 + 4 \times (-5) + 1 \times 6 \\ 2 \times 3 + 5 \times (-5) + 8 \times 6 \end{pmatrix} = \begin{pmatrix} -23 \\ 29 \end{pmatrix}$$

예 4

$$\begin{pmatrix} -1 & 5 \\ 4 & 1 \\ 3 & 2 \end{pmatrix} \cdot \begin{pmatrix} 3 & 2 & 4 & -1 \\ -5 & 4 & 8 & 9 \end{pmatrix}$$

$$= \begin{pmatrix} (-3)+(-25) & (-2)+20 & (-4)+40 & 1+45 \\ 12+(-5) & 8+4 & 16+8 & (-4)+9 \\ 9+(-10) & 6+8 & 12+16 & (-3)+18 \end{pmatrix}$$

$$= \begin{pmatrix} -28 & 18 & 36 & 46 \\ 7 & 12 & 24 & 5 \\ -1 & 14 & 28 & 15 \end{pmatrix}$$

이 예에서 알 수 있는 바와 같이 (3, 2)행렬 ×(2, 4)행렬은 (3, 4)행렬로 된다. 일반적으로 (l, m)행렬 $\times(m, n)$행렬은 (l, n)행렬로 된다. 즉

$$A=\begin{pmatrix} a_{11} & a_{12} & \cdots & a_{1m} \\ a_{21} & a_{22} & \cdots & a_{2m} \\ \vdots & \vdots & & \vdots \\ a_{l1} & a_{l2} & \cdots & a_{lm} \end{pmatrix}, \quad B=\begin{pmatrix} b_{11} & b_{12} & \cdots & b_{1n} \\ b_{21} & b_{22} & \cdots & b_{2n} \\ \vdots & \vdots & & \vdots \\ b_{m1} & b_{m2} & \cdots & b_{mn} \end{pmatrix}\text{라 하면}$$

$$AB=\begin{pmatrix} \sum_{i=1}^{m} a_{1i}b_{i1} & \sum_{i=1}^{m} a_{1i}b_{i2} & \cdots & \sum_{i=1}^{m} a_{1i}b_{in} \\ \sum_{i=1}^{m} a_{2i}b_{i1} & \sum_{i=1}^{m} a_{2i}b_{i2} & \cdots & \sum_{i=1}^{m} a_{2i}b_{in} \\ \vdots & \vdots & & \vdots \\ \sum_{i=1}^{m} a_{li}b_{i1} & \sum_{i=1}^{m} a_{li}b_{i2} & \cdots & \sum_{i=1}^{m} a_{li}b_{in} \end{pmatrix}\text{이다.}$$

주 아래의 예와 같이 곱은 순서를 바꿔서는 안 된다. 일반적으로 $AB \neq BA$이다. 이 성질을 비가환非可換(noncommutative)이라고 한다.

예 5

$$A=\begin{pmatrix} 2 & -3 \\ 1 & 5 \end{pmatrix}, \quad B=\begin{pmatrix} -3 & 4 \\ 0 & 6 \end{pmatrix}\text{일 때}$$

$$AB=\begin{pmatrix} 2 & -3 \\ 1 & 5 \end{pmatrix}\times\begin{pmatrix} -3 & 4 \\ 0 & 6 \end{pmatrix}=\begin{pmatrix} -6 & -10 \\ -3 & 34 \end{pmatrix}$$

$$BA=\begin{pmatrix} -3 & 4 \\ 0 & 6 \end{pmatrix}\times\begin{pmatrix} 2 & -3 \\ 1 & 5 \end{pmatrix}=\begin{pmatrix} -2 & -29 \\ 6 & 30 \end{pmatrix}$$

예 6 예 5에서 나타낸 바와 같이 행렬끼리의 곱은 일반적으로는 비가환이지만 다음과 같은 예외도 있다.

$$A = \begin{pmatrix} 2 & -3 \\ 1 & 5 \end{pmatrix}, \quad I = \begin{pmatrix} 1 & 0 \\ 0 & 1 \end{pmatrix}$$일 때,

$$AI = IA = \begin{pmatrix} 2 & -3 \\ 1 & 5 \end{pmatrix}$$

여기에서 $\begin{pmatrix} 1 & 0 \\ 0 & 1 \end{pmatrix}$과 같이 왼쪽 위로부터 오른쪽 아래로의 대각선 위의 요소가 1이고 다른 것이 0인 정방행렬을 **단위행렬**(I라 적는다)이라고 한다. I는 같은 형의 모든 정방행렬과 가환可換(commutative)이다. 이것은 보통의 수의 계산의 1에 상당하는 것이다.

6.6.4 역행렬과 역행렬을 구하는 방법

1) 역행렬이란

수의 계산에서 임의 수 a에 다른 수 x를 곱할 때, 그 결과가 1이 되는 수 x를 a의 역수라 하며 $1/a = a^{-1}$이라 적는다. 행렬에서도 임의 정방행렬 A에 다른 정방행렬 X를 곱할 때 그 결과가 단위행렬 I로 되는 행렬 X를 A의 **역행렬**이라 하며 $X = A^{-1}$이라 적는다. A^{-1}은 A와 가환이다.

2) 역행렬 구하는 방법

A^{-1}을 구하는 식은 A를 $(n,\ m)$ **정칙**正則**행렬**(정칙행렬이란 정방행렬 중, 행렬식의 값이 0이 되지 않는 행렬을 말한다)이라 하면,

$$A^{-1} = \frac{1}{\begin{vmatrix} a_{11} & a_{12} & \cdots & a_{1n} \\ \vdots & & & \vdots \\ a_{n1} & a_{n2} & \cdots & a_{nn} \end{vmatrix}} \cdot \begin{pmatrix} A_{11} \cdots A_{n1} \\ A_{12} \cdots A_{n2} \\ \vdots \quad\quad \vdots \\ A_{1n} \cdots A_{nn} \end{pmatrix} \tag{7.1}$$

다만 A_{ij}는 **여인자**(余因子, cofactor)라고 불리는 것으로서

$$A_{ij} = (-1)^{i+j} D_{ij}$$

[D_{ij}는 i행 j열을 빼고 만든 행렬식(즉 a_{ij}의 소행렬식)]이다. 이 식 (7.1)의 행렬은 $\begin{pmatrix} A_{11} & A_{12} & \cdots & A_{1n} \\ \cdots\cdots & \cdots\cdots & \cdots\cdots & \cdots\cdots \end{pmatrix}$의 전치 행렬인 것에 주의

다만 식 (7.1)에서 역행렬을 계산하는 것은 번잡하게 되기 때문에 통상은 6.8절에서 기술한 **소출법**掃出法(sweep out)을 이용하는 것이 많다.

예 7

$$A = \begin{pmatrix} 1 & 0 & -2 \\ 0 & 3 & 1 \\ -4 & 1 & 0 \end{pmatrix}$$ 의 역행렬 A^{-1}을 구한다.

$$\begin{vmatrix} 1 & 0 & -2 \\ 0 & 3 & 1 \\ -4 & 1 & 0 \end{vmatrix} = 1 \cdot (0-1) - 2(0+12) = -1 - 24 = -25$$

$$A_{11} = (-1)^{1+1} \cdot D_{11} = (-1)^2 \begin{vmatrix} 3 & 1 \\ 1 & 0 \end{vmatrix} = 1 \times (0-1) = -1$$

$$A_{12} = (-1)^{1+2} \cdot D_{12} = (-1)^3 \begin{vmatrix} 0 & 1 \\ -4 & 0 \end{vmatrix} = -1 \times (0+4) = -4$$

$$A_{13} = (-1)^{1+3} \cdot D_{13} = (-1)^4 \begin{vmatrix} 0 & 3 \\ -4 & 1 \end{vmatrix} = 1 \times (0+12) = 12$$

마찬가지로

$$A_{21} = (-1)^{2+1} \cdot D_{21} = -1 \times (0+2) = -2$$

$$A_{22} = 1^{2+2} \cdot D_{22} = 1 \times (0-8) = -8$$

$$A_{23} = (-1)^{2+3} \cdot D_{23} = -1 \times (1-0) = -1$$

$$A_{31} = 1^{3+1} \cdot D_{31} = 1 \times (0+6) = 6$$

$$A_{32} = (-1)^{3+2} \cdot D_{32} = -1 \times (1-0) = -1$$

$$A_{33} = 1^{3+3} \cdot D_{33} = 1 \times (3-0) = 3$$

로 된다.

따라서

$$A^{-1} = \frac{1}{-25}\begin{pmatrix} -1 & -2 & 6 \\ -4 & -8 & -1 \\ 12 & -1 & 3 \end{pmatrix} = \frac{1}{25}\begin{pmatrix} 1 & 2 & -6 \\ 4 & 8 & 1 \\ -12 & 1 & -3 \end{pmatrix}$$

검산 : $AA^{-1} = A^{-1}A = \begin{pmatrix} 1 & 0 & 0 \\ 0 & 1 & 0 \\ 0 & 0 & 1 \end{pmatrix}$

6.7 행렬의 응용

행렬의 계산(합, 차, 곱) 및 역행렬 구하는 방법으로부터 이것들을 이용하여 연립방정식을 풀 수 있다.

순서 ① 주어진 연립방정식을

(계수의 행렬)×(미지수의 열벡터)=(정수의 열벡터)

의 형식으로 고쳐 쓴다.

순서 ② (계수의 행렬)의 역행렬을 구한다.

순서 ③ 양변에 (계수의 행렬)의 역행렬을 왼쪽부터 곱하면 다음과 같이 해를 구할 수 있다. 즉

(미지수의 열벡터)=(계수의 행렬의 역행렬)×(정수의 열벡터)

이것은 (계수의 행렬)을 A, (그 역행렬)을 A^{-1}, (미지수의 열벡터)를 X, (정수의 열벡터)를 B라 하면 연립방정식은 $AX=B$의 형으로 되고 있어 $A^{-1}A=I$, $IX=X$의 성질을 이용하여 X를 구하기 때문이다. 즉

$$AX=B \rightarrow A^{-1}AX=A^{-1}B \rightarrow IX=A^{-1}B \rightarrow X=A^{-1}B$$

예1

$$\begin{cases} 2x - y = 3 \\ -3x+5y=-1 \end{cases}$$ 을 행렬을 이용하여 푼다.

순서 ①

$$\begin{cases} 2x - y = 3 \\ -3x+5y=-1 \end{cases} \Rightarrow \begin{pmatrix} 2 & -1 \\ -3 & 5 \end{pmatrix}\begin{pmatrix} x \\ y \end{pmatrix}=\begin{pmatrix} 3 \\ -1 \end{pmatrix}$$

↑ 계수의 행렬 ↑ 미지수의 열벡터 ↖ 정수의 열벡터

순서 ②

$$\begin{pmatrix} 2 & -1 \\ -3 & 5 \end{pmatrix}^{-1}=\frac{1}{7}\begin{pmatrix} 5 & 1 \\ 3 & 2 \end{pmatrix}$$로부터

순서 ③

$$\begin{pmatrix} x \\ y \end{pmatrix} = \frac{1}{7}\begin{pmatrix} 5 & 1 \\ 3 & 2 \end{pmatrix}\begin{pmatrix} 3 \\ -1 \end{pmatrix} = \frac{1}{7}\begin{pmatrix} 14 \\ 7 \end{pmatrix} = \begin{pmatrix} 2 \\ 1 \end{pmatrix}$$

즉 $x=2,\ y=1$로 된다.

6.8 소출법

역행렬을 계산할 때 각 여인자를 구하지 않으면 안 되므로 컴퓨터 등으로 계산하는 경우는 매우 불편하다. 그래서 통상 방정식을 풀거나 역행렬을 구하기 위해서는 **소출법**(掃出法, sweep out)이라 불리는 방법에 의하는 경우가 많다.

소출법은 식의 변형에 있어서

① 하나의 식의 양변에 임의의 수를 곱하거나 나누거나 할 수 있다.

② 연립방정식의 하나의 식을 몇 배인가 하여 다른 식에 더하거나 빼거나 하여도 좋다.

라고 하는 성질을 행렬의 변형에 응용한 것이다.

6.8.1 역행렬 구하는 방법

$$A = \begin{pmatrix} a_{11} & a_{12} & \cdots & a_{1n} \\ a_{21} & \cdots & \cdots & a_{2n} \\ \vdots & & & \vdots \\ a_{n1} & \cdots & \cdots & a_{nm} \end{pmatrix}$$

라고 하는 행렬이 주어졌을 때,

$$\left(\begin{array}{ccc|cccc} a_{11} & \cdots & a_{1n} & 1 & 0 & \cdots & 0 \\ \vdots & & \vdots & 0 & 1 & \cdots & 0 \\ \vdots & & \vdots & \vdots & & & \vdots \\ a_{a1} & \cdots & a_{nn} & 0 & 0 & \cdots & 1 \end{array}\right)$$

↑ A ↑ n차의 단위행렬

로 적고 점선의 좌측을 ①, ②의 성질을 사용하여 단위행렬이 되도록 한다.

그러면 ⋮의 우측에 A^{-1}이 나타난다.

예 1

$A=\begin{pmatrix} 2 & -1 \\ -3 & 5 \end{pmatrix}$의 역행렬을 구한다.

순서 ①

$$\left(\begin{array}{cc|cc} 2 & -1 & 1 & 0 \\ -3 & 5 & 0 & 1 \end{array}\right)$$

↑ A ↑ 단위행렬

순서 ② 1행째를 2로서 나눈다.

$$\left(\begin{array}{cc|cc} 1 & -\frac{1}{2} & \frac{1}{2} & 0 \\ -3 & 5 & 0 & 1 \end{array}\right)$$

순서 ③ 1행째를 3배하여 2행째에 더한다.

$$\left(\begin{array}{cc:cc} 1 & -\frac{1}{2} & \frac{1}{2} & 0 \\ 0 & \frac{7}{2} & \frac{3}{2} & 1 \end{array}\right)$$

순서 ④ 2행째를 $\frac{7}{2}$로 나눈다.

$$\left(\begin{array}{cc:cc} 1 & -\frac{1}{2} & \frac{1}{2} & 0 \\ 0 & 1 & \frac{3}{7} & \frac{2}{7} \end{array}\right)$$

순서 ⑤ 2행째를 $\frac{1}{2}$배하여 1행째에 더한다.

$$\left(\begin{array}{cc:cc} 1 & 0 & \frac{5}{7} & \frac{1}{7} \\ 0 & 1 & \frac{3}{7} & \frac{2}{7} \end{array}\right)$$

↑
단위행렬

이것으로부터 $\begin{pmatrix} 2 & -1 \\ -3 & 5 \end{pmatrix}$의 역행렬은 $\begin{pmatrix} \frac{5}{7} & \frac{1}{7} \\ \frac{3}{7} & \frac{2}{7} \end{pmatrix}$로 된다.

6.8.2 연립방정식을 푸는 방법

$$\begin{cases} a_{11}x + a_{12}y + a_{13}z = b_1 \\ a_{21}x + a_{22}y + a_{23}z = b_2 \\ a_{31}x + a_{32}y + a_{33}z = b_3 \end{cases}$$

라고 하는 연립방정식이 주어졌을 때,

$$\left(\begin{array}{ccc|c} a_{11} & \cdots & a_{1n} & b_1 \\ \vdots & & \vdots & \vdots \\ a_{n1} & \cdots & a_{nn} & b_n \end{array}\right)$$

로 적고 점선의 좌측을 ①, ②의 성질을 사용하여 단위행렬이 되도록 한다. 그러면 ⋮의 우측에 해가 나타난다.

예2 6.4.1항 예 2의 방정식

$$\begin{cases} -x + \ \ y + 2z = 7 \\ 3x + 2y - \ \ z = 4 \\ 2x - 4y + 5z = 9 \end{cases}$$

을 소출법으로 풀어보자.

순서 ①

$$\left(\begin{array}{ccc|c} -1 & 1 & 2 & 7 \\ -3 & 2 & -1 & 4 \\ 2 & -4 & 5 & 9 \end{array}\right)$$로 한다.

순서 ② 1행째를 (−1)배 한다.

$$\left(\begin{array}{ccc|c} 1 & -1 & -2 & -7 \\ 3 & 2 & -1 & 4 \\ 2 & -4 & 5 & 9 \end{array}\right)$$

순서 ③ 1행째를 (−3)배하여 2행째에 더한다. 1행째를 (−2)배하여 3행째에 더한다.

$$\left(\begin{array}{ccc|c} 1 & -1 & -2 & -7 \\ 0 & 5 & 5 & 25 \\ 0 & -2 & 9 & 23 \end{array}\right)$$

순서 ④ 2행째를 5로서 나눈다.

$$\left(\begin{array}{ccc|c} 1 & -1 & -2 & -7 \\ 0 & 1 & 1 & 5 \\ 0 & -2 & 9 & 23 \end{array}\right)$$

순서 ⑤ 2행째를 1배하여 1행째에 더한다. 2행째를 2배하여 3행째에 더한다.

$$\left(\begin{array}{ccc|c} 1 & 0 & -1 & -2 \\ 0 & 1 & 1 & 5 \\ 0 & 0 & 11 & 33 \end{array}\right)$$

순서 ⑥ 3행째를 11로서 나눈다.

$$\left(\begin{array}{ccc|c} 1 & 0 & -1 & -2 \\ 0 & 1 & 1 & 5 \\ 0 & 0 & 11 & 3 \end{array}\right)$$

순서 ⑦ 3행째를 1배하여 1행째에 더한다. 3행째를 (−1)배하여, 2행째에 더한다.

$$\left(\begin{array}{ccc|c} 1 & 0 & 0 & 1 \\ 0 & 1 & 0 & 2 \\ 0 & 0 & 1 & 3 \end{array}\right)$$

이것으로부터 해는 $x=1$, $y=2$, $z=3$으로 된다.

방정식을 풀면 반드시 해를 원래의 방정식에 대입하여 검산하시오.

6.9 토목으로의 응용

토목에 있어서 힘의 평형의 문제와 같이 많은 변수를 취급하는 경우, 행렬식이나 행렬을 이용하면 해를 얻는 것에 편리하다.

예제 1 그림 6.2와 같이 단순보의 반력을 구하시오(1점 하중의 경우).

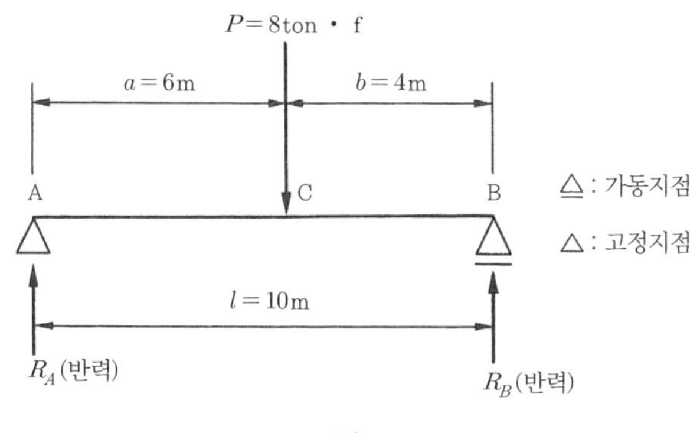

그림 6.2

풀이

① 토목적 풀이(참고)

반력 : $M_B=0$, $R_A\times l-P\times b=0$으로부터 $R_A\times 10\,\text{m}-8\,\text{ton}\cdot\text{f}\times 4\,\text{m}=0$

$\therefore R_A=3.2\,\text{ton}\cdot\text{f}$, $R_A+R_B=P$로부터

$R_B=8\,\text{ton}\cdot\text{f}-3.2\,\text{ton}\cdot\text{f}=4.8\,\text{ton}\cdot\text{f}$

(또는 $P\times a/l$로부터 $8\,\text{ton}\cdot\text{f}\times 6\,\text{m}/10\,\text{m}=4.8\,\text{ton}\cdot\text{f}$)

휨모멘트 : $M_A=M_B=0$,

$$M_C = R_A \times 6\,\text{m} = 3.2\,\text{ton}\cdot\text{f} \times 6\,\text{m} = 19.2\,\text{ton}\cdot\text{f}\cdot\text{m}$$

② 행렬식 및 행렬에 의한 풀이

ⓐ 행렬식에 의한 해법

$l \cdot R_A = P \cdot b$, $R_A + R_B = P$로부터

$$\therefore R_A = \frac{\begin{vmatrix} P\cdot b & 0 \\ P & 1 \end{vmatrix}}{\begin{vmatrix} l & 0 \\ 1 & 1 \end{vmatrix}} = \frac{P\cdot b}{l} = \frac{8\,\text{ton}\cdot\text{f}\times 4\,\text{m}}{10\,\text{m}} = 3.2\,\text{ton}\cdot\text{f}$$

$$R_B = \frac{\begin{vmatrix} l & P\cdot b \\ 1 & P \end{vmatrix}}{\begin{vmatrix} l & 0 \\ 1 & 1 \end{vmatrix}} = \frac{P\cdot l - P\cdot b}{l}$$

$$= \frac{8\,\text{ton}\cdot\text{f}\times 10\,\text{m} - 8\,\text{ton}\cdot\text{f}\times 4\,\text{m}}{10\,\text{m}} = 4.8\,\text{ton}\cdot\text{f}$$

ⓑ 행렬에 의한 해법

$$\begin{pmatrix} l & 0 \\ 1 & 1 \end{pmatrix} \cdot \begin{pmatrix} R_A \\ R_B \end{pmatrix} = \begin{pmatrix} P\cdot b \\ P \end{pmatrix}$$

$$\therefore \begin{pmatrix} R_A \\ R_B \end{pmatrix} = \begin{pmatrix} l & 0 \\ 1 & 1 \end{pmatrix}^{-1} \cdot \begin{pmatrix} P\cdot b \\ P \end{pmatrix} = \frac{1}{l} \cdot \begin{pmatrix} 1 & 0 \\ -1 & l \end{pmatrix} \cdot \begin{pmatrix} P\cdot b \\ P \end{pmatrix}$$

$$= \frac{1}{l}\begin{pmatrix} P\cdot b \\ -P\cdot b + P\cdot l \end{pmatrix} = \begin{pmatrix} \dfrac{P\cdot b}{l} \\ \dfrac{-P\cdot b + P\cdot l}{l} \end{pmatrix} = \begin{pmatrix} 3.2 \\ 4.8 \end{pmatrix}$$

예제 2 그림 6.3의 단순보의 반력을 구하시오(2점 하중의 경우).

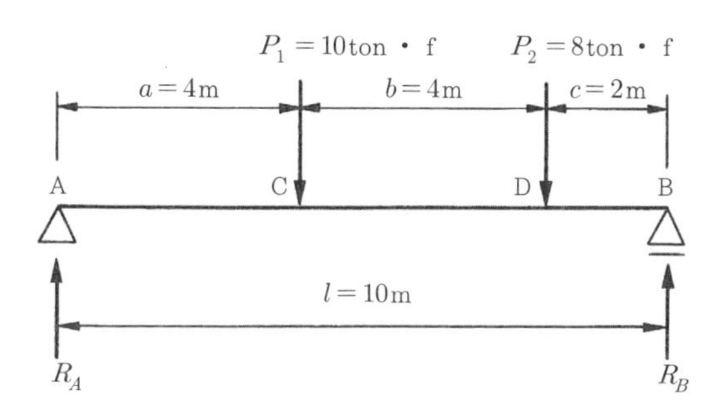

그림 6.3

풀이

① 토목적 풀이(참고)

반력 : $\sum M_B = 0$,

$$R_A \times 10\text{m} - 10\text{ton} \cdot \text{f} \times (4\text{m} + 2\text{m}) - 8\text{ton} \cdot \text{f} \times 2\text{m} = 0$$

$$\therefore R_A = 76\text{ton} \cdot \text{f} \cdot \text{m}/10\text{m} = 7.6\text{ton} \cdot \text{f}$$

$$\sum M_A = 0,$$

$$R_B \times 10\text{m} - 8\text{ton} \cdot \text{f} \times (4\text{m} + 4\text{m}) - 10\text{ton} \cdot \text{f} \times 4\text{m} = 0$$

$$\therefore R_B = 104\text{ton} \cdot \text{f} \cdot \text{m}/10\text{m} = 10.4\text{ton} \cdot \text{f}$$

($R_A + R_B = P_1 + P_2$로부터,

$$R_A + R_B = 7.6\text{ton} \cdot \text{f} + 10.4\text{ton} \cdot \text{f} = 18\text{ton} \cdot \text{f},$$

$$P_1 + P_2 = 18\text{ton} \cdot \text{f})$$

휨모멘트 : $M_A = M_B = 0$,

$$M_C = R_A \times 4\text{m} = 7.6\text{ton} \cdot \text{f} \times 4\text{m} = 30.4\text{ton} \cdot \text{f} \cdot \text{m}$$

$$M_D = R_B \times 2\text{m} = 10.4\text{ton} \cdot \text{f} \times 2\text{m} = 20.8\text{ton} \cdot \text{f} \cdot \text{m}$$

(또는 $M_D = R_A \times (4\text{m} + 4\text{m}) - 10\text{ton} \cdot \text{f} \times 4\text{m}$

$= 20.8\text{ton} \cdot \text{f} \cdot \text{m}$)

② 행렬식 및 행렬에 의한 풀이

ⓐ 행렬식에 의한 해법

$l \cdot R_A = P_1 \cdot (b+c) + P_2 \cdot c,\ R_A + R_B = P_1 + P_2$로부터

$$R_A = \frac{\begin{vmatrix} P_A \cdot (b+c) + P_2 \cdot c & 0 \\ P_1 + P_2 & 1 \end{vmatrix}}{\begin{vmatrix} l & 0 \\ 1 & 1 \end{vmatrix}} = \frac{P_1 \cdot (b+c) + P_2 \cdot c}{l}$$

$$= \frac{76\,\text{ton} \cdot \text{f} \cdot \text{m}}{10\,\text{m}} = 7.6\,\text{ton} \cdot \text{f}$$

$$R_B = \frac{\begin{vmatrix} l & P_1 \cdot (b+c) + P_2 \cdot c \\ 1 & P_1 + P_2 \end{vmatrix}}{\begin{vmatrix} l & 0 \\ 1 & 1 \end{vmatrix}}$$

$$= \frac{l \cdot (P_1 + P_2) - P_1 \cdot (b+c) - P_2 \cdot c}{l}$$

$$= \frac{104\,\text{ton} \cdot \text{f} \cdot \text{m}}{10\,\text{m}} = 10.4\,\text{ton} \cdot \text{f}$$

ⓑ 행렬에 의한 해법

$$\begin{pmatrix} l & 0 \\ 1 & 1 \end{pmatrix} \cdot \begin{pmatrix} R_A \\ R_B \end{pmatrix} = \begin{pmatrix} P_1 \cdot (b+c) + P_2 \cdot c \\ P_1 + P_2 \end{pmatrix}$$

$$\therefore \begin{pmatrix} R_A \\ R_B \end{pmatrix} = \begin{pmatrix} l & 0 \\ 1 & 1 \end{pmatrix}^{-1} \cdot \begin{pmatrix} P_1 \cdot (b+c) + P_2 \cdot c \\ P_1 + P_2 \end{pmatrix}$$

$$= \frac{1}{l} \begin{pmatrix} 1 & 0 \\ -1 & l \end{pmatrix} \cdot \begin{pmatrix} P_1 \cdot (b+c) + P_2 \cdot c \\ P_1 + P_2 \end{pmatrix}$$

$$= \frac{1}{l} \begin{pmatrix} P_1 \cdot (b+c) + P_2 \cdot c \\ -P_1 \cdot (b+c) - P_2 \cdot c + l \cdot (P_1 + P_2) \end{pmatrix}$$

$$= \begin{pmatrix} \dfrac{P_1 \cdot (b+c) + P_2 \cdot c}{l} \\ \dfrac{l \cdot (P_1 + P_2) - P_1 \cdot (b+c) - P_2 \cdot c}{l} \end{pmatrix}$$

$$= \begin{pmatrix} 7.6\,\mathrm{ton} \cdot \mathrm{f} \\ 10.4\,\mathrm{ton} \cdot \mathrm{f} \end{pmatrix}$$

◉ 소출법에 의한 풀이는 스스로 시도해보시오.

연 습 문 제

6.1 다음의 행렬식의 값을 구하시오.

① $\begin{vmatrix} 2 & -3 & 1 \\ 5 & 0 & 7 \\ -3 & 4 & 8 \end{vmatrix}$ ② $\begin{vmatrix} 4 & 5 & 0 & 2 \\ -1 & 3 & 8 & 9 \\ 2 & 0 & -3 & 2 \\ 1 & 2 & 7 & -5 \end{vmatrix}$

6.2 다음의 연립 1차 방정식을 행렬식을 이용하여 푸시오.

$$\begin{cases} x+y=1 \\ y+z=2 \\ z+x=5 \end{cases}$$

6.3 다음의 행렬계산을 하시오.

① $3\begin{pmatrix} -1 & 5 & 3 \\ 2 & 4 & 6 \end{pmatrix} - 2\begin{pmatrix} 8 & 6 & 2 \\ 4 & -5 & 0 \end{pmatrix}$

② $\begin{pmatrix} 5 & 6 \\ -2 & 1 \\ 4 & 9 \end{pmatrix} \cdot \begin{pmatrix} \cos\phi & \sin\phi \\ -\sin\phi & \cos\phi \end{pmatrix}$

③ $\begin{pmatrix} 5 & 4 & -3 \\ 2 & 1 & 9 \\ -7 & 0 & 8 \end{pmatrix} \cdot \begin{pmatrix} 1 & 4 \\ 3 & 1 \\ -2 & 5 \end{pmatrix}$

6.4 다음의 연립 1차 방정식을 역행렬을 구하여 푸시오.

$$\begin{cases} 2x + y - z = 7 \\ -3x + 5y + z = 2 \\ 4x + 2y + 3z = 19 \end{cases}$$

6.5 $A = \begin{pmatrix} 3 & -1 & 2 \\ 0 & 4 & 1 \\ -3 & 4 & 2 \end{pmatrix}$, $B = \begin{pmatrix} 6 & 3 & 1 \\ 2 & 0 & 5 \\ -6 & 4 & 2 \end{pmatrix}$일 때, $AX = B$를 만족하는 X를 소출법에 의해 구하시오.

Chapter 07
좌 표

Chapter 07 좌 표

평면(때로는 곡면) 위나 공간 내의 도형의 위치·형상 등을 수평적으로 취급하기 위해서는 어떻게 하면 좋을까. 그것은 좌표라고 하는 사고에 서는 것이 가장 편리하고 또 합리적이다. 좌표의 기준으로 되는 것을 좌표계라 한다.

좌표계는 문제에 따라서 편리하도록 각종 고안되어 왔다. 이 장에서는 몇몇 좌표계와 기본적인 도형(직선, 포물선, 원, 타원)의 취급을 기술해보자.

7.1 평면상의 좌표계

7.1.1 직교직선 좌표계

이 좌표계는 평면상의 위치를 나타내기에 가장 기본적인 것이다. 그림 7.1 (a)와 같이 서로 직교하는 2직선 x, y를 설정하고 이것들의 2직선의 교점(원점)으로부터 각 직선(축)에 연한 길이를 이용하여 점의 위치를 점$(a,\ b)$와 같이 나타낸다. 일반적으로 x선상에서는 원점 O로부터 좌에서 $-$, 우에서 $+$, y축 위에서는 원점으로부터 아래에서 $-$, 위에서 $+$로 한다.

직교직선 좌표계는 데카르트(Descartes, 프랑스의 철학자·수학자, 1596~1650)이 1637년 계통적으로 고찰·도입하였다. 이것은 수학 역사상 가장 위대한 발명의 하나이다. 또한 여담이지만 구 제국고등학교의 학생이 흔히 데칸쇼 운운하며 노래 불렀던 것은 데카르트·칸트(Kant, 1724~1804), 쇼펜하우어(Schopenhauer, 1788~1860)(뒤의 두 사람은 독일의 대 철학자)를 풍자한 것이다.

7.1.2 사교 좌표계

문제에 따라서는 x축, y축을 비스듬히 취하는 좌표계도 있다. 이것을 사교斜交 좌표계라고 한다[그림 7.1 (b)].

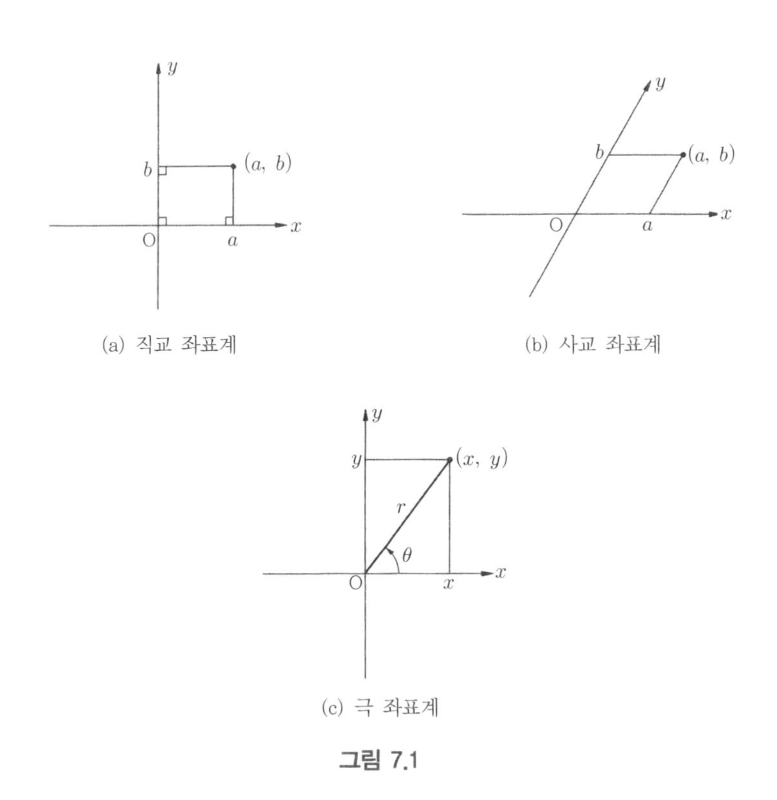

(a) 직교 좌표계

(b) 사교 좌표계

(c) 극 좌표계

그림 7.1

7.1.3 극 좌표계

점의 위치를 원점으로부터 점까지의 거리 r[r은 항상 정(+)]과 하나의 정직선(통상은 x축)으로부터 이루어진 각 $\theta(0 \le \theta \le 2\pi$, 또는 $-\pi \le \theta \le \pi)$로서 나타내는 방법도 있다. 이와 같이 $(r,\ \theta)$로서 점을 표시하는 방법을 **극 좌표계**라 한다[그림 7.1 (c)].

주 각 θ는 반시계 방향을 +, 시계 방향을 −로 한다.

7.1.4 직교직선 좌표계와 극 좌표계의 관계

직교직선 좌표계$(x,\ y)$와 극 좌표계 $(r,\ \theta)$의 사이에는

$$\begin{cases} x = r \cdot \cos\theta \\ y = r \cdot \sin\theta \end{cases} \qquad \begin{cases} r = \sqrt{x^2 + y^2} \\ \theta = \tan^{-1}\left(\dfrac{y}{x}\right) \end{cases} \tag{7.1}$$

의 관계가 있다.

앞서 기술한 바와 같이 좌표계의 취급방법은 문제에 따라서 고려해야 하지만 기본적 도형의 취급은 직교직선 좌표계가 편리하다.

7.2 2점 간의 거리와 방향각

2점 $P(x_1,\ y_1)$, $Q(x_2,\ y_2)$ 사이의 거리 s는 피타고라스의 정리로부터

$$s = \sqrt{(x_2 - x_1)^2 + (y_2 - y_1)^2} \tag{7.2}$$

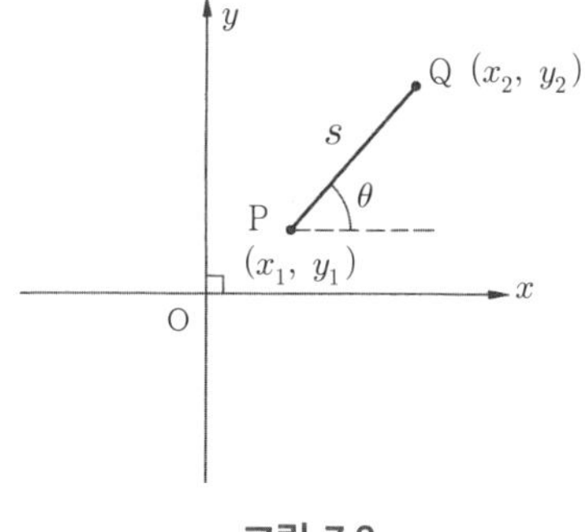

그림 7.2

또 P로부터 Q의 방향각 θ는

$$\theta = \tan^{-1}\left(\frac{y_2 - y_1}{x_2 - x_1}\right) \tag{7.3}$$

주 n각형의 각 정점의 좌표 (x_1, y_1), (x_2, y_2), $\cdots$, (x_n, y_n)이 미지수일 때는 다음의 식에 의해 이 다각형의 면적 S를 산출할 수 있다.

$$S = \frac{1}{2}\sum_{i=1}^{m}(x_i - x_{i+1}) \cdot (y_i + y_{i+1}) \tag{7.4}$$

(다만 $x_{n+1} \to x_1$, $y_{n+1} \to y_1$으로 치환한다.)

식 (7.4)는 각 정점으로부터 x축에 수선을 내려 거기에 생기는 n개의 사다리꼴의 면적의 차인에 의해 산출할 수 있다.

7.3 직선의 방정식

7.3.1 직선의 방정식[그림 7.3 (a), (b), (c) 참조]

①~⑤의 각각이 주어졌을 때의 직선의 방정식은 다음과 같다.

① 기울기 a와 y축 절편 n이 주어졌을 때 : $y = ax + n$

(기울기 $a = \dfrac{y\text{의 증분}}{x\text{의 증분}} = \tan\alpha$, $a > 0$일 때 우측 상향, $a < 0$일 때 좌측 하향, $a = 0$일 때 x축에 평행) [그림 7.3 (a), (b)]

② 기울기 a와 1점 (x_1, y_1)이 주어졌을 때 : $y - y_1 = a(x - x_1)$

③ 2점 (x_1, y_1)과 (x_2, y_2)가 주어졌을 때 : $y - y_1 = \dfrac{y_2 - y_1}{x_2 - x_1}(x - x_1)$

(단, $x_2 \neq x_1$, $x_1 = x_2$일 때 직선은 y축에 평행이 된다.)

④ x축 절편 m과 y축 절편 n이 주어졌을 때 : $\dfrac{x}{m} + \dfrac{y}{n} = 1$[그림 7.3 (c)]

⑤ 원점으로부터의 수선거리 p와 그 수선이 x축의 정방향과 이루는 각 θ가 주어졌을 때 : $x\cos\theta + y\sin\theta = p$[그림 7.3 (c)]

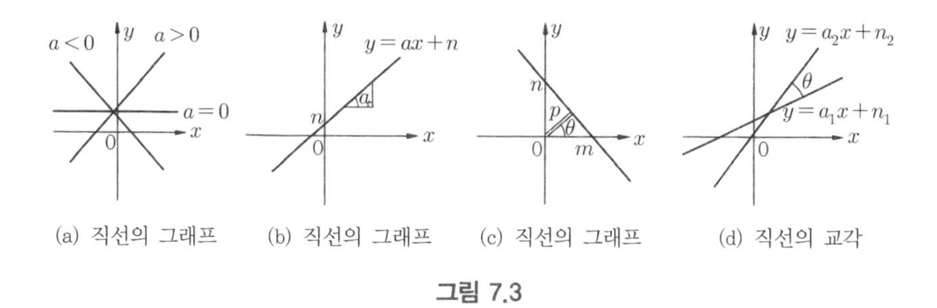

(a) 직선의 그래프 (b) 직선의 그래프 (c) 직선의 그래프 (d) 직선의 교각

그림 7.3

7.3.2 직선의 교점과 교각[그림 7.3 (d) 참조]

2직선 $y = a_1x + n_1$과 $y = a_2x + n_2$의 교점은 이 연립방정식의 해이다(6장 참조). 2직선의 교각 $\theta(0° \le \theta < 90°)$는

$$\theta = \tan^{-1}\left|\frac{a_2 - a_1}{1 + a_1a_2}\right| \qquad (7.5)$$

이다(3.6절 참조). 이 식으로부터 2직선이 평행하기 위해서는 $a_1 = a_2$, 직교하기 위해서는 $a_1 \cdot a_2 = -1$이다. 역도 또한 참이다.

7.4 좌표 변환

지금까지는 임의 결정된 좌표계로서 도형을 나타내어 왔으나 문제에 따라서는 다른 좌표계로서 표현함으로써 보다 효율적으로 해결할 수 있다. 하나의 좌표계로부터 다른 좌표계로 바꾸는 것을 **좌표 변환**이라 한다. 여러 가지 변환이 있지만 여기에서는 2개의 직교직선 좌표계의 사이의 변환, 1. 평행 이동, 2. 회전 이동을 고려해보자.

7.4.1 평행 이동

그림 7.4 (a)와 같이 x축, y축에 연하여 각 축을 평행 이동하는 것이다.

원래의 좌표를 $(x,\ y)$, 평행 이동 후의 좌표를 $(X,\ Y)$로 하고 x축에 연하여 a, y축에 연하여 b만큼 이동하였다고 하면 $(x,\ y)$, $(X,\ Y)$의 사이에는

$$\begin{cases} X = x - a \\ Y = y - b \end{cases} \qquad \begin{cases} x = X + a \\ y = Y + b \end{cases} \tag{7.6}$$

의 관계가 성립한다.

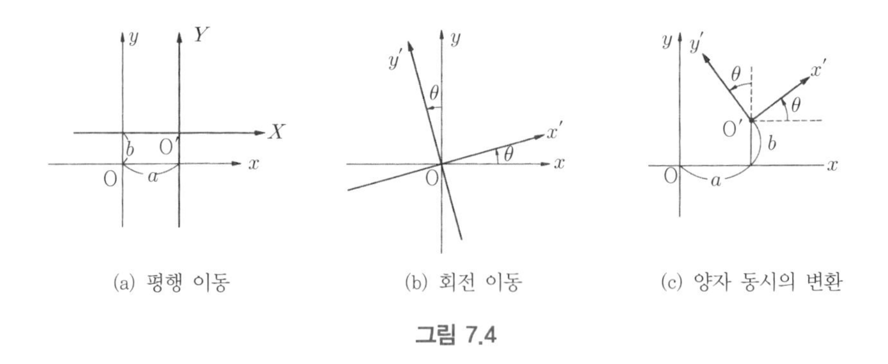

(a) 평행 이동 (b) 회전 이동 (c) 양자 동시의 변환

그림 7.4

7.4.2 회전 이동

그림 7.4 (b)와 같이 축을 원점의 둘레로 회전시키는 것. 원래 좌표를 (x, y), θ만큼 회전 이동시킨 새로운 좌표를 $(x',\ y')$로 하면

$$\begin{cases} x' = x \cdot \cos\theta + y \cdot \sin\theta \\ y' = -x \cdot \sin\theta + y \cdot \cos\theta \end{cases}, \begin{cases} x = x' \cdot \cos\theta - y' \cdot \sin\theta \\ y = x' \cdot \sin\theta + y' \cdot \cos\theta \end{cases} \tag{7.7}$$

로 된다.

7.4.3 양자 동시의 변환

그림 7.4 (c)와 같이 평행 이동과 회전 이동은 동시에 시행되는 것이 많다. 6장의 행렬을 이용하여 평행 이동과 회전 이동을 나타내면

$$
\begin{pmatrix} x' \\ y' \end{pmatrix} = \begin{pmatrix} \cos\theta & \sin\theta \\ -\sin\theta & \cos\theta \end{pmatrix} \cdot \begin{pmatrix} x-a \\ y-b \end{pmatrix}
$$
$$
\begin{pmatrix} x \\ y \end{pmatrix} = \begin{pmatrix} \cos\theta & -\sin\theta \\ \sin\theta & \cos\theta \end{pmatrix} \cdot \begin{pmatrix} x' \\ y' \end{pmatrix} + \begin{pmatrix} a \\ b \end{pmatrix} \tag{7.8}
$$

로 된다.

7.5 포물선

포물선은 물체를 임의 각도를 가지고 내던졌을 때의 물체의 궤도로서 나타난다. 토목에 있어서는 복잡한 곡선은 포물선으로 근사시키는 것이 많다.

7.5.1 포물선의 정의

포물선이란 그림 7.5와 같이 하나의 정직선을 l, 이 직선상의 임의 1점을 B, 1정점定点을 A, 동점動点을 P로 하였을 때, $AP = BP$를 만족하는 점의 집합으로 정의된다.

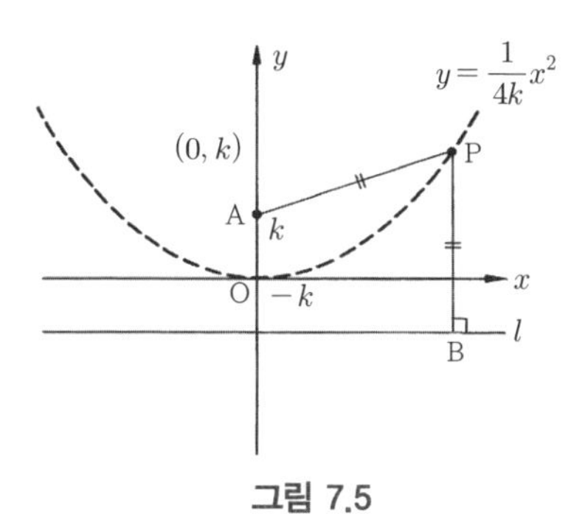

그림 7.5

7.5.2 포물선의 방정식

정직선 l을 $y = -k\,(k>0)$, 정점 A를 A$(0,\ k)$, 동점 P를 P$(x,\ y)$라 하면 포물선의 방정식은

$$y = \frac{1}{4k}x^2 \tag{7.9}$$

이다. 이 식을 포물선의 기본 방정식이라 부른다. 7.4절에 의해서 식 (7.9)를 좌표 변환하면 포물선의 방정식의 일반형

$$\boxed{y = ax^2 + bx + c \quad (a \neq 0)} \tag{7.10}$$

을 얻는다.

7.5.3 준선準線, 초점焦點, 정점頂點, 곡률曲率

① **준선** : 정직선 l을 준선이라 부른다.

② **초점** : 정점 A를 포물선의 초점이라 부른다(y축에 평행한 광선이 포물선으로 반사하면 모두 초점 A에 모인다. 이것이 이름의 유래이다).

③ **정점** : y의 값이 최소(혹은 최대)가 될 경우를 정점이라 한다. 정점의 좌표는

$y = ax^2 + bx + c = a\left(x + \dfrac{b}{2a}\right)^2 - \dfrac{b^2 - 4ac}{4a}$ 로 함으로써

$\left(-\dfrac{b}{2a},\ -\dfrac{b^2 - 4ac}{4a}\right)$로 된다.

④ **곡률** : 9.5.3항을 참조

7.5.4 요철(9.4.2항을 참조)과 y축 절편, x축 절편[그림 7.6 (a), (b) 참조]

1) 요철

$y = ax^2 + bx + c \ \ (a \neq 0)$에 있어서

$a > 0$일 때 : 포물선은 위로 오목

$a < 0$일 때 : 포물선은 위로 볼록

2) y축 절편

$y = ax^2 + bx + c \ \ (a \neq 0)$에 있어서 $x = 0$이라 하면 $y = c$. 이것이 y축 절편이다.

3) x축 절편

$y = ax^2 + bx + c \ \ (a \neq 0)$에 있어서 $y = 0$이라 하면 $ax^2 + bx + c = 0$. 이 해가 x축 절편을 나타낸다(다음 페이지의 [illegible] 참조).

$b^2 - 4ac > 0$일 때 : x축 절편은 $\dfrac{-b+\sqrt{b^2-4ac}}{2a}$, $\dfrac{-b-\sqrt{b^2-4ac}}{2a}$

$b^2 - 4ac = 0$일 때 : x축 절편은 $\dfrac{-b}{2a}$

$b^2 - 4ac < 0$일 때 : x축 절편은 없음

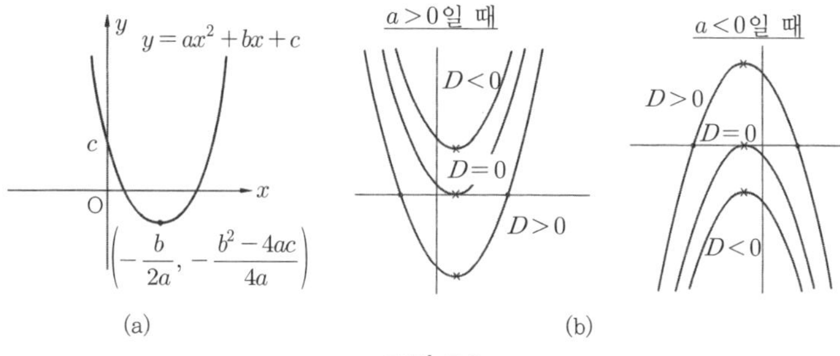

그림 7.6

x축 절편을 계산하는 것은 2차 방정식 $ax^2+bx+c=0$ $(a \neq 0)$을 푸는 것. 여기에서 2차 방정식의 해를 구하는 방법을 습득하여 두자.

① 2차 방정식 $ax^2+bx+c=0$ $(a \neq 0)$의 해는 공식 : $\frac{-b \pm \sqrt{b^2-4ac}}{2a}$ 를 이용하여 구할 수 있다.

② $D=b^2-4ac$(판별식)이라 두면

(a) $D>0$일 때 : 두 개의 실수해 :

$$\frac{-b+\sqrt{b^2-4ac}}{2a}, \quad \frac{-b-\sqrt{b^2-4ac}}{2a}$$

(b) $D=0$일 때 : 하나의 실수해 : $\frac{-b}{2a}$

(c) $D<0$일 때 : 복소수해가 된다.

예 1 : $x^2-x-2=0$의 해 : $a=1$, $b=-1$, $c=-2$로부터 $D>0$에서

$$x=\frac{-(-1) \pm \sqrt{(-1)^2-4 \times 1 \times (-2)}}{2 \times 1}=\frac{1 \pm \sqrt{9}}{2}=\frac{1 \pm 3}{2}$$

따라서 해는 $x=2$ 또는 -1

예 2 : $x^2-2x+1=0$의 해, $a=1$, $b=-2$, $c=1$로부터 $D=0$에서

$$x=\frac{-(-2) \pm \sqrt{(-2)^2-4 \times 1 \times 1}}{2 \times 1}=\frac{2}{2}=1$$

따라서 해는 $x=1$

예 3 : $x^2+x+3=0$의 해 : $a=1$, $b=1$, $c=3$으로부터 $D<0$에서

$$x=\frac{-1 \pm \sqrt{1^2-4 \times 1 \times 3}}{2 \times 1}=\frac{-1 \pm \sqrt{-11}}{2}$$

여기에서 $\sqrt{-1}$을 i(허수 단위 : $i^2=-1$)로 적고 해는 $x=\frac{-1 \pm \sqrt{11}i}{2}$ 로 나타낸다. 일반적으로 $a \pm bi$(a, b는 실수, $b \neq 0$)의 수를 복소수라고 한다.

7.6 원(2.2.3항 참조)

7.6.1 원의 방정식

원은 1정점 (a, b)로부터의 거리 r이 일정한 점의 집합이다. 따라서 그림

7.7에 있어서 피타고라스의 정리를 이용하면 중심 $(a,\ b)$, 반경 r의 원의 방정식은

$$\boxed{(x-a)^2+(y-b)^2=r^2} \tag{7.11}$$

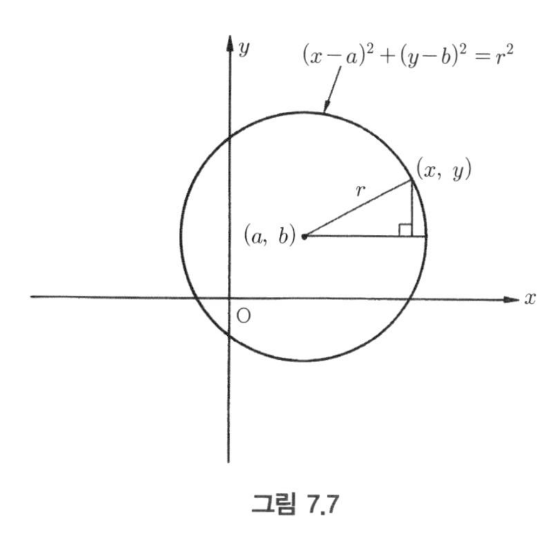

그림 7.7

7.6.2 원의 접선

$(x-a)^2+(y-b)^2=r^2$의 원주 위의 1점 $(x_1,\ y_1)$에 있어서의 접선의 방정식은

$$(x_1-a)\cdot(x-a)+(y_1-b)\cdot(y-b)=r^2 \tag{7.12}$$

(접선에 대해서는 9.5.1항 및 9.7.3항을 참조)

7.7 타 원

7.7.1 타원의 방정식

타원이란 평면 위의 2정점으로부터의 거리의 합이 일정한 점의 집합을 말한다. 그림 7.8과 같이 2정점을 $(-c,\ 0)$, $(c,\ 0)$, $(c>0)$으로 하고 동점動点을 $(x,\ y)$라 하면 앞의 조건은

$$\sqrt{(x+c)^2+y^2}+\sqrt{(x-c)^2+y^2}=2a(\text{일정},\ a>c)$$

으로 된다. 이것을 변형하여 $b^2=a^2-c^2$으로 치환하면 $b>a$로 되며

$$\boxed{\frac{x^2}{a^2}+\frac{y^2}{b^2}=1} \tag{7.13}$$

을 얻는다. 이것이 타원의 표준 방정식이다. x축 절편이 $\pm a$, y축 절편이 $\pm b$로 되므로 이 타원은 $(a,\ 0)$, $(0,\ b)$, $(-a,\ 0)$, $(0,\ -b)$을 지나는 것을 알 수 있다.

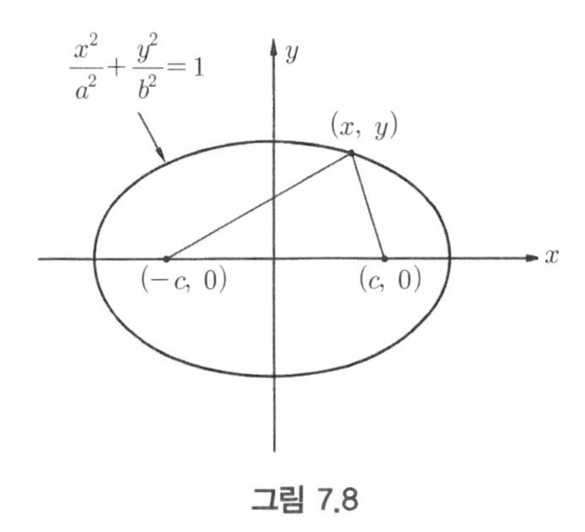

그림 7.8

$c/a = \sqrt{a^2 - b^2}/a$를 **이심율**離心率, $(a-b)/a$를 **편평도**扁平度라 하며 모두 타원의 찌부러진 상태를 나타내는 양이다. 이심율, 편평도 모두 0에 가까운 값일수록 둥근 타원을, 1에 가까울수록 찌부러진 타원을 나타낸다.

7.7.2 타원의 성질

타원에는 다음과 같은 성질이 있다.

① 타원은 반경 a인 원을 y축 방향으로 b/a의 비율로서 찌부러진 것이다.
② 타원의 면적은 πa^2(반경 a인 원의 면적)$\times b/a = \pi ab$이다.

7.8 공간 내의 좌표계

공간의 점의 위치를 나타내기 위해서는 평면 위의 좌표계를 취하는 방법과 마찬가지로 여러 가지의 방법이 있다. 대표적인 좌표계는 1. 직교직선 좌표계, 2. 원기둥(원통) 좌표계, 3. 구(극)좌표계이다.

7.8.1 직교직선 좌표계

이 좌표계는 공간 내의 위치를 나타내는 데 가장 기본이다. 그림 7.9와 같이 평면 직교직선 좌표계의 원점을 지나고 xy 평면에 수직인 직선 z를 취한다. 직교직선 좌표계는 이것들이 서로 직교하는 3직선을 축으로 하는 좌표계이다. 1점 P의 위치는 $P(x_0, y_0, z_0)$로 표현된다.

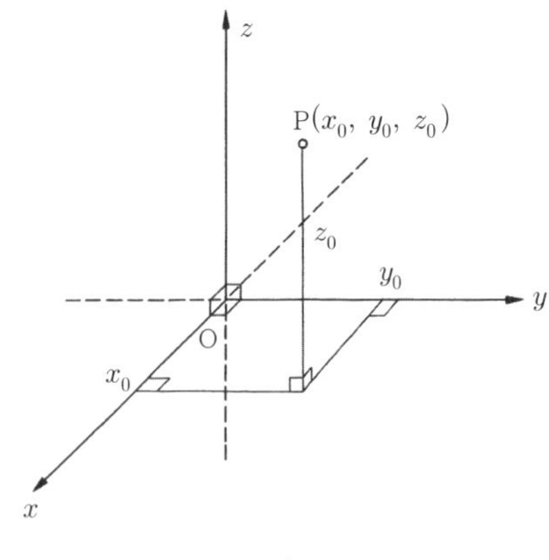

그림 7.9

주 공간 내에서는 2종의 직교직선 좌표계가 가능하다. 즉 x, y, z의 정방향을 각각 오른손의 엄지손가락, 집게손가락, 가운데손가락의 방향으로 취하는 계(오른손계)와 역으로 왼손의 손가락으로 취하는 계(왼손계)들이다. 이하 특히 미리 말하지 않는 한 오른손계를 채용한다.

공간 내의 2점을 P(x_1, y_1, z_1), Q(x_2, y_2, z_2)라하면 2점 간의 거리 s는

$$\boxed{s=\sqrt{(x_2-x_1)^2+(y_2-y_1)^2+(z_2-z_1)^2}} \tag{7.14}$$

이다.

7.8.2 원기둥(원통)

평면 직교직선 좌표계 (x, y)를 (r, φ)로서 나타내고 더욱이 (x, y) 평면에 직교하는 z축을 더하여 P(r, φ, z)에서 공간 내의 점의 위치를 나타낸다. 이것을 원기둥(또는 원통) 좌표계라 한다(그림 7.10).

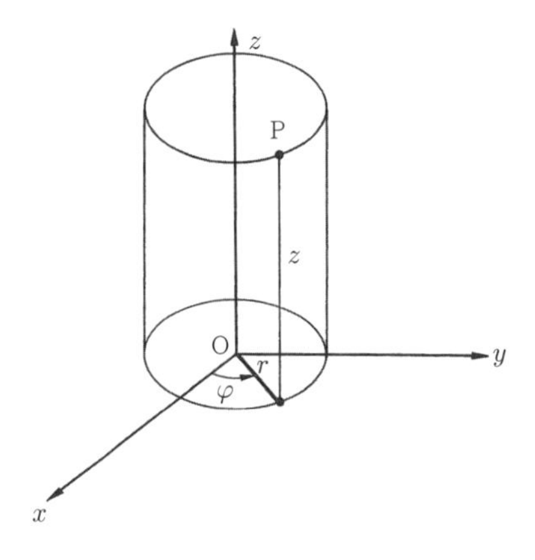

그림 7.10

직교직선 좌표계 $(x,\ y,\ z)$와 원기둥 좌표계 $(r,\ \varphi,\ z)$에는

$$\begin{cases} x = r \cdot \cos\varphi \\ y = r \cdot \sin\varphi \\ z = z \end{cases} \quad \begin{cases} r = \sqrt{x^2 + y^2} \\ \varphi = \tan^{-1}\left(\dfrac{y}{x}\right) \quad (0° \le \varphi \le 360°) \\ z = z \end{cases} \tag{7.15}$$

의 관계가 있다. 원기둥 좌표계는 주로 기둥의 진동 등의 문제를 다루는 경우에 이용된다.

7.8.3 구(극) 좌표계

좌표 원점으로부터 점 P까지의 거리를 r, z축으로부터 r까지의 각을 θ라 한다. 또 x축으로부터 $(x,\ y)$ 평면으로 P로부터 내린 수선의 발 H까지의 각을 φ라 한다. P$(r,\ \theta,\ \varphi)$에서 점 P의 위치를 나타낸 것이 구(또는 극) 좌표계이다(그림 7.11).

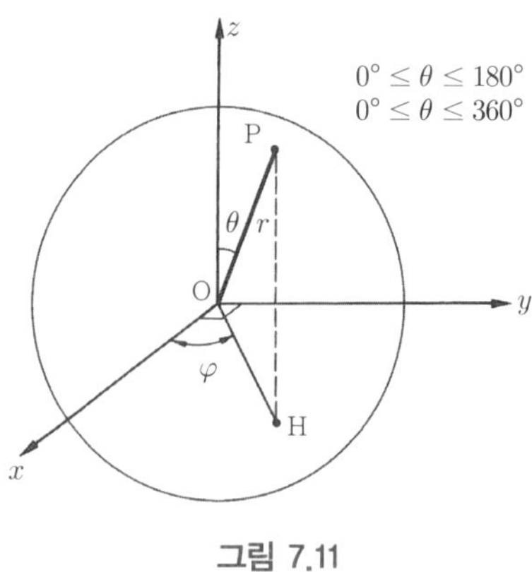

그림 7.11

직교직선 좌표계 $(x,\ y,\ z)$와 구 좌표계$(r,\ \theta,\ \varphi)$의 사이에는

$$\begin{cases} x = r \cdot \sin\theta \cdot \cos\varphi \\ y = r \cdot \sin\theta \cdot \sin\varphi \\ z = r \cdot \cos\theta \end{cases} \qquad \begin{cases} r = \sqrt{x^2 + y^2 + z^2} \\ \theta = \tan^{-1}\left(\dfrac{\sqrt{x^2+y^2}}{z}\right) \\ \varphi = \tan^{-1}\left(\dfrac{y}{x}\right) \end{cases} \tag{7.16}$$

의 관계가 있다. 이 좌표계는 지구와 같은 구체를 논하는 경우에 유용하다.

7.8.4 방향 코사인

직교직선 좌표계$(x,\ y,\ z)$ 위의 1점 $\mathrm{P}(x_0,\ y_0,\ z_0)$에 있어서 원점 O와 P를 연결한 직선 OP와 x축, y축, z과의 각을 각각 α, β, γ라 하면

$$\frac{x_0}{r} = \cos\alpha,\ \frac{y_0}{r} = \cos\beta,\ \frac{z_0}{r} = \cos\gamma \quad \left(r = \sqrt{x_0^2 + y_0^2 + z_0^2}\right) \tag{7.17}$$

로 된다. $\cos\alpha$, $\cos\beta$, $\cos\gamma$를 방향 코사인이라 한다$(0° \le \alpha, \beta, \gamma \le 180°)$.

이제 이것들을 l, m, n으로 나타내면

$$l^2 + m^2 + n^2 = \cos^2 \alpha + \cos^2 \beta + \cos^2 \gamma = 1 \tag{7.18}$$

의 관계가 성립한다. 또 두 개의 직선의 방향 코사인을 (l_1, m_1, n_1), (l_2, m_2, n_2), 2직선이 이루는 각을 θ라 하면

$$\cos\theta = l_1 l_2 + m_1 m_2 + n_1 n_2 \ \ (0° \le \theta \le 180°) \tag{7.19}$$

로 된다.

예제 직교직선 좌표계 (x, y, z)위의 1점 P(6, −2, 3)에 있어서의 방향 코사인 l, m, n을 구하시오.

풀이

$r = \sqrt{(6)^2 + (-2)^2 + (3)^2} = \sqrt{49} = 7$ 그러므로 $l = \dfrac{6}{7}$, $m = \dfrac{-2}{7}$, $n = \dfrac{3}{7}$

연습문제

7.1 좌표 평면상에 2점, A(−1, 2), B(8, 17)이 주어져 있을 때

① AB 사이의 거리를 구하시오.

② x축과 AB를 연장한 직선이 이루는 각을 구하시오.

7.2 2직선 $y=3x+2$, $y=-x-2$가 주어져 있을 때

① 2직선의 교점의 좌표 $(x,\ y)$를 구하시오.

② 2직선의 교각을 구하시오. 단, 교각은 90° 이내의 각으로 한다.

7.3 직선 $ax+by+c=0$상에 없는 1점 $(x_0,\ y_0)$로부터 이 직선에 내린 수선의 길이 l은

$$l=\frac{|ax_0+by_0+c|}{\sqrt{a^2+b^2}}$$

가 되는 것을 증명하시오.

7.4 길이 200m의 교량에 있어서 교량의 구배를 포물선으로서 나타내려고 한다. 중간 지점을 50cm 높게 할 때, 중간 지점으로부터 50m의 위치에서는 몇 cm 높게 하면 좋을까.

7.5 중심 좌표가 (1, 0), 반경 2인 원이 있다.

① 이 원의 방정식을 구하시오.

② 이 원과 직선 $y=2x$의 교점의 좌표를 구하시오.

③ ②에서 구한 교점 사이의 거리를 구하시오.

7.6 식 (7.18)과 (7.19)를 증명하시오.

7.7 임의 점에서 방향 코사인을 산출한 바, $l=-0.43$, $m=0.51$이었다. 이것으로부터 n을 구하시오.

Chapter 08
벡 터

Chapter 08 벡 터

8.1 벡터(vector)란

토목에서는 힘이나 모멘트 등을 문제로 하는 것이 많으므로 벡터(vector)의 공부가 특히 중요하다.

8.1.1 벡터와 스칼라

힘을 나타낼 때 그 크기(강도)만으로는 불충분하고 어느 방향으로라고 하는 것을 말하지 않으면 안 된다. 속도도 그 크기(속도)만이 아니라 운동의 방향도 나타내지 않으면 불충분하다. 이와 같이 **크기**뿐만 아니라 **방향**을 가지는 물리량을 **벡터**라고 한다. 벡터의 크기를 **벡터의 절댓값**이라고도 한다.

이것에 대해 크기만을 가지는 양(예 : 질량, 온도)을 **스칼라**(scalar)라고 한다.

8.1.2 벡터 표시 방법

보통 벡터는 굵은 문자 또는 머리 화살표(예 $\boldsymbol{F}$, $\vec{F}$)로 적지만 이하 이 책에서는 그림에서 나타낼 때는 그림 8.1 (a)와 같이 화살표의 방향으로 방향을 화살표의 길이로서 크기를 나타내고 본문에서는 굵은 문자로서 나타내는 것으로 한다.

또 벡터 $\boldsymbol{A}$의 절댓값을 $|\boldsymbol{A}|$, 또는 간단히 A로 나타낸다.

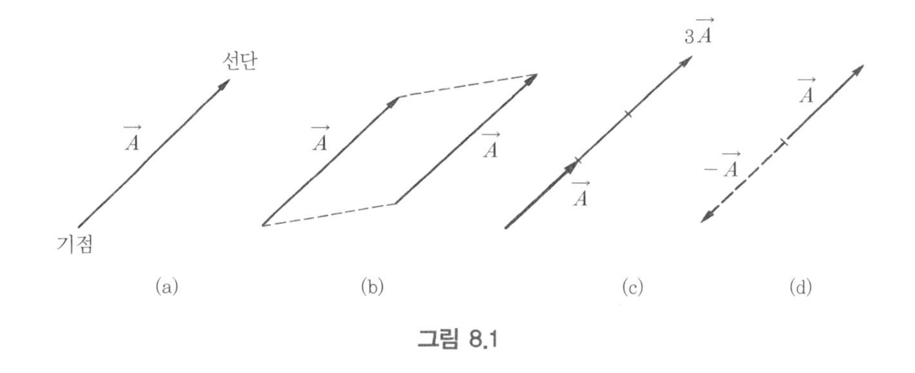

그림 8.1

8.2 벡터 산법의 준비

우선 산법의 기초로서의 규칙과 개념을 기술하여 둔다.

벡터는 평행 이동하여도 원래의 벡터와 같다고 생각한다. 즉 크기와 방향이 동일한 벡터는 모두 같은 것으로 한다[그림 8.1 (b)]. 이것은 편리한 규칙이다.

벡터 $\boldsymbol{A}$의 a배 $a\boldsymbol{A}$(a는 스칼라)란 방향은 $\boldsymbol{A}$와 같고 절댓값이 aA인 벡터라 한다[그림 8.1 (c)]. 당연히 $a\boldsymbol{A}//\boldsymbol{A}$.

$-\boldsymbol{A}$란 $\boldsymbol{A}$와 절댓값이 같고 방향이 180° 반대인 벡터로 한다[그림 8.1 (d)].

8.3 벡터의 합과 차

8.3.1 벡터의 합

기점이 동일한 벡터 $\boldsymbol{A}$와 $\boldsymbol{B}$의 합, $\boldsymbol{A}+\boldsymbol{B}$란 $\boldsymbol{A}$와 $\boldsymbol{B}$로서 만든 평행사변형 $\boldsymbol{AB}$의 기점으로부터 출발하는 대각선으로서 나타낼 수 있는 벡터이다(그림 8.2). 벡터의 합을 만드는 것을 **벡터의 합성**이라고도 한다.

주 $\boldsymbol{A}$, $\boldsymbol{B}$의 기점이 다를 때는 어느 기점으로 평행 이동하면 된다.

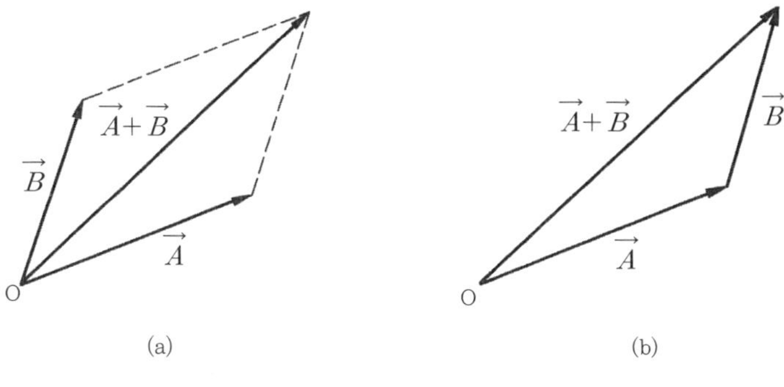

그림 8.2

8.3.2 벡터 다각형법

몇몇 벡터의 총합을 그림 상에서 구하는 편리한 방법이다.

그림 8.3과 같이 제 1의 벡터의 선단에 다음의 벡터 $\boldsymbol{B}$의 기점을 연결하고 이것을 순차 시행한다. 최후 벡터의 선단을 처음의 벡터의 기점으로부터 연결한 벡터(그림에서는 점선으로 나타냄)가 총합의 벡터로 된다(이렇게 하여 생긴 다각형을 벡터 다각형이라고 부른다. 벡터가 힘인 경우는 일반적으로 **힘의 다각형**이라고 부르고 있다).

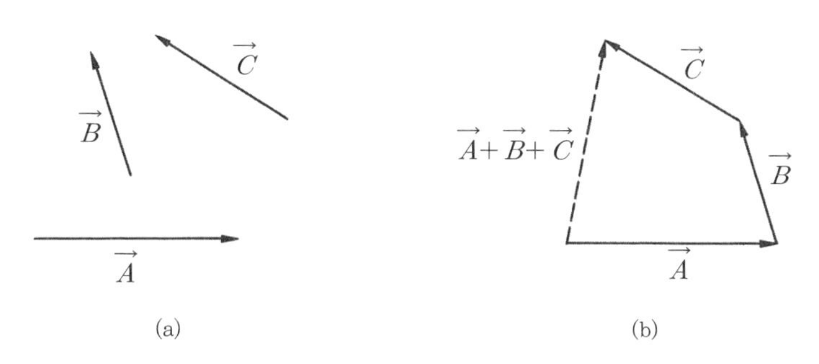

그림 8.3

8.3.3 힘의 평형

힘의 평형은 **토목공학에서는 특히 중요**하다.

어느 1점에 $\boldsymbol{F}_1$, $\boldsymbol{F}_2$, $\cdots$, $\boldsymbol{F}_n$이 걸려 있어도 이 점이 움직이지 않을 때 이것들의 힘이 **평형하고 있다**고 한다. 이때는 말할 필요도 없이

$$\boldsymbol{F}_1 + \boldsymbol{F}_2 + \cdots + \boldsymbol{F}_n = 0$$

힘 $\boldsymbol{F}_1$, $\boldsymbol{F}_2$, $\cdots$, $\boldsymbol{F}_{n-1}$이 주어져 있을 때 이것들과 평형하는 힘 $\boldsymbol{F}_n$은 물론

$$\boldsymbol{F}_n = -(\boldsymbol{F}_1 + \boldsymbol{F}_2 + \cdots + \boldsymbol{F}_{n-1})$$

이지만 작도로서 $\boldsymbol{F}_n$을 구하기 위해서는 $\boldsymbol{F}_1$, $\boldsymbol{F}_2$, $\cdots$, $\boldsymbol{F}_{n-1}$로서 벡터 다각형을 만들고 $\boldsymbol{F}_{n-1}$의 선단으로부터 $\boldsymbol{F}_1$의 기점 O로 향하는 벡터를 그으면 된다. 이것이 $\boldsymbol{F}_n$이 된다. 즉 $\boldsymbol{F}_1$, $\boldsymbol{F}_2$, $\cdots$, $\boldsymbol{F}_n$이 만드는 도형이 닫혀 있는 것이 이것들의 힘이 평형하고 있는 조건이다.

한편 물체의 각 점에 작용하는 힘이 평형하여 물체가 **이동도 회전도 하지 않기** 위한 조건은

① 모든 힘의 총합이 0일 것, 또

② 물체의 임의 점에 관해 모든 힘의 모멘트의 총합이 0일 것(모멘트에 대해서는 8.6.6항 참조)

또한 작도로서 힘의 총합을 구하는 방법에 연력도連力圖라는 것이 있지만 생략한다.

예제 1 벡터 $\boldsymbol{A}$, $\boldsymbol{B}$의 끼인 각을 θ로 한다. 합 $\boldsymbol{C}=\boldsymbol{A}+\boldsymbol{B}$의 $|\boldsymbol{C}|$ 및 $\boldsymbol{C}$와 $\boldsymbol{B}$들이 이루는 각 α를 구하시오.

풀이

그림 8.4 (a)와 같이 $\boldsymbol{A}$를 평행 이동하여 $\boldsymbol{A}$의 기점을 $\boldsymbol{B}$의 종점에 연결한다. 그렇게 하면 코사인 법칙에 의해

$$C=\sqrt{A^2+B^2-2AB\cos(180^\circ-\theta)}=\sqrt{A^2+B^2+2AB\cos\theta}$$

또

$$\tan\alpha=\frac{\mathrm{RH}}{\mathrm{OH}}=\frac{\mathrm{RH}}{\mathrm{OQ}+\mathrm{QH}}=\frac{A\sin\theta}{B+A\cos\theta}$$

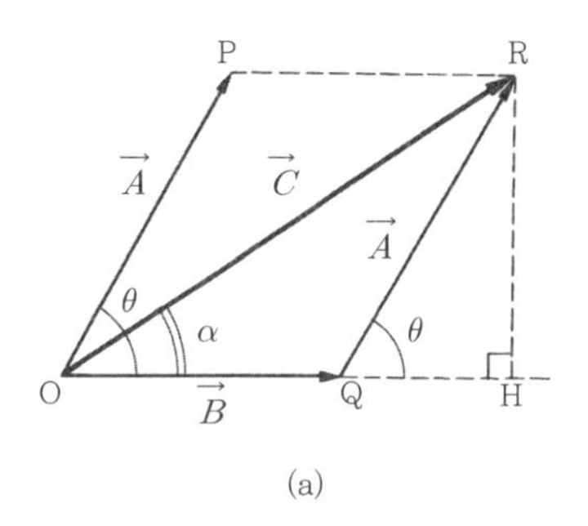

(a)

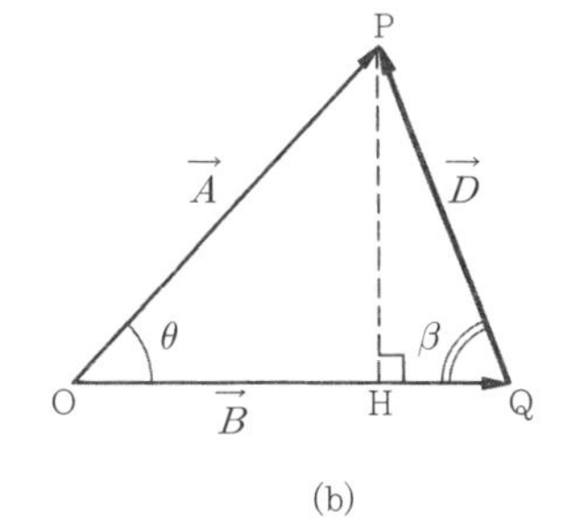

(b)

그림 8.4

8.3.4 벡터의 차

$\boldsymbol{A}-\boldsymbol{B}$는 $\boldsymbol{A}+(-\boldsymbol{B})$이다. 그림 8.4 (b)에서는 $\boldsymbol{B}$의 선단으로부터 $\boldsymbol{A}$의 선단으로 향하는 벡터 $\boldsymbol{D}$이다.

예제 2 2 벡터 $\boldsymbol{A}$, $\boldsymbol{B}$의 끼인 각을 θ로 한다. 차 $\boldsymbol{D}=\boldsymbol{A}-\boldsymbol{B}$의 $|\boldsymbol{D}|$ 및 $\boldsymbol{D}$와 $\boldsymbol{B}$들이 이루는 각 β를 구하시오.

풀이

그림 8.4 (b)로부터 코사인 법칙에 의해

$$D=\sqrt{A^2+B^2-2AB\cos\theta}$$

또

$$\tan\beta=\frac{\mathrm{PH}}{\mathrm{QH}}=\frac{\mathrm{PH}}{\mathrm{OQ}-\mathrm{OH}}=\frac{A\sin\theta}{\mathrm{B}-\mathrm{A}\cos\theta}$$

8.3.5 벡터의 분해

어느 벡터를 임의의 두 개(또는 그 이상) 방향의 벡터의 합으로써 나타내는 것을 **벡터를 분해한다**고 한다.

예제 3 그림 8.5의 동일 평면상에 있는 $\boldsymbol{A}$를 OP'과 OP'의 방향으로 분해하시오.

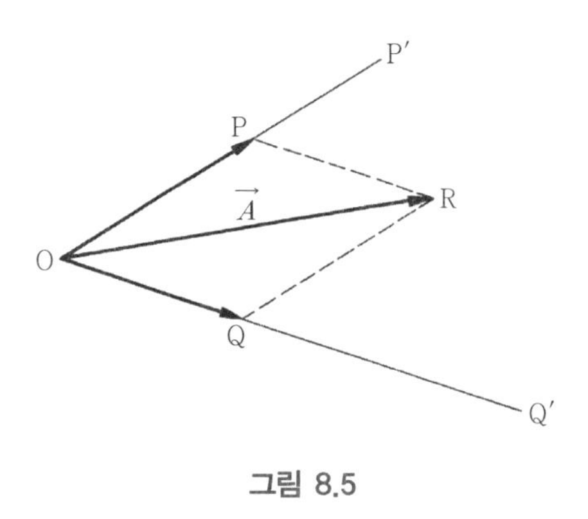

그림 8.5

풀이

그림과 같이 $\boldsymbol{A}$의 선단 R로부터 OP′ 및 OQ′에 평행선을 긋고 평행사변형 OPRQ를 만들면 벡터 OP와 OQ가 분해된 두 개의 벡터가 된다.

8.4 벡터의 성분(중요한 개념)

8.4.1 벡터의 성분이란

벡터 $\boldsymbol{A}$를 수량적으로 나타내고자 할 때는 어떻게 할까. 이때는 공간 직교직선 좌표계(x, y, z)의 각 좌표축에 $\boldsymbol{A}$를 투영한다. 각 투영을 **$\boldsymbol{A}$의 성분**이라 하며 A_x, A_y, A_z라 적는다[그림 8.6 (a). 다만 이 그림은 $\boldsymbol{A}$를 평행 이동하여 기점을 좌표 원점 O에 합친 그림]. 성분은 벡터의 계산에 매우 편리하다.

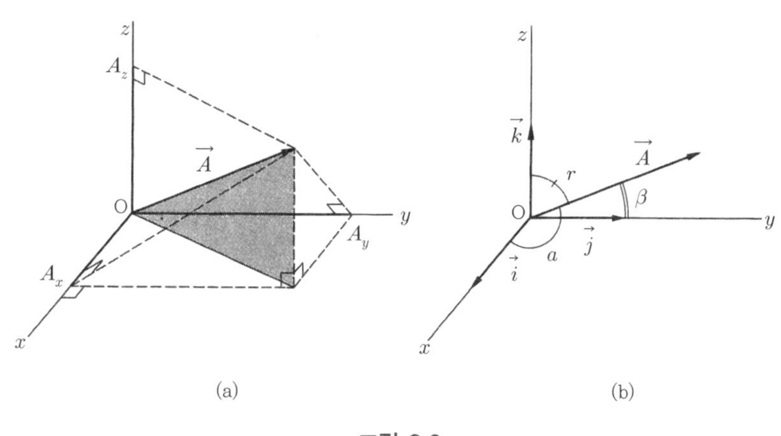

그림 8.6

8.4.2 벡터를 성분으로 나타내는 방법 (1)

벡터는

$$\boldsymbol{A} = (A_x,\ A_y,\ A_z)$$

로 1행 3열의 행렬로서 나타내면 편리한 것이 있으며 때로는 3행 1열의 행렬로서 나타내면 좋은 경우도 있다. 이것이 $\boldsymbol{A}$를 성분으로 나타내는 제1의 방법이다.

주 $\boldsymbol{A}$가 xy 평면상에 있을 때는 $A_z = 0$으로 하면 좋다. yz, zx 평면상에 있을 때도 이것에 준한다.

성분은 스칼라로 간주한다.

8.4.3 벡터를 성분으로 나타내는 방법 (2)

절댓값이 1인 벡터를 **단위 벡터**라 한다.

x축에 연한 단위 벡터를 $\boldsymbol{i}$, y축에 연한 것을 $\boldsymbol{j}$, z축에 연한 것을 $\boldsymbol{k}$라 하고 이것들을 **기본 벡터**라 부른다[그림 8.6 (b)]. 기본 벡터의 성분은

$$\boldsymbol{i} = (1,\ 0,\ 0), \quad \boldsymbol{j} = (0,\ 1,\ 0), \quad \boldsymbol{k} = (0,\ 0,\ 1)$$

이다.

그렇게 하면

$$\begin{aligned} \boldsymbol{A} &= (A_x, A_y, A_z) = A_x \cdot (1,0,0) + A_y \cdot (0,1,0) + A_z \cdot (0,0,1) \\ \boldsymbol{A} &= \boldsymbol{i}A_x + \boldsymbol{j}A_y + \boldsymbol{k}A_z \end{aligned} \tag{8.1}$$

이것이 $\boldsymbol{A}$를 성분으로 나타내는 제2의 방법이다.

벡터의 분해도 성분을 사용하면 구하기 쉽다.

8.4.4 벡터의 방향 코사인

벡터 $\boldsymbol{A}$가 x축, y축, z축과 이루는 각을 α, β, γ(다만 $0° \leq \alpha$, β, $\gamma \leq 180°$)로 한다[그림 8.6 (b)]. $\cos\alpha$, $\cos\beta$, $\cos\gamma$를 $\boldsymbol{A}$의 **방향 코사인**이라 한다(7.8.4항 참조). 간단히 하기 위해 이것들을 각각 l, m, n으로 적는 것으로 한다.

성분을 이용하면

절댓값은 : $|\boldsymbol{A}| = A = (A_x^2 + A_y^2 + A_z^2)^{1/2}$

방향 코사인은 : $l = A_x/A$, $m = A_y/A \quad n = A_z/A$

$a\boldsymbol{A}$(a는 **스칼라**)는 : $a\boldsymbol{A} = (aA_x,\ aA_y,\ aA_z)$

합·차는 : $\boldsymbol{A} \pm \boldsymbol{B} = (A_x \pm B_x,\ A_y \pm B_y,\ A_z \pm B_z)$

[왜 이렇게 되는가는 평면상의 벡터로서 생각해보자.]

예제 1 그림 8.7에 나타낸 크기 $P = 500\ \mathrm{kgf}$의 힘의 x축과 y축에서의 분력을 구하시오(즉 이 힘 벡터를 x와 y방향으로 분해할 것.)

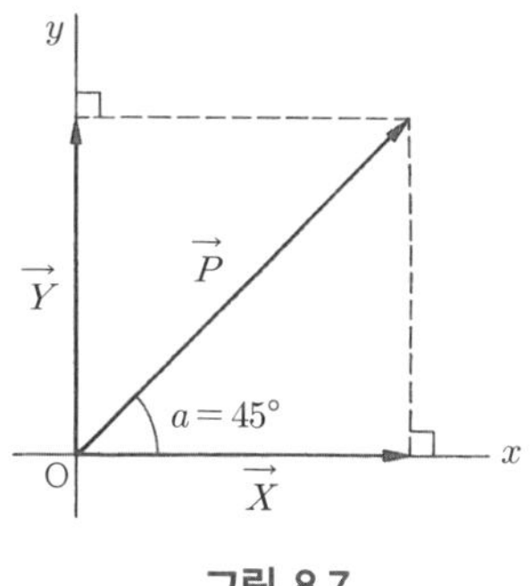

그림 8.7

풀이

직교 좌표축(x, y) 상의 분력은 다음과 같이 생각한다.

x축 상의 분력을 X, y축 상의 분력을 Y, $P = 500$ kgf가 x축 (+)와 이루는 각을 $\alpha = 45°$라 하면

$$X = P \times \cos\alpha = 500\ \text{kgf} \times \cos 45° = 353.55\ \text{kgf} \fallingdotseq 354\ \text{kgf}$$
$$Y = P \times \sin\alpha = 500\ \text{kgf} \times \sin 45° = 353.55\ \text{kgf} \fallingdotseq 354\ \text{kgf}$$

로 된다. 따라서 그림과 같이 $P = 500$ kgf인 x축 및 y축 상의 분력은 각각 약 354kgf로 된다.

예제 2 그림 8.8과 같이 역 V형으로서 정지해 있는 지주가 있다. 정점 P에 힘 $\boldsymbol{W}$ 가 하향으로 걸려 있다. 양발에 걸리는 분력 $\boldsymbol{S}$, $\boldsymbol{T}$를 구하시오. 더욱이 $\boldsymbol{S}$, $\boldsymbol{T}$의 각각의 발 A, B에 있어서의 수평 및 수직 성분을 구하시오. 다만 $\angle \text{WPA} = \alpha$, $\angle \text{WPB} = \beta$ 로 하고 $\boldsymbol{S}$의 수평 및 수직 성분을 S_H, S_V, 동일하게 $\boldsymbol{T}$의 그것들의 성분을 T_H, T_V라 적으시오. 또 지주 자신의 중량은 무시할 수 있는 것으로 한다.

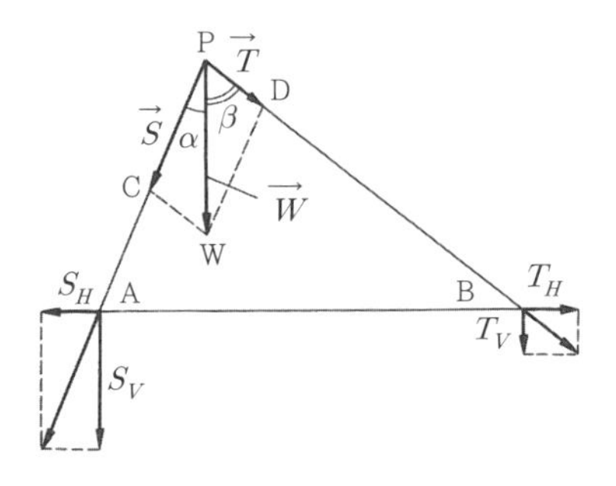

그림 8.8

풀이

그림 8.8과 같이 $\boldsymbol{W}$의 선단 W로부터 PB, PC에 평행선을 그어 평행사변형 PCWD를 만들면 PC$=\boldsymbol{S}$, PD$=\boldsymbol{T}$로 된다(8.3.5항 [예제 3] 참조). $\boldsymbol{S}$, $\boldsymbol{T}$의 크기 S, T를 구하는 것에 다음의 두 개의 방법 ①과 ②가 있다.

① 삼각형의 사인 법칙(3.9.1항 참조)을 응용하여 우선 S, T를 산출하고 다음에 S_H, S_V, T_H, T_V를 구하는 방법.

$\triangle$PWC에 있어서 PD//CW이므로 $\angle \mathrm{PWC} = \angle \mathrm{DPW} = \beta$

그러므로 사인 법칙에 의해

$$S = \mathrm{PC} = \frac{W\sin\beta}{\sin(180^\circ - \alpha - \beta)} = \frac{W\sin\alpha}{\sin(\alpha+\beta)}$$

마찬가지로

$$T = \mathrm{PD} = \frac{W\sin\alpha}{\sin(\alpha+\beta)}$$

그런데 그림으로부터 명확한 바와 같이

$$S_H = S\sin\alpha,\ S_V = S\cos\alpha,\ T_H = T\sin\beta,\ T_V = T\cos\beta$$

S_H는 A에서 왼쪽 방향, T_H는 B에서 오른쪽 방향, S_V와 T_V는 물론 아래 방향이다.

② 성분에 의해서 구하는 방법

P를 원점으로 하여 그림의 아래 방향에 x축을, 오른쪽 방향에 y축을 취하고 $\boldsymbol{S}$, $\boldsymbol{T}$의 x성분과 y성분을 각각 S_x, S_y, T_x, T_y라 하면 S_y는 y의 마이너스

방향을 향하므로 - 부호를 붙여

$$S_x = S\cos\alpha, \quad S_y = -S\sin\alpha, \quad T_x = T\cos\beta, \quad T_y = T\sin\beta$$

로 된다. 지주는 정지하고 있었으므로

$$\boldsymbol{S} + \boldsymbol{T} = \boldsymbol{W}, \text{ 즉 } S_x + T_x = W, \quad S_y + T_y = 0$$

이렇게 하여

$$S\ \cos\alpha + T\ \cos\beta = W$$
$$-S\ \sin\alpha + T\ \sin\beta = 0$$

이 2개의 식을 S, T의 연립방정식으로서 풀면 된다(6장 참조). S, T가 구해졌으면 S_H, S_V, T_H, T_V는 ①과 마찬가지로 직접 구할 수 있다(이 방법의 결과가 ①과 일치하는 것을 스스로 확인하시오).

예제 3 공간의 3점 A, B, C로부터 각각 와이어로서 중량 W의 물체 O를 매달고 있다. 각 와이어 OA, OB, OC에 걸리는 장력을 각각의 방향 코사인으로서 구하시오.

풀이

물체 O를 원점으로 하고 수평면 내에 x, y축을, 연직 상방으로 z축을 취한다. OA, OB, OC에 걸리는 장력을 $\boldsymbol{P}$, $\boldsymbol{Q}$, $\boldsymbol{R}$,

$$
\begin{aligned}
&\text{OA 의 방향 코사인을 } l_1,\ m_1,\ n_1 \\
&\text{OB 의 방향 코사인을 } l_2,\ m_2,\ n_2 \\
&\text{OC 의 방향 코사인을 } l_3,\ m_3,\ n_3
\end{aligned}
\tag{8.2}
$$

로 한다.

P*, *Q*, *R은 각각 OA, OB, OC와 반대방향을 향하고 있으므로 ***P*, *Q*, *R***의 방향 코사인은 식 (8.2)에 마이너스를 붙인 것이므로 각 성분은 P, Q, R을 장력 ***P*, *Q*, *R***의 강도(크기)라 하면

$$
\begin{aligned}
&P_x = -l_1 P, \quad P_y = -m_1 P, \quad P_z = -n_1 P \\
&Q_x = -l_2 Q, \quad Q_y = -m_2 Q, \quad Q_z = -n_2 Q \\
&R_x = -l_3 R, \quad R_y = -m_3 R, \quad R_z = -n_3 R
\end{aligned}
\tag{8.3}
$$

한편

$$\boldsymbol{P} + \boldsymbol{Q} + \boldsymbol{R} = \boldsymbol{W}$$

이므로

$$(P_x + Q_x + R_x,\ P_y + Q_y + R_y,\ P_z + Q_z + R_z) = (0, 0, -W) \tag{8.4}$$

W는 아래 방향, 즉 z의 마이너스 방향을 향하고 있으므로 W는 − 부호를 붙였다.

식 (8.3)을 식 (8.4)에 대입하면 P, Q, R을 주는 연립방정식

$$
\begin{aligned}
l_1 P + l_2 Q + l_3 R &= 0 \\
m_1 P + m_2 Q + m_3 R &= 0
\end{aligned}
$$

$$n_1P + n_2Q + n_3R = W$$

를 얻고 이것을 풀면 P, Q, R이, 더욱이 식 (8.3)으로부터 각 성분을 구할 수 있다. 이 해는 각자 시도하시오(해법은 6장 참조).

주 방향 코사인에 대해서는 7.8.4 및 8.4.4항 참조. 복습 : 1점 D(x, y, z)의 방향 코사인을 l, m, n으로 한다. 원점 O로부터 D까지의 거리를 r이라 하면 {물론 $r=(x^2+y^2+z^2)^{1/2}$}, $l=x/r$, $m=y/r$, $n=z/r$

8.5 벡터의 스칼라 곱(내적이라고도 함)

8.5.1 벡터의 스칼라 곱(scalar product)이란

어느 석재에 힘 $\boldsymbol{F}$가 작용하여 이 석재를 $\boldsymbol{F}$와 θ의 방향으로 이동 벡터 $\boldsymbol{s}$만큼 움직였다고 한다(그림 8.9). 이때 물리학의 실험 및 이론에 의하면 $\boldsymbol{F}$가 하였던 일은 $F \times s$는 아니고 (s를 F방향으로 투영한 길이)$\times F = s\cos\theta \cdot F$이다. (그러므로 석재가 $\boldsymbol{F}$와 직각의 방향으로 움직이면 $\boldsymbol{F}$가 하였던 일은 0이다.)

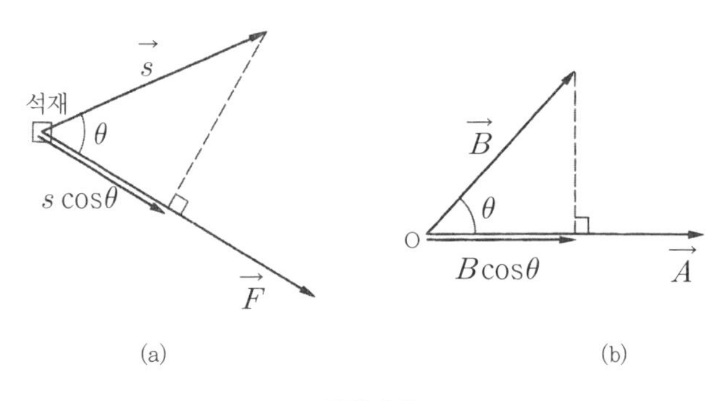

그림 8.9

이와 같이 공학이나 물리학에서는 두 개의 벡터 $\boldsymbol{A}$, $\boldsymbol{B}$에 대해서 $AB\cos\theta$ (θ는 $\boldsymbol{A}$와 $\boldsymbol{B}$의 교각)이라고 하는 양이 자주 나온다. 이것을 $\boldsymbol{A}$, $\boldsymbol{B}$의 **스칼라**

곱이라 하며 $\boldsymbol{A} \cdot \boldsymbol{B}$로서 나타낸다. 즉

스칼라 곱이란

$$\boxed{\begin{array}{ll} \boldsymbol{A} \cdot \boldsymbol{B} = AB\cos\theta & \text{(정의)} \\ \text{다만 } 0° \le \theta \le 180° \text{로 한다.} & \end{array}} \tag{8.5}$$

주의 1 : $\boldsymbol{A}$와 $\boldsymbol{B}$의 기점은 일치하지 않아도 좋다. 교각은 $\boldsymbol{A}$와 $\boldsymbol{B}$의 어느 쪽을 평행이동하여 기점을 일치시켰을 때의 교각으로 생각하면 된다.

주의 2 : $\boldsymbol{A} \cdot \boldsymbol{A}$를 $\boldsymbol{A}^2$(또는 A^2)이라고도 적는다.

(정의에 의해 $\boldsymbol{A} \cdot \boldsymbol{B}$는 스칼라이다. 따라서 이것에 스칼라 곱이라는 이름을 붙였다.)

8.5.2 스칼라 곱의 성질

스칼라 곱에는 다음의 법칙이 성립한다.

교환법칙 : $\boldsymbol{A} \cdot \boldsymbol{B} = \boldsymbol{B} \cdot \boldsymbol{A}$

분배법칙 : $\boldsymbol{A} \cdot (\boldsymbol{B}+\boldsymbol{C}) = \boldsymbol{A} \cdot \boldsymbol{B} + \boldsymbol{A} \cdot \boldsymbol{C}$, $(\boldsymbol{A}+\boldsymbol{B}) \cdot \boldsymbol{C} = \boldsymbol{A} \cdot \boldsymbol{C} + \boldsymbol{B} \cdot \boldsymbol{C}$ (8.6)

$\boldsymbol{A}$와 $\boldsymbol{B}$가 서로 수직일 때 : $\boldsymbol{A} \cdot \boldsymbol{B} = 0$ (8.7)

8.5.3 기본 벡터 i, j, k의 스칼라 곱

i, j, k의 정의로부터 각 절댓값=1, 또 서로 수직. 그러므로

$$\boldsymbol{i} \cdot \boldsymbol{i} = \boldsymbol{j} \cdot \boldsymbol{j} = \boldsymbol{k} \cdot \boldsymbol{k} = 1, \quad \boldsymbol{i} \cdot \boldsymbol{j} = \boldsymbol{j} \cdot \boldsymbol{k} = \boldsymbol{k} \cdot \boldsymbol{i} = 0 \tag{8.8}$$

8.5.4 스칼라 곱을 성분으로 나타내는 것

식 (8.1)로부터

$$\boldsymbol{A} \cdot \boldsymbol{B} = (A_x\boldsymbol{i} + A_y\boldsymbol{j} + A_z\boldsymbol{k}) \cdot (B_x\boldsymbol{i} + B_y\boldsymbol{j} + B_z\boldsymbol{k})$$

이것을 식 (8.6) 및 (8.8)을 이용하여 변형하면 다음의 중요한 식이 유도된다.

$$\boxed{\boldsymbol{A} \cdot \boldsymbol{B} = A_xB_x + A_yB_y + A_zB_z} \tag{8.9}$$

더욱이 식 (8.5)로부터 **A**, **B**의 성분에서 교각 θ를 계산하는 식이 유도된다.

$$\boxed{\cos\theta = \frac{A_xB_x + A_yB_y + A_zB_z}{AB}} \tag{8.10}$$

예제 1 $\boldsymbol{a} = (-3,\ 6)$ $\boldsymbol{b} = (4,\ -3)$에 대해서 $2\boldsymbol{a} - 3\boldsymbol{b}$와 $\boldsymbol{a} \cdot \boldsymbol{b}$를 구하시오.

풀이 $2\boldsymbol{a} - 3\boldsymbol{b} = (2 \cdot (-3) - 3 \cdot 4,\ 2 \cdot 6 - 3 \cdot (-3)) = (-18,\ 21)$.
또 $\boldsymbol{a} \cdot \boldsymbol{b} = -30$.

예제 2 $\boldsymbol{A} = (1,\ 2,\ 3)$, $\boldsymbol{B} = (4,\ 5,\ 6)$이다. 교각의 $\cos\theta$를 구하시오.

풀이

$\boldsymbol{A} \cdot \boldsymbol{B} = 1 \times 4 + 2 \times 5 + 3 \times 6 = 32$, $A = \sqrt{14}$, $B = \sqrt{77}$

그러므로 (8.10)에 의해 $\cos\theta = 32/\sqrt{14 \times 77} = 32/(7\sqrt{22})$

예제 3 2직선 $y = 5x + 2$, $y = 2x - 1$의 교각 θ를 벡터의 스칼라 곱을 이용하여 구하시오.

풀이

제1식의 직선은 2점 P (0, 2), P′(1, 7)을 지난다. PP′을 벡터 $\boldsymbol{A}$라 하면

$$\boldsymbol{A} = (1-0,\ 7-2) = (1,\ 5).$$

제2식의 직선은 2점 Q (0, −1), Q′(1, 1)을 지난다. QQ′를 벡터 $\boldsymbol{B}$라 하면 $\boldsymbol{B} = (1-0,\ 1-(-1)) = (1,\ 2)$.

그러므로 $A = \sqrt{26}$, $B = \sqrt{5}$, $A_x B_x + A_y B_y = 11$로 되며, $\cos\theta = 11/\sqrt{130}$ 3.8절의 방법에서 $\tan\theta$로 고쳐 θ를 구하면 $\theta = 15°15'$.

8.6 벡터의 벡터 곱(외적이라고도 함)

그림 8.10에 나타낸 바와 같이 지점 O의 레버 OP(=벡터 $\boldsymbol{r}$)의 선단 P에 힘 $\boldsymbol{F}$가 걸려 레버를 돌리면 모멘트가 생긴다. **모멘트**라고 하는 양은 크기뿐만 아니라 회전하는 방향도 가지는 양, 즉 벡터이므로 그 크기와 함께 방향도 구한다는 문제가 나온다. 이것은 이하에서 설명하는 **벡터 곱**이라고 하는 사고방식으로 푸는 것이 가능한 것이다. 벡터 곱은 벡터의 스칼라 곱과 함께 모멘트에 한하지 않고 전자기학이나 유체역학 등 공학이나 물리학에서 상당히 중요한 역할을 한다.

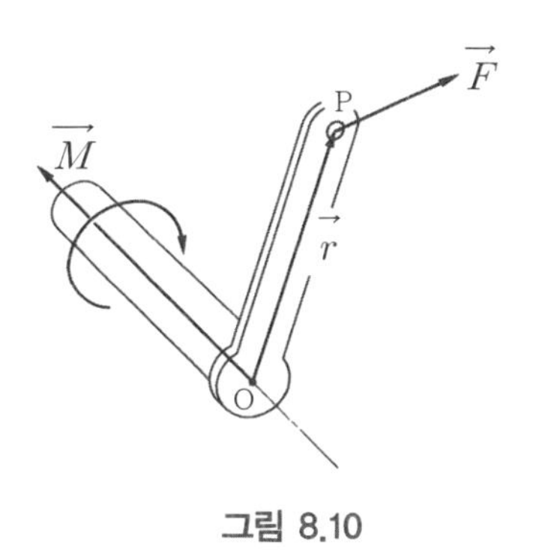

그림 8.10

8.6.1 벡터 곱이란

O를 기점으로 하는 두 개의 벡터를 $\boldsymbol{A}$, $\boldsymbol{B}$라 한다(양 벡터의 기점이 동일하지 않으면 예에 따라서 어느 쪽인가를 평행 이동하여 기점을 일치시키면 좋다). 이때 다음과 같이 정의할 수 있는 벡터를 $\boldsymbol{A}$, $\boldsymbol{B}$**의 벡터 곱**이라 하며 $\boldsymbol{A}\times\boldsymbol{B}$로서 나타낸다. [$\boldsymbol{A}$, $\boldsymbol{B}$라고 하는 **순서가 중요** ……8.6.2항 참조]. 즉

벡터 곱이란[그림 8.11 (a), (b), (c)] 벡터 곱은 다음과 같이 정의할 수 있는 벡터이다.

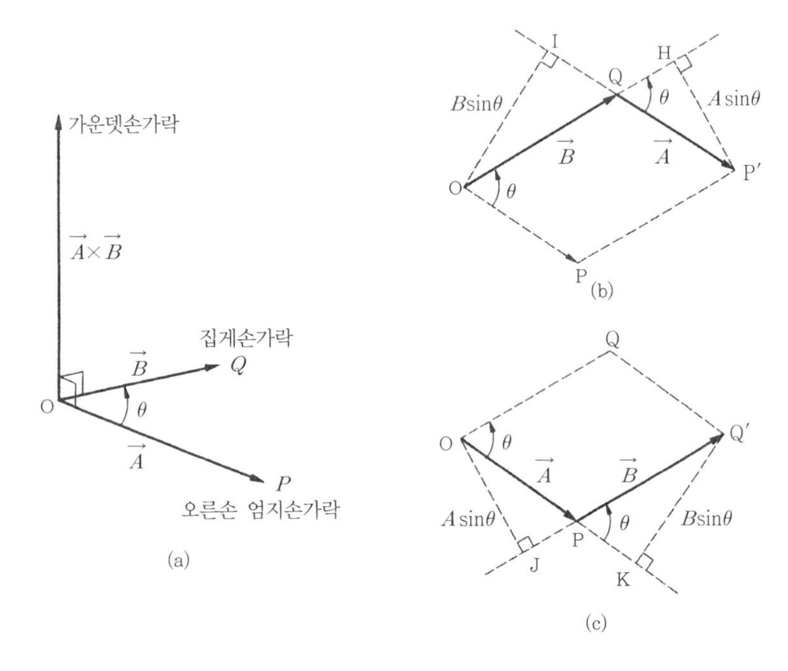

그림 8.11

(1) $\boldsymbol{A}\times\boldsymbol{B}$는 $\boldsymbol{A}$와 $\boldsymbol{B}$를 포함한 평면에 수직

(2) $\boldsymbol{A}$, $\boldsymbol{B}$, $\boldsymbol{A}\times\boldsymbol{B}$의 3 벡터는 이 순서에서 오른손계를 이룬다.

주 오른손계에 대해서는 7.8절 참조

(3) $|\boldsymbol{A}\times\boldsymbol{B}| = AB\sin\theta$($\boldsymbol{A}$와 $\boldsymbol{B}$로서 만든 평행사변형의 면적) (8.11)

(θ는 $\boldsymbol{A}$와 $\boldsymbol{B}$의 교각, $0° \le \theta \le 180°$)

(결과가 벡터로 되므로 벡터 곱이라는 이름이 붙었다.)

8.6.2 벡터 곱의 성질(스칼라 곱과 비교하시오)

교환법칙은 **불성립** : $\boldsymbol{B} \times \boldsymbol{A} = -(\boldsymbol{A} \times \boldsymbol{B})$ 주의!(그림 8.12에 나타낸 대로)

분배법칙은 성립 :

$$\boldsymbol{A} \times (\boldsymbol{B} + \boldsymbol{C}) = \boldsymbol{A} \times \boldsymbol{B} + \boldsymbol{A} \times \boldsymbol{C},\ (\boldsymbol{A} + \boldsymbol{B}) \times \boldsymbol{C} = \boldsymbol{A} \times \boldsymbol{C} + \boldsymbol{B} \times \boldsymbol{C} \tag{8.12}$$

$\boldsymbol{A}$와 $\boldsymbol{B}$가 서로 평행일 때 : $\boldsymbol{A} \times \boldsymbol{B} = 0$

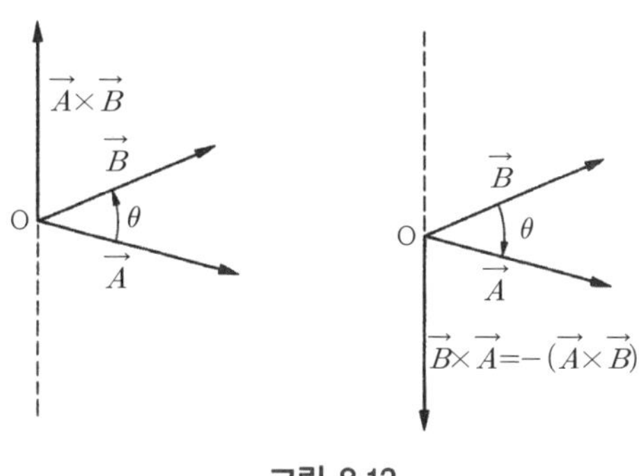

그림 8.12

8.6.3 기본 벡터 i, j, k의 벡터 곱

기본 벡터의 정의로부터 각 절댓값=1. 또 자기 자신에 평행, 그러므로

$$\boldsymbol{i} \times \boldsymbol{i} = \boldsymbol{j} \times \boldsymbol{j} = \boldsymbol{k} \times \boldsymbol{k} = 0 \tag{8.13}$$

$$\boldsymbol{i} \times \boldsymbol{j} = \boldsymbol{k},\ \boldsymbol{j} \times \boldsymbol{k} = \boldsymbol{i},\ \boldsymbol{k} \times \boldsymbol{i} = \boldsymbol{j} \tag{8.14}$$

8.6.4 벡터 곱을 성분으로 나타내는 것

분배 법칙식 (8.12)와 8.6.3항의 식 (8.13), (8.14)에 의해

$$\boldsymbol{A}\times\boldsymbol{B}=(A_x\boldsymbol{i}+A_y\boldsymbol{j}+A_z\boldsymbol{k})\times(B_x\boldsymbol{i}+B_y\boldsymbol{j}+B_z\boldsymbol{k})$$
$$=(A_yB_z-A_zB_y)\boldsymbol{i}+(A_zB_x-A_xB_z)\boldsymbol{j}+(A_xB_y-A_yB_x)\boldsymbol{k} \quad (8.15)$$

이 식은 행렬식을 이용하면 간결하게, 보기 쉽게 적을 수 있다.

$$\boldsymbol{A}\times\boldsymbol{B}=\begin{vmatrix} \boldsymbol{i} & \boldsymbol{j} & \boldsymbol{k} \\ A_x & A_y & A_z \\ B_x & B_y & B_z \end{vmatrix} \quad (8.16)$$

8.6.5 벡터 곱의 공식

벡터 곱에 대해서 다음의 공식이 성립한다. 성분을 이용하여 스스로 증명하시오.

$$\boldsymbol{A}\cdot(\boldsymbol{B}\times\boldsymbol{C})=\boldsymbol{B}\cdot(\boldsymbol{C}\times\boldsymbol{A})=\boldsymbol{C}\cdot(\boldsymbol{A}\times\boldsymbol{B})$$
$$\boldsymbol{A}\times(\boldsymbol{B}\times\boldsymbol{C})=(\boldsymbol{A}\cdot\boldsymbol{C})\boldsymbol{B}-(\boldsymbol{A}\cdot\boldsymbol{B})\boldsymbol{C}$$

예제 1 벡터 $\boldsymbol{A}$, $\boldsymbol{B}$를 2변으로 하는 평행사변형의 면적을 구하시오.

풀이

면적을 S라 하면 그림 8.11 (b), (c)로부터 $S=AB\sin\theta$. 그러므로 S는 (8.11)에 의해 $S=|\boldsymbol{A}\times\boldsymbol{B}|$. [교각 θ는 식 (8.11) 또는 스칼라 곱으로 구할 수 있다].

8.6.6 모멘트에 대해서

그림 8.13과 같은 봉 OP $(=\boldsymbol{r})$의 선단 P에 힘 $\boldsymbol{F}$가 걸려 있을 때 O에 관한 $\boldsymbol{F}$의 모멘트 $\boldsymbol{M}$은 공식

$$\boxed{\boldsymbol{M}=\boldsymbol{r}\times\boldsymbol{F}} \tag{8.17}$$

로 주어진다.

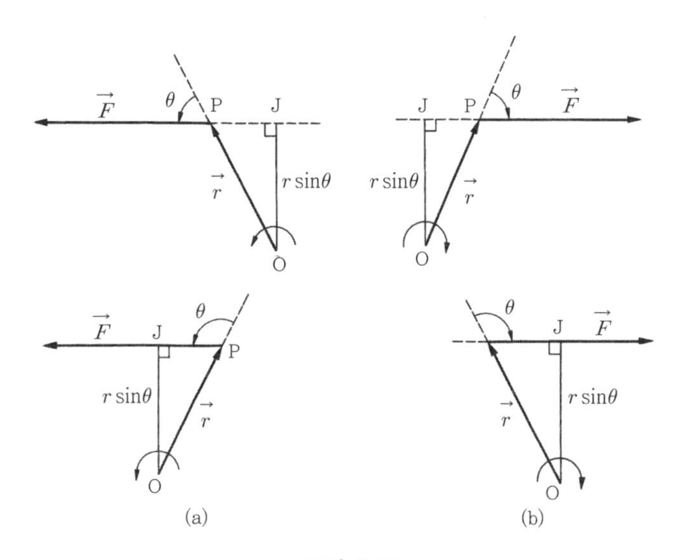

그림 8.13

예제 2 그림 8.13과 같이 점 P에 $\boldsymbol{F}$의 힘이 걸리고 있다. 점 O로부터 P로의 벡터를 $\boldsymbol{r}$이라 할 때, O에 관한 $\boldsymbol{F}$의 모멘트 $\boldsymbol{M}$을 성분을 사용하지 않고 벡터 곱의 정의에 의해 직접 구하시오.

또, $r=10$m, $F=15$kgf, $\theta=60°$로 하여 그림 8.13 (a)의 경우의 $\boldsymbol{M}$을 구하시오 (즉 크기와 방향을 구하시오).

풀이

그림 8.11 (c)의 $\boldsymbol{A}$를 $\boldsymbol{r}$, $\boldsymbol{B}$를 $\boldsymbol{F}$라 한다. $\boldsymbol{F}$로의 O로부터 수선 OJ를 내리면 $\mathrm{OJ} = r\sin\theta$, 따라서 벡터 곱의 정의 (3), 식 (8.11)과 모멘트의 정의식 (8.17)에 의해 $M = |\boldsymbol{M}| = |r \times F| = rF\sin\theta = F \times \mathrm{OJ}$. 방향은 정의 (1)에 의해 책 표면에 수직, 방향은 정의 (2)에 의해

① 그림 8.13 (a)와 같은 경우에는 책 표면에서 나오는 방향, 바꾸어 말하면 반시계 방향,

② 같은 그림 (b)와 같은 경우에는 책 표면으로 들어가는 방향, 바꾸어 말하면 시계 방향으로 향한다.

수치를 넣으면 $M \fallingdotseq 130\ \mathrm{kgf \cdot m}$. 방향은 ①의 경우이므로 책 표면에서 나오는 방향, 바꾸어 말하면 반시계 방향으로 향한다.

예제 3 그림 8.14의 팔 $\mathrm{AB}\,(= \boldsymbol{r})$의 점 B에 힘 $\boldsymbol{F}$가 작용하고 있다. A에 관한 $\boldsymbol{F}$의 모멘트 $\boldsymbol{M}$을 구하는 식을 적으시오. $\alpha = 60°$, $\beta = 15°$, $r = 3\,\mathrm{m}$, $F = 500\,\mathrm{kgf}$일 때 $\boldsymbol{M}$의 크기와 방향, 경향을 구하시오.

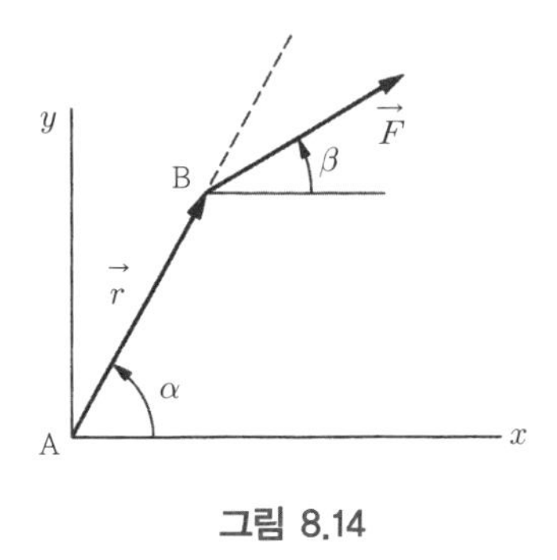

그림 8.14

풀이

문제의 뜻에 의해 $r = (r\cos\alpha,\ r\sin\alpha,\ 0)$, $F = (F\cos\beta,\ F\sin\beta,\ 0)$. 그러므로 식 (8.17)에 의해, 식 (8.15) 또는 식 (8.16)을 이용하면

$$\boldsymbol{M} = rF(0,\ 0,\ \cos\alpha\sin\beta - \sin\alpha\cos\beta) = (0,\ 0,\ -rF\sin(\alpha-\beta))$$

수치를 넣으면

$$\boldsymbol{M} = rF(0,\ 0,\ -1500 \cdot \sin 45°) = (0,\ 0,\ -1060.7)$$

그러므로 모멘트의 크기는 $M = 1060.7\,\text{kgf} \cdot \text{m}$, 방향은 z축의 부(−)의 방향(책 표면으로 들어가는 방향). 더 알기 쉽게 설명하면 이 힘은 시계 방향으로 [$\boldsymbol{M}$의 방향이 z축의 정(+)의 방향이면 반(역)시계 방향으로] 회전하려고 하고 있다는 것이다.

이와 같이 모멘트를 구하고자 할 때는 일반적으로 모멘트의 크기뿐만 아니라 방향, 결국 힘이 어느 쪽으로 돌려고 하고 있는가라고 하는 것도 명확히 하여 두어야 한다.

또한 $\boldsymbol{r}$과 $\boldsymbol{F}$가 함께 xy평면에 있을 때는 $\boldsymbol{M}$은

$$\boldsymbol{M} = (0,\ 0,\ M_z), \quad M_z = r_x F_y - r_y F_x$$

으로 된다. 책 표면을 xy평면으로 취하면

$M_z > 0$일 때 $\boldsymbol{M}$은 책 표면에서 나오는 방향으로 향하고 $\boldsymbol{F}$는 $\boldsymbol{r}$을 반시계 방향으로 돌리려 한다.

$M_z < 0$일 때 $\boldsymbol{M}$은 책 표면으로 들어가는 방향으로 향하고 $\boldsymbol{F}$는 $\boldsymbol{r}$을 시계 방향으로 돌리려 한다.

8.6.7 물체에 걸리는 얼마간의 힘의 모멘트

물체의 점(힘 점) A_1, A_2, ⋯, A_n에 힘 $\boldsymbol{F}_1$, $\boldsymbol{F}_2$, ⋯, $\boldsymbol{F}_n$이 작용하고 있다. 이때 물체의 1점 O에 관한 모멘트의 총합 M은 어떻게 될까. $\boldsymbol{r}_1 = \overrightarrow{\text{OA}_1}$, $\boldsymbol{r}_2 = \overrightarrow{\text{OA}_2}$, ⋯, $\boldsymbol{r}_n = \overrightarrow{\text{OA}_n}$이라 두면, 식 (8.17)에 의해

$$M = \sum_{i=1}^{n} (r_i \times F_i) \tag{8.18}$$

$M = 0$은 물체에 걸리는 힘이 평형할 필요조건의 하나로서 물체가 회전하지 않는다고 하는 조건이다(8.3.3항 참조).

예제 4 그림 8.15와 같이 1변의 길이가 $2a$인 정삼각형 $\triangle ABC$의 정점에 힘 F_A, F_B, F_C가 걸리고 있다.

① 이러한 힘의 점 O에 관한 모멘트 M을 구하는 식을 적으시오.

② $a = 2$m, $F_A = 300$kgf, $\alpha = 30°$, $F_B = 200$kgf, $\beta = 225°$, $F_C = 250$kgf. $\gamma = 45°$일 때 M의 크기와 방향을 구하시오(유효숫자 3자리까지).

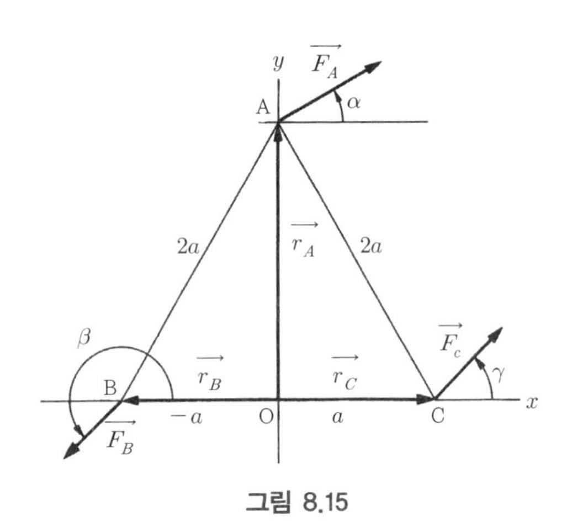

그림 8.15

풀이

① $r_A = \overrightarrow{OA}$, $r_B = \overrightarrow{OB}$, $r_C = \overrightarrow{OC}$라고 두면 식 (8.18)에 의해

$$M = r_A \times F_A + r_B \times F_B + r_C \times F_C$$

그런데

$$\boldsymbol{r_A} = (0,\ \sqrt{3}\,a,\ 0), \quad \boldsymbol{F_A} = (F_A \cos\alpha,\ F_A \sin\alpha,\ 0)$$

그러므로

$$\boldsymbol{r_A} \times \boldsymbol{F_A} = (0,\ 0,\ -\sqrt{3}\,aF_A \cos\alpha)$$

마찬가지로

$$\boldsymbol{r_B} = (-a,\ 0,\ 0), \quad \boldsymbol{F_B} = (F_B \cos\beta,\ F_B \sin\beta,\ 0)$$
$$\boldsymbol{r_B} \times \boldsymbol{F_B} = (0,\ 0,\ -aF_B \sin\beta)$$
$$\boldsymbol{r_C} = (a,\ 0,\ 0), \quad \boldsymbol{F_C} = (F_C \cos\gamma,\ F_C \sin\gamma,\ 0)$$
$$\boldsymbol{r_C} \times \boldsymbol{F_C} = (0,\ 0,\ aF_C \sin\gamma)$$

따라서

$$\boldsymbol{M} = (0,\ 0,\ -\sqrt{3}\,aF_A \cos\alpha - aF_B \sin\beta + aF_C \sin\gamma)$$

로 되며

$$|\boldsymbol{M}| = \left| \sqrt{3}\,aF_A \cos\alpha + aF_B \sin\beta - aF_C \sin\gamma \right|$$

$\boldsymbol{M}$의 방향은 M_x, M_y 성분이 0이므로 xy 평면에 수직, 방향은 M_z의 정부($\pm$)로서 결정된다. 즉

정(+)이면 책 표면에서 나오는 방향으로 △ ABC는 반시계 방향으로 돌려고 한다.

부(−)이면 책 표면으로 들어가는 방향으로 △ ABC는 시계 방향으로 돌려고 한다.

② 주어진 수치를 $\boldsymbol{M}$의 식에 넣으면

$$\boldsymbol{M} = (0,\ 0,\ -264) \quad [\mathrm{kgf \cdot m}]$$

따라서

$|\boldsymbol{M}| = 264\,\mathrm{kgf \cdot m}$, 방향은 책 표면으로 들어가는 방향으로 즉 △ ABC는 시계방향으로 돌려고 한다.

8.6.8 바리뇽의 정리

1점 A**와 동일 평면 내에 있는 힘** $\boldsymbol{F}_1$, $\boldsymbol{F}_2$, $\cdots$, $\boldsymbol{F}_n$**이 작용할 때, 동일 평면 내**의 다른 점 O에 관한 각 힘의 모멘트의 합은 이러한 힘의 합력의 모멘트와 같다.

이것을 **바리뇽**(Pierre Varignon, 프랑스, 1654~1722)의 정리라고 한다. 식으로는 $\boldsymbol{r} = \overrightarrow{\mathrm{OA}}$라 하면 모멘트의 합 $\boldsymbol{M}$은

$$\boldsymbol{M} = \boldsymbol{r} \times (\boldsymbol{F}_1 + \boldsymbol{F}_2 + \cdots + \boldsymbol{F}_n)$$

으로 표현할 수 있다.

증명

우선 그림 8.16과 같이 두 개의 힘 $\boldsymbol{F}_1$, $\boldsymbol{F}_2$가 점 A에 걸린 경우를 생각한다. O로부터 ▱ $\mathrm{QQ_1AQ_2}$와 동일 평면상에 있고 또 OA에 직교하는 직선 OX를 긋고 $\boldsymbol{F}_1$, $\boldsymbol{F}_2$, $\boldsymbol{F}_1 + \boldsymbol{F}_2$의 선단 $\mathrm{Q_1}$, $\mathrm{Q_2}$, Q로부터 $\mathrm{O}x$에 내린 수선의 발을 $\mathrm{P_1}$, $\mathrm{P_2}$, P라 한다. 그렇게 하면 모멘트의 정의에 의해 (그림 8.13 참조),

$\boldsymbol{F}_1$의 O에 관한 모멘트의 크기$= r \times \mathrm{OP_1}$

$\boldsymbol{F}_2$의 O에 관한 모멘트의 크기$= r \times \mathrm{OP_2}$

$\boldsymbol{F}_1 + \boldsymbol{F}_2$의 O에 관한 모멘트의 크기$= r \times \mathrm{OP}$

그렇지만 사변형 $\mathrm{AQ_1QQ_2}$는 평행사변형, 그러므로 벡터 $\mathrm{Q_1Q} = \mathrm{AQ_2}$, 따라서 그림으로부터 명확한 바와 같이 $\mathrm{OP} = \mathrm{OP_1} + \mathrm{OP_2}$

이렇게 하여

$(\boldsymbol{F}_1 + \boldsymbol{F}_2$의 모멘트 크기$)$

$\quad = (\boldsymbol{F}_1$의 모멘트 크기$) + (\boldsymbol{F}_2$의 모멘트 크기$)$

즉 각 힘의 모멘트의 합은 합력의 모멘트와 같다. (증명 종료)

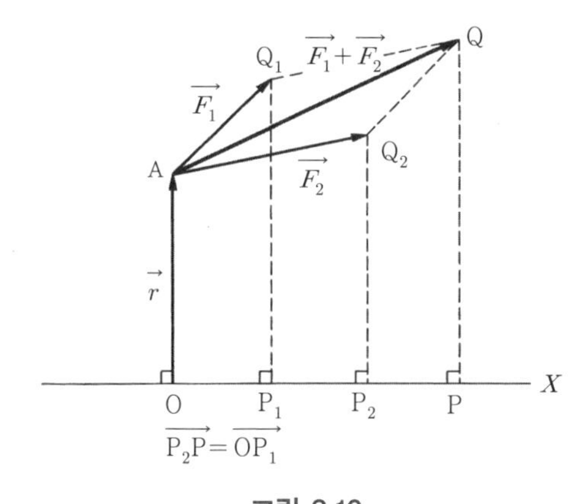

그림 8.16

이와 같이 두 개의 벡터 $\boldsymbol{F}_1$과 $\boldsymbol{F}_2$의 합 $\boldsymbol{F}_1 + \boldsymbol{F}_2$에 대해서 증명할 수 있다. 세 개 이상의 경우는 더욱더 $\boldsymbol{F}_1 + \boldsymbol{F}_2$와 $\boldsymbol{F}_3$에 대해서 동일하게 증명되며 이하 순차 몇 개의 벡터에 대해서도 이 정리가 성립한다(다만 이 증명은 이러한 힘과 O와 A가 동일 평면 내에 있다고 하는 조건 하에서의 것이다).

이 정리는 구조 역학 등에서 종종 응용된다.

주의 이 정리는 언뜻 벡터 곱의 분배법칙식 (8.12)로부터 산출된 것처럼 보이지만 그것은 논리적으로 오류이다. 분배 법칙은 바리뇽의 정리나 그 확장($\boldsymbol{F}_1$ 등이 동일 평면 내에 없는 경우 등)에 의해서 유도된 법칙이기 때문이다. 따라서 바리뇽의 정리의 증명에 분배 법칙을 사용하는 것은 증명되어야 할 것을 전제로 하여 사용해 버리게 되는 것이다.

연 습 문 제

8.1 문제 그림 8.1과 같이 핀 O에 동시에 연직면 내에 있는 힘 $\boldsymbol{F}$, $\boldsymbol{G}$가 작용하고 있다. 수평면으로부터의 각을 각각 α, β라 한다. $\boldsymbol{F}$와 $\boldsymbol{G}$의 합력의 크기와 수평면으로부터의 각 γ를 구하시오.

8.2 문제 그림 8.2와 같이 유속 c인 강을 대수속도 v의 배 O가 항행하고 있다. 육상에서 보면 배는 어느 방향으로 어떠한 속도로서 움직이고 있을까.

8.3 문제 그림 8.3과 같이 점 C에 무게 W인 물체가 매달려 있다. 와이어 AC 및 BC에 걸리는 장력을 구하시오.

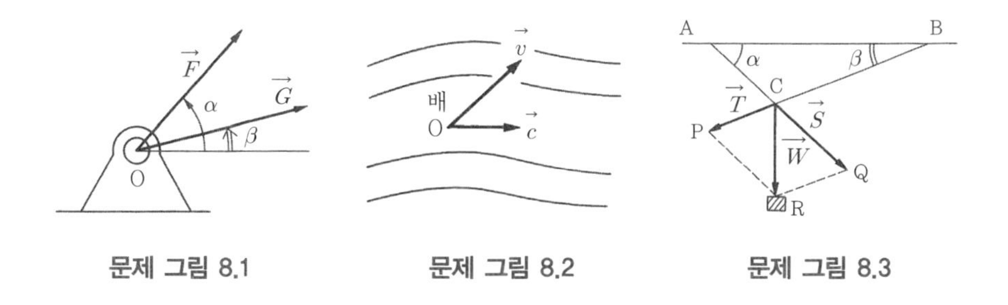

문제 그림 8.1　　문제 그림 8.2　　문제 그림 8.3

8.4 벡터 $\alpha=(2,\ 3,\ 7)$의 크기와 α와 z축과의 각 θ를 구하시오.

8.5 $\boldsymbol{A}=(2,\ -1,\ 3)$, $\boldsymbol{B}=(1,\ 2,\ -1)$이다. $\boldsymbol{A}$와 $\boldsymbol{B}$가 이루는 각 θ를 구하시오.

8.6 $\boldsymbol{A}=(-2,\ 1,\ -1)$, $\boldsymbol{B}=(3,\ B_y,\ -2)$이다. $\boldsymbol{A}$, $\boldsymbol{B}$가 직교하도록 B_y를 정하시오.

8.7 윈치로서 500kgf의 힘 $\boldsymbol{F}$를 임의 철재에 걸어 이것을 지표면 위에서 $s=6$ m만큼 $\boldsymbol{F}$와 60°의 방향으로 이동하였다. 이 힘이 한 일을 J(Joule)로서 나타내시오. 또 이 이동에 2분이 걸렸다. 이 윈치의 출력(일률)을 W(Watt)와 PS(마력)으로 나타내시오.

8.8 문제 그림 8.4와 같이 기둥 OH의 정상에 두 개의 힘 $\boldsymbol{F_A}$, $\boldsymbol{F_B}$가 걸리고 있다. 이것들의 합력에 의한 점 O에 관한 모멘트를 구하시오. 다만 각 점의 좌표 및 힘의 강도는 다음과 같다고 한다. A(2, 2, 0), B(2, −2, 0), H(0, 0, 3) (단위는 m), $|\boldsymbol{F_A}| = |\boldsymbol{F_B}| = 2$tonf라고 한다.

8.9 문제 그림 8.5와 같은 직사각형 □ABCD의 각 정점에 각각 $\boldsymbol{F_A}$, $\boldsymbol{F_B}$, $\boldsymbol{F_C}$, $\boldsymbol{F_D}$라고 하는 힘이 작용하고 있다. 이러한 힘의 직사각형 중심 O에 관한 모멘트의 식을 구하시오.

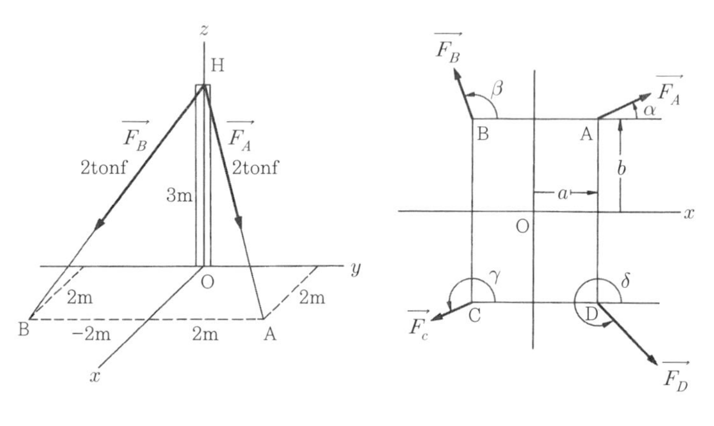

문제 그림 8.4 **문제 그림 8.5**

Chapter 09

미분 · 적분

Chapter 09 미분 · 적분

왜 미분·적분이 필요한가, 그 근본 사고방식은 어떤 것인가를 미분·적분의 계산법에 들어가기 전에 생각해 보자.

우선 매우 소박하게 생각하여 인간은 본성적으로 똑바른 것, 사각형인 것은 쉽게 생각한다. 직선의 길이는 직접 자로서 재거나 피타고라스의 정리로서 구할 수 있고 직사각형의 면적은 가로 세로 변의 길이의 곱으로서 바로 계산할 수 있다.

그러나 곡선의 길이나 곡선으로 둘러싸인 도형(예를 들면 원)의 면적 혹은 댐의 제체적은 그렇지 않다.

그러면 어떻게 할까. 여기에서 면적 계산을 예로 들어 생각해보자[그림 9.1 (a)].

① 도형을 **미소한 부분**으로 분할하는 …… **미분**

② 각 미소부분을 직사각형 또는 사다리꼴로 간주하여 그 면적을 계산한다.

③ 각 미소부분의 면적을 쌓아 올린다(총합한다). 이것이 도형의 면적으로 된다 …… **적분**

[이와 같은 방법은 초등학생이라도 할 것이다.]

곡선의 길이도 마찬가지, ① 곡선을 미소부분으로 구별, ② 각 부분의 길이를 구하고, ③ 그 길이를 쌓아 올리면 전체의 길이가 나온다.

결국 미분이란 미소하게 분할하는, 적분이란 미소부분을 쌓아 올린다고 하는 사고방식으로부터 출발한다(구적법求積法의 사고방식).

이와 같은 사고방식은 면적이나 길이를 구할 때만 사용하는 것은 아니다. 부분을 고려하여 전체를 명확히 하는 방법은 자연현상의 해명이나 그 응용에 매우 중요한 방법의 하나이다(9.14절의 예제 1, 2를 참고).

그러면 미소부분이란 어느 정도 작은 부분으로 생각하면 좋을까.

수학적으로 엄밀하게는 한없이 0에 가깝다고 생각하는 것이지만 직관적으로는 미소부분이란 곡선이면 직선(선분)으로 간주할 수 있는 정도, 면적이면 직사각형이나 사다리꼴로 간주할 수 있을 정도라고 생각하면 좋을 것이다.

미분·적분을 응용하기에는 문제에 따라서 얼마를 분할하면 좋을까, 그 미소부분에서 무엇을 여하히 계산하면 좋을까 ……를 생각하는 연습이 필요하다.

미소부분은 d로서 나타내는 것으로 하자. 예를 들면 곡선의 길이 s의 미소부분은 ds, 면적 S의 미소부분은 dS 등으로 나타낸다. 또 임의 변수(예를 들면 x)의 미소변화에도 d를 붙여보자(예를 들면 dx).

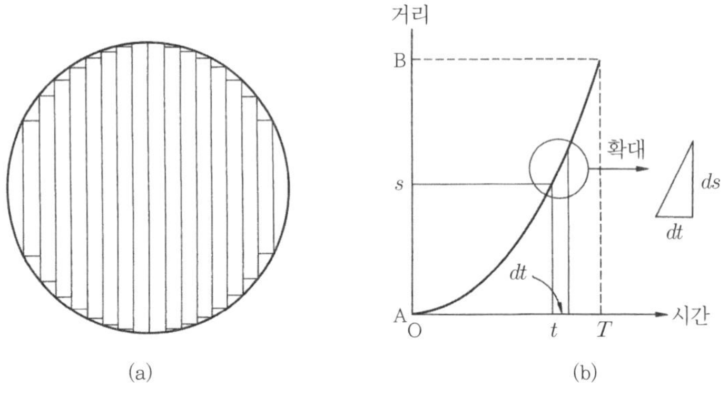

(a) 도형을 미소분할, 각 미소부분을 직사각형(또는 사다리꼴, 삼각형)으로 간주하여 면적을 구한다.
(b) dt 시간은 그래프가 직선으로 간주할 수 있을 정도 미소라고 생각한다.

그림 9.1 미분·적분의 원리

또 한 가지 예를 든다. 시각 0에 A역을 출발한 열차가 점점 속도를 바꾸어 시각 T에 B 역에 도달하였다고 한다[그림 9.1 (b)]. 속도는 진행한 거리 s를 그 사이의 시간 t로서 나눈 것이다. 말할 필요도 없이 s는 t의 함수로서 그래프는 그림과 같이 곡선이다(속도가 클수록 곡선은 세워진다). 이것을 염두에 두고 AB 사이의 어느 순간(시각 t)의 속도를 구하는 것을 생각해보자. 이때 t를 미소부분으로 분할한다. 미소부분 dt 사이에서는 그래프가 직선으로 간주할 수 있을 정도라 한다. t의 미소한 시간 경과 dt의 사이에 거리 s는 역시 미소거리 ds만큼 진행한다. 이렇게 하여 순간 속도는 ds/dt로 되는 것이다(AB 사이의 평균속도는 AB/T).

미분·적분의 근본은 무한히 작게 하는 혹은 무한한 것을 무한히 많이 쌓아 올린다고 하는 극한의 조작이다. 역사적으로는 대략 2000년 전 이미 그리스에서 이 사고방식이 싹텄다. 근대적 미분·적분은 뉴턴(Newton, 영국, 1642～1727), 라이프니츠(Leibnitz, 독일, 1646～1716)에서 시작되었다. 뒤에 기술할 미분의 dx나 적분의 $\int$ 라는 기호는 라이프니츠가 창안한 것이다.

미분·적분학에 의해 함수나 무한이라는 것이 깊이 연구되어 해석학이라고 하는 장려한 전당이 구축되었다. 그리고 물리학을 중심으로 과학이나 기술에 널리 응용되어 현재의 과학과 기술은 미분·적분 없이는 있을 수 없다고 해도 과언은 아니다.

5장에서 기술한 바와 같이 함수의 성질의 연구에는 미분을 빼놓을 수 없다. 함수 $y=f(x)$에 대해서 우선 'x가 dx만큼 미소변화를 하였을 때, y의 미소변화는 어떻게 될까'(이것을 식으로서 계산하는 것이 미분법이라 불린다)로부터 시작하여 이 함수의 증감의 상황, 극대·극소, 함수의 값의 근사계산(함수의 전개), 곡선의 접선·법선·곡률의 계산·오차의 추정 등 미분의 응용은 참으로 넓다. 수리학·역학 등에도 널리 응용된다.

한편 적분은(식 상에서의 계산법은 미분의 역이다) 면적, 체적·용적의 계산으로부터 예를 들면 하천의 유량, 곡선의 길이 등 토목 기술에서도 여러 가지에 걸쳐 이용되고 더욱이 미분 방정식이라고 하는 공학상 중요한 수학적 도구에 필요하다. 특히 토목에서 수치 적분이라고 하는 계산법은 필수과목의 하나이다.

9.1 미분법

앞서의 속도의 예와 같이 일반적으로 임의 함수 $y=f(x)$에 대해서 x의 미소변화에 대한 **변화율(y의 미소변화/x의 미소변화)**을 구하는 것이 첫 번째 목표이다. 이 계산($f(x)$에 대한 조작)을 **미분법**이라 부른다.

미분법은 '변화를 미소하게 한 극한'이라고 하는 사고에 의거한다. 그러므로 여기에서 미분의 준비로서 극한에 대해서 기술하여 둔다.

9.1.1 극한값

$y=f(x)$에서 x의 값 a에 한없이 가까이 하였을 때($x<a$의 측으로부터 가까이하여도, $x>a$의 측으로부터 가까이 하여도), y가 어느 정해진 값 b에 한없이 접근한다고 한다.

이때

$$\lim_{x \to a} f(x) = b$$

로 적고 b를, x를 a에 가까이 하였을 때의 $f(x)$의 극한값이라 한다. 그리고 $f(x)$는 $x \to a$일 때 극한값 b를 가진다고 한다.

주의 $b=f(a)$인 것도 있고, $b \neq f(a)$인 것도, 더욱이 $f(a)$인 값 자체가 없는 것도 있다(5.1.4항 참조). 극한값이 없는 경우로서는 a에 $x<a$로부터 접근할 때와, $x>a$로부터 접근할 때 등에서 다른 경우(예를 들면 $\tan x$에서 $x \to \pi/2$)나 $x \to a$에서 함수값이 무한히 진동하는 경우 등이 있다.

예제 1 $\lim_{x \to 2}(x^2-3x+5)$를 구하시오.

풀이 3

예제 2 $f(x) = \dfrac{x^2-4}{x-2}$일 때 $\lim_{x \to 2} f(x)$를 구하시오.

풀이

$f(2)$인 값이 없는 경우이다. 이와 같은 때 분모·분자에 직접 2를 넣어서는 안 된다. 0/0이 되어 버리기 때문이다. 약분하여

$$\lim_{x \to 2} \frac{x^2-4}{x-2} = \lim_{x \to 2}(x+2) = 4$$

9.1.2 미분계수와 도함수

$y = f(x)$에 대해서 x의 미소변화에 대한 y의 변화율을 구하는 방법을 생각해 보자.

x가 어느 값으로부터 h만큼 변화하면 y의 값은 $f(x+h)$로 되므로 x의 변화 h에 대한 y의 변화율은 (그림 9.2)

$$\frac{f(x+h)-f(x)}{h}$$

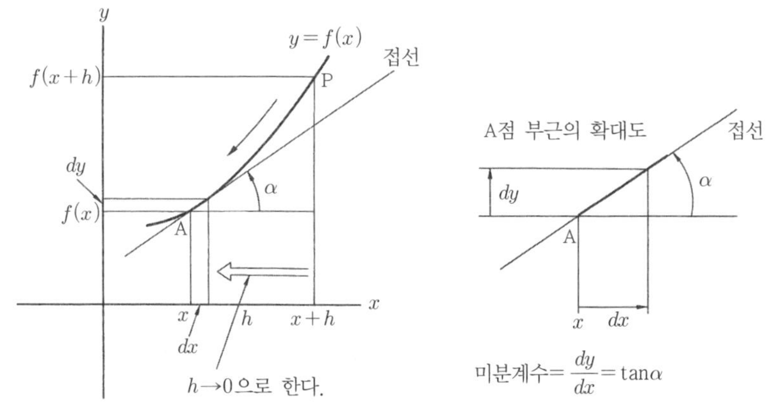

그림 9.2 미분계수의 도해

그러므로 h가 미소할 때의 y의 변화율은 $h \to 0$의 극한값으로 된다. 이 극한값이 존재하면 이것을 $\frac{dy}{dx}$라는 **기호**로서 적는다(읽는 방법은 $dydx$). 즉

$$\frac{dy}{dx} = \lim_{h \to 0} \frac{f(x+h) - f(x)}{h} \quad \cdots\cdots \textbf{미분계수의 정의} \tag{9.1}$$

$\frac{dy}{dx}$를 x에 있어서의 $f(x)$의 **미분계수**라고 한다. 또 미분계수는 일반적으로 x의 함수가 된다. 이것을 **도함수**라고 부른다($f(x)$로부터 도출된 함수의 뜻).

미분계수나 도함수는 $\frac{dy}{dx}$ 외에 $\frac{df(x)}{dx}$, y', $f'(x)$ 등이라 적는다. 미분계수(도함수)를 구하는 것을 **미분한다**라고 한다.

예제 3 $f(x) = x^2$을 미분하시오.

풀이

도함수의 정의(미분계수의 정의와 마찬가지 형)에 의해

$$f'(x) = \lim_{h \to 0} \frac{(x+h)^2 - x^2}{h} = \lim_{h \to 0} \frac{2xh + h^2}{h} = 2x$$

주 함수 $f(x)$에 대해서 **임의 x의 값**에서 식 (9.1)인 극한값이 존재할 때, $f(x)$는 x로서 **미분가능**이라고 한다. 그림 9.3 (a)에 x로서 미분가능한 함수, (b)에 가능하지 않은 함수의 예를 나타낸다. x로서 미분가능한 함수는 x에서 연속하여야 한다(함수의 연속에 대해서는 5.1.4항 참조).
지극히 직관적으로 말하면 x로서 미분가능이란 x에서 x축에 수직이 아닌 접선이 1개는 반드시 그리고, 그러나 2개는 그리지 않는다고 하는 함수이다.
이 장에서는 특히 언급하지 않는 한 미분가능한 함수만을 생각한다.

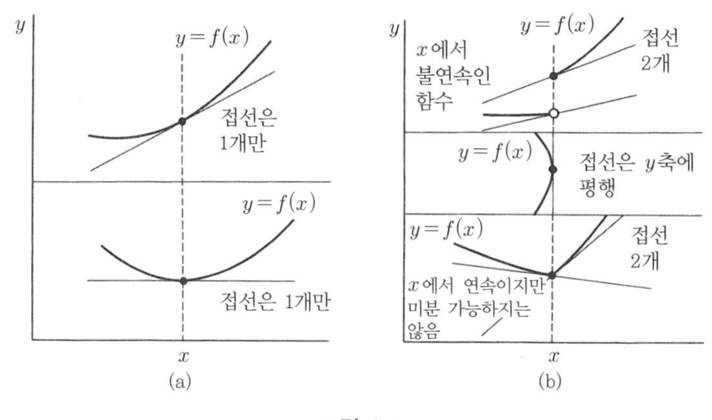

그림 9.3

그림 9.3 (a)는 x로서 미분가능, (b)는 가능하지 않은 함수의 상황

9.1.3 미분계수의 의미

그림 9.2 (a), (b)와 같이 h가 미소할 때, 점 A $(x, f(x))$와 점 B $(x+h, f(x+h))$와의 사이는 직선으로 간주해도 좋다. 그러므로 dy/dx는 A에서의 접선의 경사를 나타낸다(9.5.1항 참조). x축과의 경사각을 α라 하면

$$\frac{dy}{dx} = f'(x) = \tan\alpha \quad \left(-\frac{\pi}{2} < \alpha < \frac{\pi}{2}\right)$$

그런데 h가 미소할 때 앞에서 기술한 바와 같이 미소부분도 미분이라 부르는 것으로 하면 h는 x의 미분 dx, $f(x+h)-f(x)$는 y의 미분 dy.

따라서

$$dy = \tan\alpha\, dx = \frac{dy}{dx}dx = f'(x)dx$$

이 식은 **x가 dx만큼 변화하였을 때의 y의 변화 dy를 주는 식**으로서 미분의 응용상 매우 중요한 식이다.

주 dy/dx는 앞서 기술한 바와 같이 기호이지만, 형태상으로 분수와 같이 취급해도 좋고 그렇게 하는 것이 알기 쉽고 편리한 경우가 많다.

예제 4 $y = x^2$인 곡선상에서 $x = 0.5$인 점에서의 접선의 경사각 α를 구하시오.

풀이

$\tan\alpha = f'(x)$. 예제 3에 의해 $f'(0.5) = 1$. 그러므로 $\tan\alpha = 1$. 그러므로 $\alpha = \pi/4$ $(= 45°)$

9.2 도함수(미분계수) 구하는 방법 – 미분법

9.2.1 기본적 함수의 도함수와 미분법의 규칙

$f(x)$의 도함수는 앞 절 식 (9.1)으로 구할 수 있는 것이지만 복잡한 함수가 되면 너무 번잡하다. 그러나 기본적 함수의 도함수와, 미분법의 규칙이 있어 이것들을 이용하면 어떠한 복잡한 함수에서도 미분할 수 있다.

주의 미분·적분에서는 각은 반드시 라디안으로 계산한다.

A. 기본적 함수의 도함수 (이하, $y = f(x)$의 도함수를 y'으로 나타낸다.)

1. $y =$ 정수	$y' = 0$
2. $y = x^p$	$y' = px^{p-1}$ (p는 정수)
3. $y = \sin x$	$y' = \cos x$
4. $y = \cos x$	$y' = -\sin x$
5. $y = e^x$	$y' = e^x$
6. $y = \log_e x$	$y' = 1/x$

B. **미분법의 규칙** (이하, $u=u(x)$, $v=v(x)$라고 한다.)

1. c=정수　$(cu)'=cu'$
2. 합·차의 미분　$(u\pm v)'=u'\pm v'$
3. 곱의 미분　$(uv)'=u'v+uv'$
4. 몫의 미분　$\left(\dfrac{u}{v}\right)'=\dfrac{u'v-uv'}{v^2}\quad(v\neq 0)$
5. 합성 함수(함수의 함수)의 미분(이것은 dy/dx형 쪽이 알기 쉽다)
   $y=y(u)$, $u=u(x)$일 때
   $\dfrac{dy}{dx}=\dfrac{dy}{du}\cdot\dfrac{du}{dx}$(약분과 비슷한 형태)
6. 역함수의 미분 $y=f(x)$, $x=f^{-1}(y)$일 때
   $\dfrac{dx}{dy}=1\Big/\dfrac{dy}{dx}$ (분수의 역수와 비슷한 형태)
7. 매개변수 t에 의한 미분 $y=y(t)$, $x=x(t)$일 때
   $\dfrac{dy}{dx}=\dfrac{dy}{dt}\Big/\dfrac{dx}{dt}$ (약분과 비슷한 형태)

기본적 함수의 도함수(A1~A4)와 미분법의 규칙(B1~B4)을 이용하여 이하의 예제를 푸시오.

예제 1 다음의 함수를 미분하시오(다만 a, b, c는 정수).

① $y=ax^3+2bx^2-c$, ② $y=1/x^2$

풀이

① A 1, A 2, B 1, B 2에 의해 $y'=3ax^2+4bx$

② $y=x^{-2}$으로 고친다. A 2에 의해 $y'=-2x^{-3}$ 또는 $-2/x^3$

예제 2 $y=x\sin x$를 미분하시오.

풀이

A 3, B 3에 의해 $u=x$, $v=\sin x$, $u'=1$, $v'=\cos x$

그러므로 $y' = \sin x + x \cos x$

예제 3 $(uvw)' = u'vw + uv'w + uvw'$를 증명하시오.

증명

B 3를 2번 이용하면

$(uvw)' = \{(uv)w\}' = (uv)'w + (uv)w' = u'vw + uv'w + uvw'$ (증명 종료)

예제 4 $\tan x = \sin x / \cos x$를 이용하여 $\tan x$를 미분하시오.

풀이

$u = \sin x$, $v = \cos x$로 두면 A 3, A 4, B 4에 의해

$$\frac{d}{dx}\tan x = \frac{(\sin x)'\cos x - \sin x(\cos x)'}{\cos^2 x} = \frac{\cos^2 x + \sin^2 x}{\cos^2 x}$$

$\cos^2 x + \sin^2 x = 1$이므로

$$\frac{d}{dx}\tan x = \frac{1}{\cos^2 x}, \text{ 또는 } = \sec^2 x$$

다음에 미분에 필수인 B 5, B 6, B 7의 사용방법을 예제에서 설명한다. 반복연습을 하시오.

B 5 **사용방법**

예제 5 $y = \sqrt{1+x^2}$ 를 미분하시오.

풀이

y를 $y(u)$, $u(x)$가 A 1 ~ A 6의 어떤 것인가가 되도록 분해한다. 즉

$$y = \sqrt{u} = u^{1/2} \quad u = 1 + x^2$$

이라 하면

$$\frac{dy}{du} = \frac{1}{2}u^{-1/2}, \quad \frac{du}{dx} = 2x \text{ 그러므로 } \frac{dy}{dx} = u^{-1/2}x$$

u를 x로 되돌려

$$\frac{dy}{dx} = x(1+x^2)^{-1/2} \text{ 또는 } \frac{x}{\sqrt{1+x^2}}$$

예제 6 $\sinh x = \frac{1}{2}(e^x - e^{-x})$, $\cosh x = \frac{1}{2}(e^x + e^{-x})$, $\tanh x = \frac{\sinh x}{\cosh x}$

를 **쌍곡선 함수**라 하며 각각 하이퍼블릭 사인, 하이퍼블릭 코사인, 하이퍼블릭 탄젠트라고 부른다.

$$(\sinh x)' = \cosh x, \quad (\cosh x)' = \sinh x, \quad (\tanh x)' = 1/\cosh^2 x$$

을 증명하시오.

증명

우선 A 5에 의해 $(e^x)'=e^x$. 다음에 $y=e^{-x}$의 미분계수를 구한다. 즉 $y=e^u$, $u=-x$로 두면 B 5에 의해 바로 $(e^{-x})'=-e^{-x}$.

따라서

$$\frac{d}{dx}\sinh x=\frac{1}{2}(e^x+e^{-x})=\cosh x$$

마찬가지로 $(\cosh x)'=\sinh x$. $(\tanh x)'$은 규칙 B 4로서 구할 수 있다. 스스로 도출하시오. (증명 종료)

주 $\cosh x$로서 표현되는 곡선을 현수선이라고 한다. 현수교의 주 케이블, 가선 등의 형태이다.

예제 7 $-1.5 \le x \le 1.5$의 범위에서 $\cosh x$, $\sinh x$의 그래프를 그리시오.

풀이

그림 9.4 참조

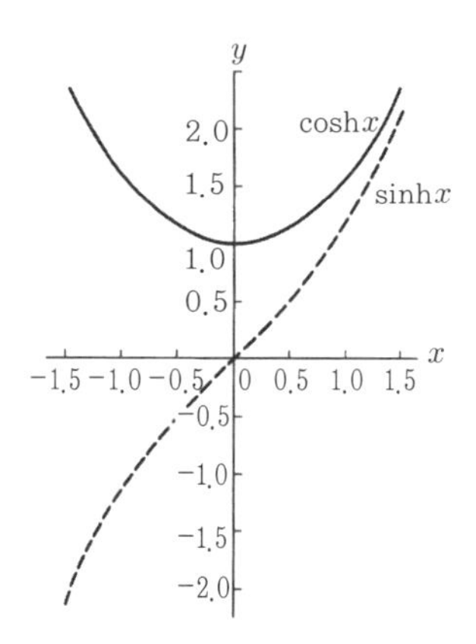

그림 9.4 $\cosh x$(실선), $\sinh x$(점선)의 그래프

예제 8 $\frac{d}{dx}\log_e y = \frac{1}{y}\frac{dy}{dx}$ (**대수미분**이라 한다. 중요한 수법)를 증명하시오.

풀이

B5 및 A6에 의해

$$\frac{d}{dx}\log_e y = \frac{d\log_e y}{dy}\frac{dy}{dx} = \frac{1}{y}\frac{dy}{dx}$$ (증명 종료)

예제 9 대수미분을 응용하여 $y = x^x$를 미분하시오. 다만 $x > 0$.

풀이

주어진 식의 양변의 대수 $\log_e y = x\log_e x$를 미분하면

$$좌변 = \frac{d}{dx}\log_e y = \frac{1}{y}\frac{dy}{dx},\ 우변 = \log_e x + 1$$

그러므로

$$y' = y(\log_e x + 1) = x^x(\log_e x + 1)$$

삼중이상의 합성 함수의 미분도 마찬가지. 예를 들면 삼중의 경우는

$y = y(u(v(x)))$, 즉 $y = y(u)$, $u = u(v)$, $v = v(x)$일 때는

$$\frac{dy}{dx} = \frac{dy}{du}\cdot\frac{du}{dv}\cdot\frac{dv}{dx}$$

예제 10 $y = \sqrt{1 + k\sin^2 x}$ 를 미분하시오(다만 k는 정수).

풀이

$y = u^{1/2}$, $u = 1 + kv^2$, $v = \sin x$ 라고 두면

$$y = (1 + k\sin^2 x)^{-1/2} k \sin x \cos x$$

B6 사용방법

예제 11 $y = \sin^{-1} x$ (y는 주치主値)를 미분하시오.

풀이

이것은 $x = \sin y$의 역함수. 그런데

$$\frac{dx}{dy} = \cos y, \text{ 그러므로 } \frac{dy}{dx} = \frac{1}{\cos y} = \frac{1}{\sqrt{1-\sin^2 y}} = \frac{1}{\sqrt{1-x^2}}$$

주 y는 주치로서 제 Ⅳ상한과 제Ⅰ상한의 각이므로 $\sqrt{\ }$ 의 앞은 +로 한다.

B 7 사용방법

예제 12 원이 정직선 위를 미끄러지지 않고 구를 때 그 원주 위의 1점이 그리는 곡선을 **사이클로이드**라 한다. 원의 구름각을 θ로 하고 이것을 매개변수로 하면 사이클로이드의 방정식은

$$x = a(\theta - \sin\theta),\ \ y = a(1 - \cos\theta)$$

로서 표현된다(a는 원의 반경, 정직선을 x축으로 취하고 $\theta = 0$인 점을 원점으로 한다). 이 곡선상의 1점 P $(x,\ y)$에서의 x축과의 경사 dy/dx를 구하시오.

풀이

$x' = dx/d\theta = a(1-\cos\theta)$, $y' = dy/d\theta = a\sin\theta$

그러므로 $dy/dx = y'/x' = \sin\theta/(1-\cos\theta)$.

주 점 모양의 물체(질점이라 함. 예를 들면 물방울)가 위의 1점으로부터 미끄러져 떨어질 때, 최단시간에서 아래의 1점에 도달하는 곡선은 양 점을 지나는 사이클로이드가 된다.

예제 13 $a = 1$로 하여 $\theta = 0 \sim 2\pi$의 범위에서 사이클로이드의 그래프를 그리시오.

풀이

그림 9.5 참조

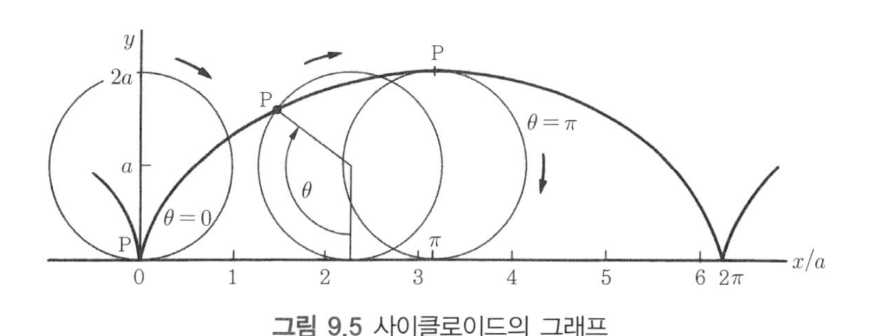

그림 9.5 사이클로이드의 그래프

9.3 고계高階 미분법

$y = f(x)$의 도함수 $f'(x)$를 더욱더 미분한 함수 즉, $f(x)$를 2회 미분한 함수를 2계 도함수(2계 미분계수)라 하며 $\frac{d^2y}{dx^2}$(가능한 한 분수식으로 함)라던가 y''이라던가 $f''(x)$라 적는다. 3계 이상의 도함수도 마찬가지로 정의된다. 4계 이상은 $f''''(x)$로 되어 번잡하므로 $f^{(4)}(x)$, $y^{(4)}$(또는 $f^{(\mathrm{IV})}(x)$, $y^{(\mathrm{IV})}$) 등으로 적는 것이 좋다.

9.4 함수의 증감, 곡선의 요철, 극치, 변곡점

9.4.1 함수의 증감

그림 9.6에서 볼 수 있는 바와 같이 $y=f(x)$의 $x=a$부근에서의 거동은(이후 $f(x)$의 증감은 x가 증가하였을 때에 증인가 감인가를 의미한다)

$f'(x)>0$이면 $f(x)$는 증가

$f'(x)<0$이면 $f(x)$는 감소

$f'(a)=0$일 때는 뒤에서 논의해보자.

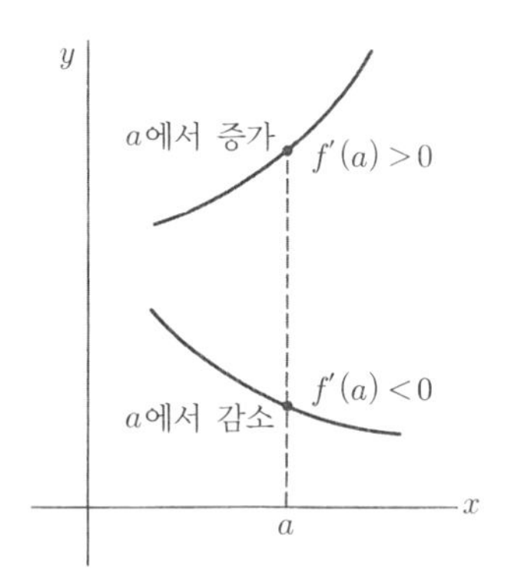

그림 9.6 함수의 증감과 $f'(a)$의 정부(±) 증감은 x가 증가할 때로서 말한다.

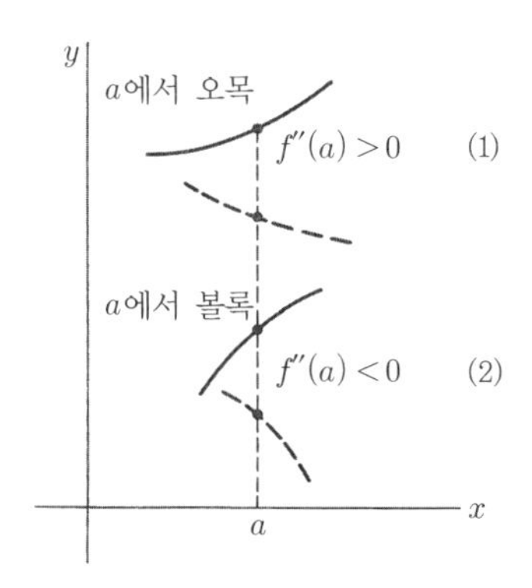

그림 9.7 함수의 요철과 $f''(a)$의 정부(±). 요철은 그래프의 위쪽으로 향해 간다.

9.4.2 곡선의 요철

$y=f(x)$의 그래프가 곡선이 될 때, $x=a$ 부근에서 곡선은(그림 9.7, 이하 요철은 그래프의 위로 향해 간다)

$f''(x)>0$이면 오목 ($x=a$ 부근에서 $f'(x)$는 항상 증가하기 때문)
$f''(x)<0$이면 볼록 ($x=a$ 부근에서 $f'(x)$는 항상 감소하기 때문)

9.4.3 극치(극대·극소) 구하는 방법

그림 9.8 참조. $x=a$에 있어서

① $f(x)$ 각 극치가 될 때는 $f'(a)=0$ (이것으로부터 a를 구한다)
② 판정 $f''(a)>0$이면 ($f(x)$는 a에서 오목이므로) $f(a)$는 극소치
$f''(a)<0$이면 ($f(x)$는 a에서 볼록이므로) $f(a)$는 극대치

주의1 $f''(a)=0$일 때는 일반적으로 뭐라고 말할 수 없다.

주의2 최대·최소를 논의할 때는 x의 범위(폐구간!)를 지정하지 않으면 안 된다.

주의3 최대·최소와 극대·극소란 반드시 일치하지 않는다. 그림 9.9를 보시오.

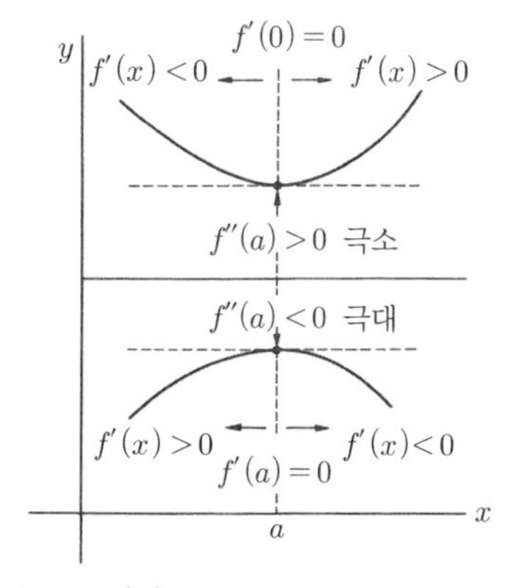

그림 9.8 $f(x)$가 $x=a$에서 극소 또는 극대가 될 때의 그래프

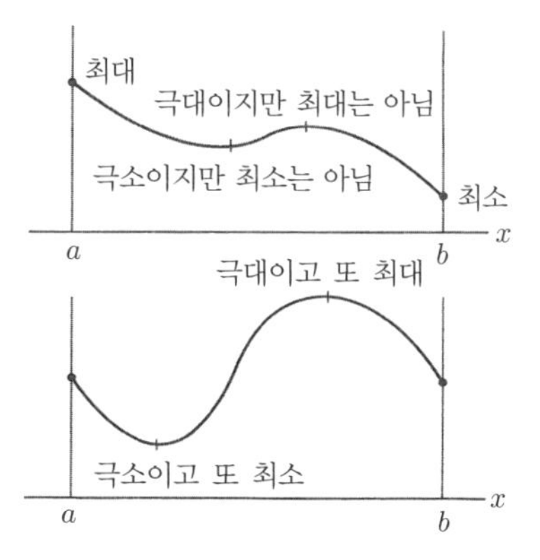

그림 9.9 극대·극소와 최대·최소의 관계

9.4.4 변곡점 구하는 방법

곡선이 볼록으로부터 오목으로, 또는 오목으로부터 볼록으로 바뀌는 점을 변곡점이라 한다(그림 9.10).

① $x=a$가 변곡점이 될 때는 $f''(a)=0$(이것으로부터 a를 구한다.)

② a의 전후에서 $f''(a)$의 부호가 바뀌면 a는 변곡점

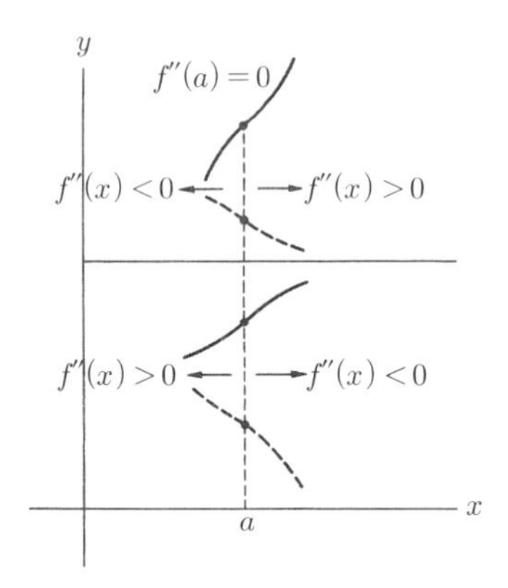

그림 9.10 $f(x)$가 $x=a$에서 변곡점이 될 때의 그래프

예제 1 $f(x)=(1/3)x^3-(3/2)x^2+2x+1$의

① 증감·감소의 범위,

② 요철의 범위,

③ 극대·극소의 x 및 극대치·극소치,

④ 변곡점의 x와 그곳에서의 $f(x)$를 구하시오.

⑤ 또 이것을 토대로 하여 $f(x)$의 그래프를 그리시오.

풀이

$f'(x)=x^2-3x+2=(x-1)(x-2)$, $f''(x)=2x-3$.

① $f'(x) > 0$의 범위는 $x < 1$ 및 $x > 2$, 그러므로 이 범위에서 $f(x)$는 증가
$f'(x) < 0$의 범위는 $1 < x < 2$, 그러므로 이 범위에서 $f(x)$는 감소

② $f''(x) > 0$의 범위는 $x > 3/2$, 그러므로 이 범위에서 $f(x)$는 오목
$f''(x) < 0$의 범위는 $x < 3/2$, 그러므로 이 범위에서 $f(x)$는 볼록

③ 극치로 될 때는 $f'(a) = 0$, 그러므로 $a = 1$ 및 2에서 극치가 된다.
극대·극소의 판정
1) $a = 1$의 경우 : $f''(1) < 0$, 그러므로 극대, 극대치는 $f(1) = 11/6$
2) $a = 2$의 경우 : $f''(2) > 0$, 그러므로 극소, 극소치는 $f(2) = 5/3$

④ 변곡점이 될 때는 $f''(a) = 0$, 그러므로 $a = 3/2$. ②로부터 이 전후에서 $f''(x)$는 부호를 바꾼다. 그러므로 $a = 3/2$에서 변곡점으로 되어 $f(3/2) = 7/4$.

⑤ 그래프는 그림 9.11과 같다.

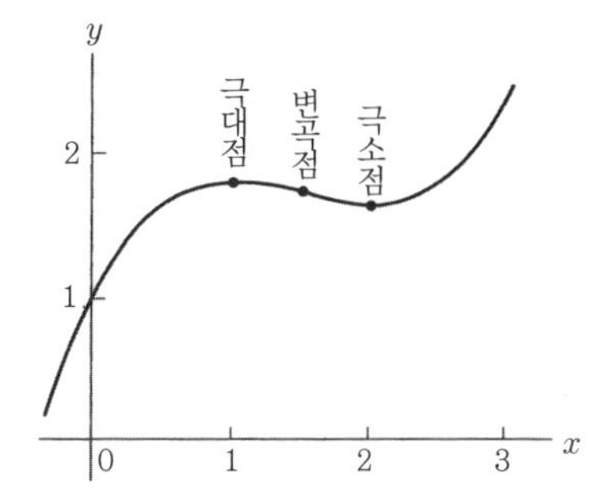

그림 9.11 예제 1의 함수의 그래프

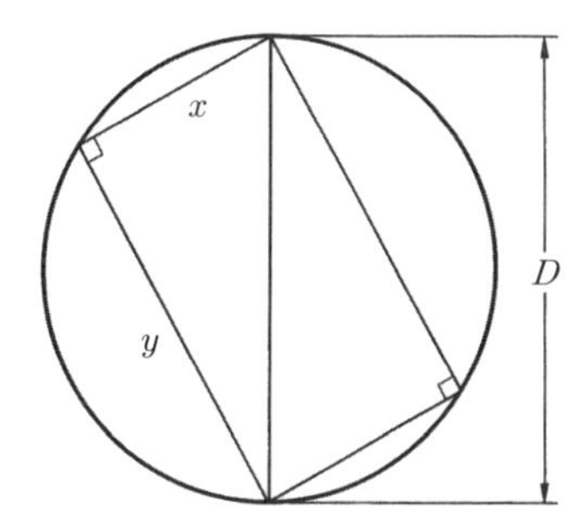

그림 9.12 원재로부터 각재를 자를 때의 여러 양

예제 2 그림 9.12와 같이 직경 D인 통나무로부터 단면계수 W가 최대(극대)로 되는 직사각형의 보재료를 제작하기 위해서는 폭 x와 높이 y를 어떻게 결정하면 좋을까. 다만 단면 계수란 $W = axy^2$ (a는 무차원 정수, $a > 0$)이다.

풀이

그림으로부터 $D^2 = x^2 + y^2$, 따라서 $y^2 = D^2 - x^2$. 단면계수는 $W = axy^2$ 이므로

$$W = ax(D^2 - x^2) = axD^2 - ax^3$$

W가 최대로 되는 x와 y를 구하기 위해서는 $dW/dx = 0$을 풀면 된다.

$dW/dx = a(D^2 - 3x^2) = 0$. 그러므로 $x = \pm D/\sqrt{3}$. $x > 0$이므로 +를 취하여 $x = D/\sqrt{3}$. 이때 $W = (2/3\sqrt{3})aD^3$

이 x의 값에서 W가 최대가 되는 것은 스스로 증명하시오.

예제 3 그림 9.13 (a)와 같이 박스 컬버트 등을 지중에 건설하기 위해 널말뚝에 의한 토류벽을 만들어 지중 굴삭을 하는 경우,

① 널말뚝 배후에 작용하는 주동토압에 의해 널말뚝벽에 발생하는 최대 휨 모멘트 M_{max}와 그 작용 위치(지표면으로부터의 깊이) z_m을 구하시오.

다만 H : 지표면으로부터의 굴삭 깊이, γ : 지반의 단위체적 중량, K_A : 지반의 주동토압계수, p_z : 깊이 z에 있어서의 토압의 강도(응력, AB 의 단위 길이에 걸리는 하중), $p_z = \gamma K_A z$

또, 널말뚝의 휨모멘트는 널말뚝 선단의 스트럿 취부 위치 (A)와 굴삭 저면 (B)를 지점으로 하여 B로부터 위의 토압을 하중으로 하는 단순보로 가정하여 구하는 것으로 한다. 더욱이 지점 A의 반력은

$$R_A = \frac{\gamma K_A H^2}{6}$$

으로 되는 것을 이용하시오.

② 사질 지반에 깊이 $H = 3.6\,\text{m}$까지 지하굴삭한다. 이 지반의 성질이 $\gamma = 1.8$ tonf/m^3, 내부마찰각 $\phi = 30°$, $K_A = 0.33$일 때 최대 휨모멘트 M_{max}(ton/m)와 그 지표면으로부터의 작용 위치 z_m[m]을 구하시오.

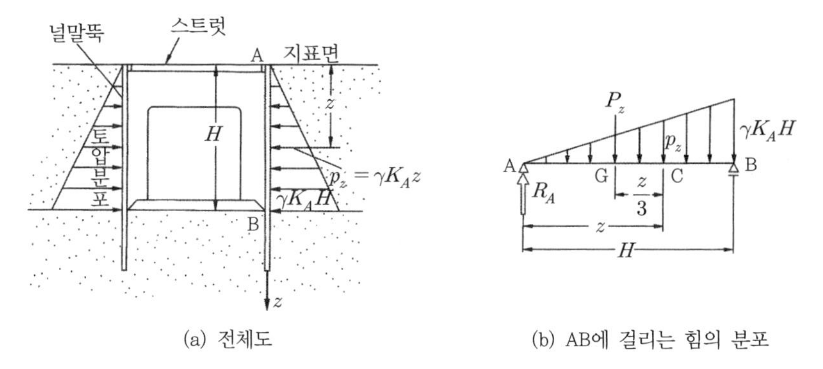

그림 9.13 널말뚝에 의한 토류벽에 걸리는 토압의 모멘트

풀이

① 그림 9.13 (b) 참조. 점 A로부터 임의 거리 z의 점 C 둘레의 휨모멘트를 검토한다.

지점 A의 반력은

$$R_A = \frac{\gamma K_A H^2}{6}$$

이다. 한편 AC 사이의 하중의 집중하중(합력) P_z는

$$P_z = \frac{p_z \cdot z}{2} = \frac{\gamma K_A z \cdot z}{2} = \frac{\gamma K_A z^2}{2}$$

그러므로 점 C 둘레의 모멘트는 (시계방향을 +부호로 한다)

$$M_z = R_A \cdot z - P_z \cdot \frac{z}{3} = \frac{\gamma K_A H^2 z}{6} - \frac{\gamma K_A z^3}{6}$$

주 9.15.3항 예제 3에 의해 (a) AC 사이의 집중하중 P_z는 $P_z = \frac{1}{2} p_z z$가 되며, 또 (b) P_z

의 작용점 G는 A로부터 $\frac{2}{3}$AC $= \frac{2}{3}z$, 즉 C로부터 $\frac{1}{3}z$에 있다. 이렇게 하여 P_z에 의한 C 둘레의 모멘트(반시계 방향이므로 -부호)는 위의 M_z의 식의 가운데 변 제2항과 같이 된다.

M_z의 극대치를 구하기 위해 M_z를 z로서 미분한다.

$$\frac{dM_z}{dz} = \frac{\gamma K_A H^2}{6} - \frac{3\gamma K_A z^2}{6} = \frac{\gamma K_A}{6}(H^2 - 3z^2)$$

M_z가 극치로 되는 깊이에서는

$$\frac{dM_z}{dz} = 0$$

이때 $z^2 = \frac{H^2}{3}$, 그러므로 $z = \frac{H}{\sqrt{3}}$ ($z > 0$, 이것을 z_m으로 둔다)로 되어,

$$M_z = \frac{\gamma K_A H^3}{9\sqrt{3}} \text{ (이하 이 값을 } M_{\max} \text{로 둔다)}$$

여기에서 d^2M_z/dz^2의 정부(±)를 조사하여 이 z의 값이 M_z의 극대치나 극소치의 어느 쪽을 주는가를 판정할 수 있다. 그러나 여기에서는 표 9.1과 같은 증감표를 만들어 조사해보자.

표 9.1

z의 범위	$z < z_m$	$z = z_m$	$z > z_m$
$\frac{dM_z}{dz}$	+	0	−
M_z	↗	$M_{\max}$	↘

이 표로부터 $M_{\max}$는 M_z의 극대치인 것을 알았다. 그리고 이 밖에 극대치가 없으므로 $M_{\max}$는 최대치이다.

따라서 최대 휨모멘트 $M_{\max}$의 작용위치 z_m은

$$z_m = \frac{H}{\sqrt{3}}$$

최대 휨모멘트 $M_{\max}$는

$$M_{\max} = \frac{\gamma K_A H^3}{9\sqrt{3}}$$

② 주어진 수치를 z_m과 $M_{\max}$의 식에 대입하면

$$z_m = 2.08\,\mathrm{m}$$

$$M_{\max} = 1.78\mathrm{tonf} \cdot \mathrm{m} = 1.78 \times 10^3 \mathrm{kgf} \cdot \mathrm{m}$$

9.5 도형으로의 응용, 접선, 법선, 곡률

9.5.1 접 선

9.1.3항 참조. $y = f(x)$상에 2점 P, A를 취한다(그림 9.2). P를 A에 한없이 가까이 할 때 호 PA를 대부분 직선으로 간주할 수 있다. 이것이 A에 있어서의 이 곡선의 **접선**이다.

주 엄밀히 말하면 P를 A에 한없이 가까이 할 때 직선 PA가 취하는 극한의 직선을 A에 있어서의 접선이라 한다.

점 A의 좌표를 A$(a, f(a))$라 하면 9.1.3항에서 이미 기술한 바와 같이 접선의 x축에 대한 경사는 $f'(a)$. 그러므로 **접선의 방정식**은

$$y = f'(a)(x-a) + f(a)$$

주 곡선이 $x = a$에서 x축에 수직이 되고 있는 점의 접선의 방정식은 물론 $x = a$

9.5.2 법 선

곡선상의 1점에 있어서의 법선이란 그 점에서의 접선에 수직인 직선이다. 7.3.2항에 의해 A$(a, f(a))$에 있어서의 **법선의 방정식**은 $f'(a) \neq 0$일 때

$$y = -(x-a)/f'(a) + f(a)$$

주 $f'(a) = 0$로 되는 점에서는 곡선이 x축에 수평이 되고 있다. 이때 법선의 방정식은 물론 $x = a$

예제 1 현수선 $y = A\{\exp(x/L) + \exp(-x/L)\}/2 = A\cosh(x/L)$ $(A,\ L > 0)$의 1점 P(x_0, y_0) $(x_0 > 0)$에 하향으로 W의 힘이 걸리고 있다. P에서 현수선에 걸리는 장력 T와 법선 방향의 힘 N을 구하시오.

풀이

T, N은 W의 접선 및 법선 방향의 분력이다. N과 W와의 각 θ는

$$\tan\theta = \left(\frac{dy}{dx}\right)_{x=x_0} = \frac{A}{L}\sinh\left(\frac{x_0}{L}\right) \tag{9.2}$$

(9.2절, 예제 6 참조). 그런데

$$T = W\sin\theta \qquad N = W\cos\theta$$

θ는 제I상한의 각이다. 위의 미분계수를 $y_0{}'$으로 줄여서 적으면 이 식은 식 (9.2)를 이용하여 다음과 같이 된다.

$$T = Wy_0{}'/\sqrt{1+y_0{}'^2}, \ N = W/\sqrt{1+y_0{}'^2}$$

9.5.3 곡 률

1) 곡률이란

평면곡선이 급한 커브인가 완만한 커브인가를 나타내는 양이다(그림 9.14). 곡률은 궤도나 도로의 커브, 특히 클로소이드 곡선, 더욱이 댐의 월류부의 단면 등 토목구조물에서는 기본이 되는 중요한 개념이다.

$y=f(x)$가	오목일 때 $\kappa > 0$	볼록일 때 $\kappa < 0$
급한 커브 곡률 $\lvert\kappa\rvert$ 큼 곡률 반경 작음		
완만한 커브 곡률 $\lvert\kappa\rvert$ 작음 곡률 반경 큼		

그림 9.14 $|\kappa|$의 대소와 κ의 정부(±)

이하 곡률은 κ로서 나타낸다. 곡선이 오목일 때 $\kappa > 0$, 볼록일 때 $\kappa < 0$. 급할 때 $|\kappa|$는 크고, 완만할 때 $|\kappa|$는 작다.

2) 곡률의 정의와 계산식

그림 9.15와 같이 평면 곡선 상에서 미소 간격의 2점을 A와 P, 곡선에 연한 AP의 간격을 ds라 한다. A에서의 접선의 경사각을 θ, P에서의 경사각을

$\theta + d\theta$라 하면 곡률 κ는

$$\kappa = \frac{d\theta}{ds}$$

로서 정의된다. 곡선의 방정식을 $y = f(x)$라 하면 κ는

$$\boxed{\kappa = \frac{y''}{[1+(y')^2]^{3/2}}} \tag{9.3}$$

으로 계산할 수 있다.

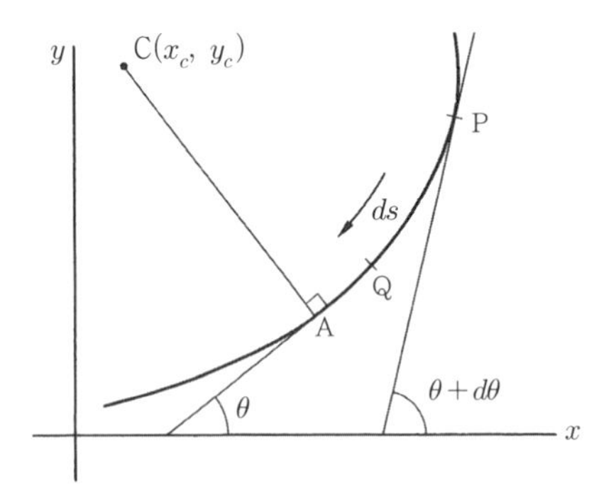

그림 9.15 곡률 κ를 정의하기 위한 그림

$1/|\kappa|$가 **곡률반경** (ρ, 뒤에 기술)이 된다.

식 (9.3)을 구하는 방법 $\tan\theta = y'$이므로

$$\tan(\theta + d\theta) = \tan\theta + (\tan\theta)'dx = \tan\theta + y''dx$$

한편,

$$\tan(\theta + d\theta) = \tan\theta + \frac{d\tan\theta}{d\theta}d\theta = \tan\theta + \sec^2\theta\, d\theta$$

그러므로

$$d\theta = \frac{y''dx}{\sec^2\theta}$$

그런데

$$\sec^2\theta = 1 + \tan^2\theta = 1 + (y')^2$$

$$d\theta = \frac{y''dx}{[1 + (y')^2]} \qquad (9.4)$$

한편 P와 A의 좌표의 차를 dx, dy라 하면

$$ds = (dx^2 + dy^2)^{1/2} = [1 + (y')^2]^{1/2}dx \qquad (9.5)$$

식 (9.4)와 (9.5)를 κ의 정의식 $\kappa = d\theta / ds$에 대입하면 구하는 계산식을 얻는다.

주 **곡률원에 대해서** 그림 9.15와 같이 곡선 상의 3점 P, Q, A를 지나는 원을 생각한다. P, Q를 한없이 A에 가깝게 할 때 이 원이 다다른 극한의 원을 곡률원이라 부른다. 결국 곡률원이란 그 점에서 커브에 밀착하고 거기서의 커브를 나타내는 원으로 생각하면 된다. 그리고 곡률원의 반경이 A에 있어서의 **곡률반경**(상기의 $1/|\kappa|$)이다.

3) 곡률중심(곡률원의 중심)

$y = f(x)$인 곡선상의 점 $A(a, f(a))$의 곡률중심 C의 좌표 (x_c, y_c)를 구해보자. 여기에서는 $f'(a) > 0$, $\kappa > 0$인 경우를 생각한다(이것들 이외의 경

우에도 아래의 식 (9.6)이 성립한다. 스스로 고찰하시오).

결과는 다음과 같다.

$$\left.\begin{aligned} x_c &= a - [1 + (f'(a))^2] f'(a)/f''(a) \\ y_c &= f(a) + [1 + (f'(a))^2]/f''(a) \end{aligned}\right\} \qquad (9.6)$$

구하는 방법 : C는 곡선의 오목 측, A에 있어서의 법선상에서 A로부터 곡률반경 ρ의 거리에 있다(그림 9.15). AC와 x축과의 각을 β라 하면 $x_c = a - \rho\cos\beta$, $y_c = f(a) + \rho\sin\beta$. 그런데 $\beta = \pi/2 - \alpha$ ($0 < \alpha < \pi/2$로 하였으므로 β도 $0 < \beta < \pi/2$). 또 $\tan\alpha = f'(a)$이므로 $\cos\beta$, $\sin\beta$를 꺼내면 $\cos\beta = [1 + (f'(a))^2]^{-1/2} \times f'(a)$, $\sin\beta = [1 + (f'(a))^2]^{-1/2}$.

한편 $\rho = [1 + (f'(a))^2]^{3/2} / |f''(a)|$이므로 곡률 중심의 좌표는 결국, 식 (9.6)과 같이 된다(다만 거기에서는 | |기호는 붙이지 않고 있다. 왜일까).

9.6 함수의 전개

공학에서는 변수의 어느 범위(통상은 좁은 범위)에서의 함수의 상황이나 근사치 등을 문제로 할 때 **함수의 전개**라는 수법이 있다. 이것에 의하면 복잡하고 번잡한 문제도 상당히 용이하게 처리할 수 있다.

주 이 절의 함수 $f(x)$는 몇 회라도 미분할 수 있는 함수라 한다.

> **전개식 사용하는 방법의 주의**
>
> 여기에서 설명하는 전개식은 모두 무한급수로서 다룬다. 그러나 그것을 위해서는 테일러(Taylor) 전개의 h나 매클로린(Maclaurin) 전개와 이항 전개의 x는 각각의 함수에서 결정된 범위(수렴역)에 있는 것이 필요하다.
>
> 또 **전개식을 최초의 2, 3항만으로 계산해도 되는 것은 $|h|$나 $|x|$가 충분히 작을 때**에 한한다. 수렴역의 결정이나 어느 정도의 h나 x이면 2, 3항에서 잘라도 좋을까의 판정은 난해하므로 생략한다.

주 그중에는 수렴역이 무한히 넓은 함수도 있다. 예 : $\sin x$, $\cos x$, e^x. 이 경우는 $|x| < \infty$로 적는 것이 있다.

> 테일러의 정리는 테일러(Brook Taylor, 영국, 1685~1731)가 1715년에, 또 매클로린 정리는 매클로린(Maclaurin, 영국, 1698~1746)이 1742년에(다만 오일러가 1732년 이미 발표하였다고도 한다) 증명하였다. 이항 정리는 옛날 슈티펠(Stifel, 독일, 1486~1567)에 의해 1544년에 시작하였다고 한다. 일본에서는 유럽과 관계없이 세키 타카카즈関 孝和의 제자, 타케베 카타히로建部賢弘(1664~1739)가 1728년경에, 또 그 후계자인 쿠루시마 요시히로久留島義太(1690?~1757), 마츠나가 요시스케松永 良弼(1690?~1744)들이 매클로린의 정리나 이항 정리에 상당하는 식을 내고 있다.

9.6.1 테일러의 정리(테일러급수, 테일러전개라고도 부른다)

함수 $f(x)$의 x에서의 값에 대해 $x+h$에서의 값 $f(x+h)$가

$$f(x+h) = f(x) + \frac{f'(x)}{1!}h + \frac{f''(x)}{2!}h^2 + \cdots + \frac{f^{(n)}(x)}{n!}h^n + \cdots$$

로 전개되는 것을 말한다.

9.6.2 매클로린의 정리(매클로린급수, 매클로린전개라고도 부른다)

테일러전개의 특별한 경우. $x=0$의 부근의 전개이다. 이쪽이 많이 이용된다. 테일러전개에서 $x=0$, 더욱더 h 대신에 x라 적으면,

$$f(x) = f(0) + \frac{f'(0)}{1!}x + \frac{f''(0)}{2!}x^2 + \cdots + \frac{f^{(n)}(0)}{n!}x^n + \cdots$$

예제 1 $f(x) = \sin x$를 x^3까지 매클로린전개하시오.

풀이

$$f(x) = \sin x,\ f'(x) = \cos x,\ f''(x) = -\sin x,\ f'''(x) = -\cos x,$$
$$f(0) = 0,\quad f'(0) = 1,\quad f''(0) = 0,\quad f'''(x) = -1$$

그러므로

$$\sin x = x - \frac{1}{3!}x^3 + \cdots$$

기본적 함수 $\sin x$, $\cos x$, $\tan x$, e^x, $\log(1+x)$의 매클로린전개는 자주 이용된다(응용 예는 9.12.4항). 그것들의 처음의 수항을 나타낸다.

$$\sin x = x - \frac{1}{3!}x^3 + \frac{1}{5!}x^5 - \cdots,\ \cos x = 1 - \frac{1}{2!}x^2 + \frac{1}{4!}x^4 - \cdots,$$
$$\tan x = x + \frac{1}{3}x^3 + \frac{2}{15}x^5 + \cdots,\ e^x = 1 + x + \frac{1}{2!}x^2 + \frac{1}{3}x^3 + \cdots,$$
$$\log_e(1+x) = x - \frac{1}{2}x^2 + \frac{1}{3}x^3 - \cdots$$

특히 $|x| \ll 1$ ($\ll$는 상당히 작다고 하는 기호)에서 x^2 이상이 1에 비해 무시할 수 있을 때는 각각 다음과 같이 근사할 수 있다.

$$\sin x \fallingdotseq x,\ \cos x \fallingdotseq 1,\ \tan x \fallingdotseq x,\ e^x \fallingdotseq 1 + x,\ \log_e(1+x) \fallingdotseq x$$

이것들은 중요한 근사식이다(응용 예는 9.15.1항 참조).

주 각은 라디안으로서 계산하지 않으면 안 된다. 9.2.1항의 주의 참조

예제 2 $\sin 2''$, $\cos 3''$, $\tan 4''$의 근사치를 구하시오.

풀이

각각의 각을 라디안으로 고치면(2.3절 참조)

$$2'' = 9.7 \times 10^{-6}\text{rad} \quad \therefore \sin 2'' = \sin(9.7 \times 10^{-6}\text{rad}) = 9.7 \times 10^{-6}$$

$$3'' = 1.5 \times 10^{-5}\text{rad} \quad \therefore \cos 3'' = \cos(1.5 \times 10^{-5}\text{rad}) = 1$$

$$4'' = 1.9 \times 10^{-5}\text{rad} \quad \therefore \tan 4'' = \tan(1.9 \times 10^{-5}\text{rad}) = 1.9 \times 10^{-5}$$

9.6.3 이항 정리(이항 급수, 이항 전개라고도 부른다)

응용범위는 넓다. $f(x) = (1 \pm x)^p$의 매클로린전개이다. 즉

$$(1 \pm x)^p = 1 \pm px + \frac{p(p-1)}{2!}x^2 + \cdots$$
$$+ (-1)^n \frac{p(p-1)\cdots(p-n+1)}{n!}x^n + \cdots$$

x의 수렴역

① p가 정정수일 때 …… $(1+x)^p$는 도중에서 잘라 p차의 다항식으로 된다. (2장 파스칼의 삼각형 참조) …… x는 어떠한 값이라도 좋다.

② 그것 이외의 수일 때 …… $|x| < 1$

예제 3 $(a+bx)^p$의 이항 전개의 공식을 만들어 수렴역을 명시하시오.

풀이

( ) 내 제1항을 1로 하지 않으면 안 된다. 즉

$$(a+bx)^p = a^p\left\{1+\left(\frac{bx}{a}\right)\right\}^p = a^p\left\{1+\frac{p}{1!}\left(\frac{bx}{a}\right)+\frac{p(p-1)}{2!}\left(\frac{bx}{a}\right)^2+\cdots\right.$$
$$\left.+\frac{p(p-1)\cdots(p-n+1)}{n!}\left(\frac{bx}{a}\right)^n+\cdots\right\}$$

수렴역은 $|bx/a|<1$, 즉 $|x|<|a/b|$

예제 4 $(1+x+x^2)^p$를 x^2까지 이항 전개하시오. 다만 x는 작아서 x^3 이하의 항을 무시할 수 있는 것으로 한다. 또 x의 수렴역도 산출하시오.

풀이

이것을 $(1+x+x^2)^p = 1+p(x+x^2)$으로 끝내서는 안 된다. 다음의 $(x+x^2)^2$의 항으로 부터도 x^2가 나오기 때문이다. 결국

$$(1+x+x^2)^p = 1+p(x+x^2)+\frac{p(p-1)}{2}(x^2+2x^3+\cdots)+\cdots$$
$$=1+px+\frac{p(p+1)}{2}x^2+\cdots$$

수렴역은 $|x+x^2|<1$, 즉 $-1<x+x^2<1$로 되는 x의 범위이다.

① $x+x^2<1$로 되는 x의 범위는 다음과 같이 정할 수 있다.

$x+x^2-1=0$인 2차 방정식의 해를 구하면 $-(\sqrt{5}+1)/2$ 및 $(\sqrt{5}-1)/2$. 그러므로 x의 범위는 $-(\sqrt{5}+1)/2<x<(\sqrt{5}-1)/2$.

② $-1<x+x^2$에 대해서 $x+x^2+1=(x+1/2)^2+3/4$로서 항상 >0.

(이 2차 방정식의 판별식은 부(−)이고 또 x^2의 계수는 >0이기 때문이라고 해도 좋다)

즉 $x+x^2$는 x가 어떠한 값이라도 >-1.

이렇게 하여 x의 수렴역은 $-(\sqrt{5}+1)/2 < x < (\sqrt{5}-1)/2$로 된다. ①, ② 모두, $y = x + x^2$의 그래프를 적어 x의 범위를 확인하시오.

※ 위의 2개의 예제는 초보자가 종종 틀리는 경우도 있으므로 주의한다.

예제 5 다음의 현수선(9.2절, 예제 6 참조).

$y = A(e^{x/L} + e^{-x/L})/2$를 x^2까지 매클로린전개하고 $y = ax^2 + bx + c$의 a, b, c를 정하시오.

풀이

$e^{x/L}$ 및 $e^{-x/L}$을 x^2까지 매클로린전개하면 각각

$$e^{x/L} = 1 + \frac{1}{1!}\left(\frac{x}{L}\right) + \frac{1}{2!}\left(\frac{x}{L}\right)^2 + \cdots, \quad e^{-x/L} = 1 - \frac{1}{1!}\left(\frac{x}{L}\right) + \frac{1}{2!}\left(\frac{x}{L}\right)^2$$

따라서

$$y = A\left\{1 + \frac{1}{2}\left(\frac{x}{L}\right)^2\right\} \quad 즉, \quad a = \frac{A}{2L^2}, \quad b = 0, \quad c = A$$

예제 6 함수 $f(x)$가

$$f(x) = A_0 + A_1 x + A_2 x^2 + A_3 x^3 + \cdots$$

라고 하는 형태로 전개된다고 가정하여 매클로린 정리를 유도하시오(매클로린 자신이 유도한 방법).

풀이

우선

$$f(0) = A_0$$

$f(x)$를 미분하면

$$f'(x) = A_1 + 2A_2x + 3A_3x^2 + \cdots\cdots, \quad \therefore f'(0) = A_1$$

더욱더 미분하면

$$f''(x) = 2A_2 + 2 \cdot 3A_3x + \cdots\cdots, \quad \therefore f''(0) = 2A_2$$

이하 더욱더 미분하여 $x = 0$으로 두면

$$f'''(0) = 2 \cdot 3A_3, \quad \cdots, \quad f^{(n)}(0) = n!A_n$$

이것들로부터 A_0, A_1, A_2, $\cdots$, A_n을 구하면 매클로린 정리가 유도된다.

예제 7 $f(x) = (1+x)^p$에 매클로린의 정리를 응용하여 이항 정리를 유도하시오.

풀이

$f(x) = (1+x)^p$, $f'(x) = p(1+x)^{p-1}$, $f''(x) = p(p-1)(1+x)^{p-2} \cdots$,
$f^{(n)}(x) = p(p-1)(p-2) \cdots (p-n+1)(1+x)^{p-n}$

이것들의 식에서 $x = 0$으로 두면 이항 정리를 얻을 수 있다.

9.6.4 오일러의 공식과 드무아브르의 정리

변수 x가 실수인 경우 e^x의 매클로린전개는

$$e^x = 1 + \frac{1}{1!}x + \frac{1}{2!}x^2 + \frac{1}{3!}x^3 + \cdots + \frac{1}{n!}x^n + \cdots$$

이다. 이제 이것이 변수가 허수(허수에 대해서는 7.5.4항 참조)의 경우에도 성립한다고 가정한다. 그래서 변수에 ix를 대입한다. 여기에서 $i = \sqrt{-1}$.

$$i^2 = -1,\ i^3 = -i,\ i^4 = 1 \text{ (이하의 } i \text{의 거듭제곱은 스스로 구하시오.)}$$

인 것을 고려하여 e^{ix}를 실수부와 허수부로 나누면

$$e^{ix} = 1 - \frac{1}{2!}x^2 + \frac{1}{4!}x^4 - \cdots + i\left(x - \frac{1}{3!}x^3 + \frac{1}{5!}x^5 - \cdots\right)$$

이것을 보면 실수부는 $\cos x$의 전개, 허수부는 $\sin x$의 전개임에 틀림없다. 즉

$$e^{ix} = \cos x + i\sin x,\ e^{-ix} = \cos x - i\sin x$$

이것이 **오일러의 공식**(1748)이다.

그런데 e^{ix}가 지수의 법칙(4장 참조)에 따른다고 하면 $(e^{ix})^n = e^{inx}$

그러므로 오일러 공식에 의해

$$(\cos x + i\sin x)^n = \cos nx + i\sin nx$$

이것이 드무아브르(de Moivre's theorem)의 정리(1730?)이다.

주 드므아브르, de Moivre, 프랑스 출생, 영국에서 활약(1667~1754)

9.7 편미분 및 전미분

9.7.1 편미분계수

2개 이상의 변수의 함수, 예를 들면 x, y의 2변수 함수

$$z = x^2 + y^2$$

의 하나의 변수 (예를 들면 x, 또는 y)에만 착안하여 미분하는 것을 편미분, 그 도함수를 편도함수(편미분계수)라고 하여

$$\frac{\partial z}{\partial x}, \ \frac{\partial z}{\partial y}$$ (또는 간단히 하기 위해 z_x, z_y 등으로도 적는다.)

라고 하는 기호를 사용한다(∂는 역시 d라고 읽는다).

착안한 변수 이외는 모두 정수로 간주할 것.

> 19세기 까지는 편미분의 기호에도 ∂는 아니고 d로 적고 있었다. 초심자 중에는 편미분일 때 d라고 적는 사람이 있지만 현재에는 규칙 위반이 된다.

예제 1 $z = x^2 + y^2$의 편미분계수를 구하시오.

풀이

$$\frac{\partial z}{\partial x} = 2x, \quad \frac{\partial z}{\partial y} = 2y$$

편미분계수라고 하는 것은 다변수 함수 $z = f(x, y, \cdots)$에서 착안한 변수가 미소변화하였을 때의 z의 변화율이다.

예를 들면 x가 dx만큼 미소변화하였을 때의 변화율이 $\partial z / \partial x$이고 그때의 z의 **미소변화**는 $(\partial z / \partial x) dx$.

9.7.2 전미분

그러므로 $x, y, \cdots$가 각각 $dx, dy, \cdots$만큼 미소변화를 하였을 때, z의 전 미소변화 dz는

$$dz = \frac{\partial z}{\partial x} dx + \frac{\partial z}{\partial y} dy + \cdots$$

이것을 z의 전미분이라고 한다. 이것은 뒤에서 기술할(10장)의 계통오차의 계산 등에 응용되는 중요한 식이다.

9.7.3 음함수의 미분

함수는 $y = y(x)$라고 하는 형태(양함수)가 아니라 $f(x, y) = 0$이라고 하는 형태(음함수)로서 적을 수 있는 것이 있다(5.1.2항 참조). 이때 전미분을 응용하면 양함수로 고치지 않고 직접적으로 음함수로부터 y'을 구할 수 있다.

이제 $z = f(x, y)$라고 두면 $dz = f_x dx + f_y dy$. 그렇지만 x, y는 $f(x, y) = 0$으로 관계 지을 수 있으므로 z는 x, y에 관계없이 항상 0으로 불변, 그러므로 $dz = 0$. 그러므로

$$\frac{dy}{dx} = -\frac{f_x}{f_y} \quad \text{(음함수의 미분 공식)}$$

예제 2 $x^2/a^2 - y^2/b^2 = 1$ 위의 점 P $(x,\ y)$에 있어서의 경사 dy/dx를 음함수의 미분의 공식에 의해서 구하시오.

풀이

$$f(x,\ y) = x^2/a^2 - y^2/b^2 - 1 = 0$$

그러므로 $f_x = 2x/a^2$, $f_y = -2y/b^2$

그러므로 $\dfrac{dy}{dx} = \dfrac{b^2x}{a^2y}$

9.7.4 고계 편미분계수를 적는 방법

$$\frac{\partial}{\partial}\left(\frac{\partial f}{\partial x}\right) \text{를 } \frac{\partial^2 f}{\partial x^2},\quad \frac{\partial}{\partial y}\left(\frac{\partial f}{\partial x}\right) \text{를 } \frac{\partial^2 f}{\partial y \partial x},\quad \frac{\partial^2}{\partial x^2}\left(\frac{\partial f}{\partial y}\right) \text{를 } \frac{\partial^3 f}{\partial x^2 \partial y}$$

등이라 적는다. 간략하게 적는 방법으로는 f_{xx}, f_{yx}, f_{xxy} 등으로 된다. 일반적으로 미분의 순서를 바꾸어도 좋다.

예 $f_{xy} = f_{yx}$, $f_{xxy} = f_{xyx} = f_{yxx}$

예제 3 $r = \sqrt{x^2 + y^2 + z^2}$ 일 때

$$\frac{\partial^2}{\partial x^2}\frac{1}{r} + \frac{\partial^2}{\partial y^2}\frac{1}{r} + \frac{\partial^2}{\partial z^2}\frac{1}{r}$$

을 구하시오. 다만 간단히 하기 위해 이 식을 $\nabla^2(1/r)$이라 적는 것으로 한다.

풀이

우선 미분의 규칙(9.2절) B 5에 의해 1계 편미분계수를 구한다.

$u = x^2 + y^2 + z^2$이라 두면 $1/r = u^{-1/2}$. 따라서

$$\frac{\partial}{\partial x}\frac{1}{r} = \frac{d}{du}\frac{1}{r} \cdot \frac{\partial u}{\partial x} = -\frac{1}{2}u^{-3/2} \cdot 2x = -\frac{x}{r^3}$$

주 $1/r$은 u의 1변수 함수이므로 $d(1/r)/du$와 d를 이용한다. 한편 u는 x, y, z와 다변수 함수의 편미분이므로 ∂를 이용한다.

다음에 2계 편미분계수를 위의 결과나 미분의 규칙 B 4, B 5를 이용하여 구한다. 미리 $\partial r/\partial x = \partial u^{1/2}/\partial x = x/r$ 또는 $\partial r^3/\partial x = 3rx$(이러한 식은 스스로 확인하시오)인 것을 산출하여 두면 좋다. 그렇게 하면

$$\frac{\partial^2}{\partial x^2}\frac{1}{r} = \frac{\partial}{\partial x}\left(\frac{\partial}{\partial x}\frac{1}{r}\right) = \frac{\partial}{\partial x}\left(-\frac{x}{r^3}\right) = -\frac{r^2 - 3x^2}{r^5}$$

y, z에 관한 2계 편미분계수도 마찬가지로 구할 수 있다.

$$\frac{\partial^2}{\partial y^2}\frac{1}{r} = \frac{r^2 - 3y^2}{r^5}, \quad \frac{\partial^2}{\partial z^2}\frac{1}{r} = -\frac{r^2 - 3z^2}{r^5}$$

이것들로부터 직접

$$\nabla^2 \frac{1}{r} = \frac{\partial^2}{\partial x^2}\frac{1}{r} + \frac{\partial^2}{\partial y^2}\frac{1}{r} + \frac{\partial^2}{\partial z^2}\frac{1}{r} = 0$$

주의 이와 같이 복잡한 미분을 할 때는 항상 차원에 주의하여 오류를 막을 것

주1 이 식은 질점의 중력 포텐셜의 문제로 나타난다. 일반적으로 f가 $f(x, y, z)$인 3변수 함수일 때, $\nabla^2 f = 0$을 라플라스(Laplace, 프랑스, 1749~1827)의 방정식이라고 한다.

주2 ∇는 나블라(nabla)라고 한다. ∇^2은 Δ라고도 적고 라플라시안(Laplacian)이라고 부른다. $\nabla^2 f$은

$\nabla^2 f = \frac{\partial^2 f}{\partial x^2} + \frac{\partial^2 f}{\partial y^2} + \frac{\partial^2 f}{\partial z^2}$ 이다. f가 2변수 함수 $f(x, y)$일 때는 $\nabla^2 f$의 최후의 항은 없어진다. $\nabla^2 f$인 식은 막이나 와이어의 진동, 기둥의 비틀림, 질량의 확산, 열전도 등의 문제에 나타난다. 더욱이 $\nabla^4 f$ ($\Delta\Delta f$라고도 적는다)인 기호가 있으며 예를 들면 2변수의 경우

$\nabla^4 f = \frac{\partial^4 f}{\partial x^4} + 2\frac{\partial^4 f}{\partial x^2 \partial y^2} + \frac{\partial^4 f}{\partial y^4}$ 인 식이 판이나 보의 진동의 문제 등에 나타난다.

9.8 변수가 약간만 변화하였을 때의 함수값의 변화

(10.2 절에 관련)

9.8.1 1변수함수의 경우

y가 x만큼의 함수, 즉 $y = f(x)$일 때는 9.1.3항에 기술한 바와 같이 x가 dx만큼 미소변화하면 y도 미소변화하고 그 양 dy는

$$dy = \frac{dy}{dx}dx = f'(x)dx$$

로 된다.

9.8.2 다변수 함수의 경우

u가 $x, y, z, \cdots$의 함수, 즉 $u = f(x, y, z, \cdots)$일 때는 9.7.2항에서 기술한 바와 같이 $x, y, z, \cdots$가 각각 $dx, dy, dz, \cdots$만큼 미소변화하면 u도 미소변화하고 그 양 du는

$$du = \frac{\partial u}{\partial x}dx + \frac{\partial u}{\partial y}dy + \frac{\partial u}{\partial z}dz + \cdots$$

로 된다.

예제 1 x에 dx, y에 dy의 오차가 있다. $s=(x^2+y^2)^{1/2}$의 오차를 구하는 식을 도출하시오.

풀이

우선 s의 전미분의 식을 적는다.

$$ds = \frac{\partial s}{\partial x}dx + \frac{\partial s}{\partial y}dy \tag{9.7}$$

다음에 각 편미분계수를 구한다. 미분의 규칙(9.2절) B 5에 의해 $s=u^{1/2}$, $u=x^2+y^2$이라 두면

$$\frac{\partial s}{\partial x} = \frac{ds}{du}\frac{\partial u}{\partial x} = \frac{1}{2}u^{-1/2}\cdot 2x = \frac{x}{s} \quad \text{마찬가지로} \quad \frac{\partial s}{\partial y} = \frac{y}{s}$$

오차를 계산하는 경우는 $u^{-1/2}$를 x, y로서 나타내기보다 s로서 나타내는 쪽이 계산에 편리하다. 왜냐하면 통상 s는 이미 알고 있기 때문이다. 이것들의 편미분계수를 식 (9.7)에 대입하면 구하는 식이 나온다.

$$ds = \frac{x}{s}dx + \frac{y}{s}dy$$

9.9 적분이란

9.9.1 적분은 미분의 역이다

이 장의 처음에 기술한 바와 같이 적분이란 부분을 쌓아 올린다는 것이다. 예를 들어보자. 그림 9.16과 같은 도형의 $x=a$로부터 b까지의 면적 S를 구하

는 것을 생각한다.

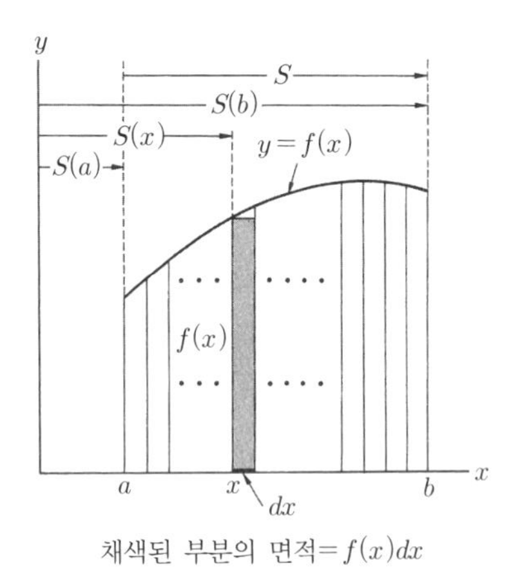

그림 9.16 적분의 원리

① 우선 그림과 같이 분할한다. 폭은 작을수록 결과가 정확해지는 것은 당연하므로 미소 dx라 한다.

② x의 경우의 분할 부분의 높이는 $f(x)$. 그러므로 그 면적은 역시 미소로서

$$dS = f(x)\,dx \tag{9.8}$$

③ dS를 $x = a$로부터 $x = b$까지 쌓아 올리면 전면적 S가 나온다.

이것을

$$S = \int_a^b f(x)\,dx \tag{9.9}$$

라고 적고 **$f(x)$를 a로부터 b까지 적분한다**라고 하며 적분할 수 있는 함수를 **피적분함수**라고 부른다.

$\int$는 미소한(무한히 작은) $f(x)dx$를 무수히 (무한히 많이) 총합한다고 하는 기호로서, 그러므로 언제나 미소를 나타내는 d와 세트로 되어 있지 않으면 안 된다.

그러면 $f(x)$가 구체적으로 주어졌을 때 S는 어떻게 구할까? a로부터 x까지의 면적은 명확히 x의 함수이다. 이것을 $S(x)$라고 하면 식 (9.8)은

$$dS = S(x+dx) - S(x) = f(x)dx$$

라고 적고

$$\frac{dS(x)}{dx} = f(x)$$

그러므로 미분하여 $f(x)$가 되는 함수를 구하면 된다. 이렇게 하여 적분은 미분의 역계산으로 된다.

그런데 $S(x)$는 미분하여 $f(x)$가 되는 함수이므로(S는 혼동해서는 안 된다. S는 이미 x의 함수는 아니다), $S(x)+$(임의의 정수)를 미분하여도 $f(x)$가 된다. 그러므로

$$S(x) = \int f(x)dx + C \quad (C\text{는 임의 정수})$$

로 된다. C를 적분정수라고 한다. 이 적분을 $f(x)$의 부정적분이라 명명한다.

[미분하여 $f(x)$가 되는 함수를 $f(x)$의 원시함수라고 부른다.]

이것에 대해 식 (9.9)의 적분은 a(하한)으로부터 b(상한)까지로 적분의 범위가 정해져 있으므로 정적분이라 한다.

9.9.2 정적분과 부정적분의 관계(적분학의 기본 정리)

그림 9.16으로부터 알 수 있는 바와 같이 $S = S(b) - S(a)$이다. 일반적으로 $f(x)$의 부정적분(원시함수)을 $S(x)$라고 하면

$$\int_a^b f(x)\,dx = S(b) - S(a) = [S(x)]_a^b \tag{9.10}$$

주1 x의 함수 $F(x)$에 대해서 $F(b) - F(a)$를 $[F(x)]_a^b$라 적는 경우도 있다.

주2 **적분정수 C에** 대해서 x의 어느 결정된 값에서 원시함수가 어떠한 값을 취해야 할까 등의 조건으로 결정하는 것도 있다(9.14절의 예제 1, 2 참조).

9.10 적분계산의 기본

적분의 계산은 복잡하고 특별한 공부를 필요로 하는 것이 많다. 그중에는 적분할 수 없는(결과를 유한개의 기본 함수로서는 절대로 나타낼 수 없다고 하는 것) 것도 있다.

따라서 세상에 있는 수학 공식집을 활용한다. 그러나 그래도 안 되는 것이 현실에 나타난다. 그때는 수치적분(9.13절)에 호소하여(또는 특수한 수표에 의해) 수치적으로 (식이 아니라) 구해야 한다.

다만 이것이 사용되기 위해서도 기초적 계산 기술은 가지고 있지 않으면 안 된다. 여기에서는 그것을 기술한다.

부정적분은 미분의 역계산이므로 9.2절의 역을 하면 되는 것이지만 실제의 계산에 편리하도록 고쳐서 적어 둔다(적분정수는 생략). 또한 이하의 역삼각함수는 모두 주치主値를 취하는 것으로 한다.

A. **기본함수의 부정적분** a, b, p는 정수 3) 이하의 a는 $a \neq 0$.

1) $\int a dx = a \int dx = ax$

2) $\int x^p dx = \frac{x^{p+1}}{p+1} \quad (p \neq -1)$,

3) $\int \frac{dx}{ax+b} = \frac{1}{a} \log_e |ax+b|$

4) $\int \cos(ax) dx = \frac{1}{a} \sin(ax)$,

5) $\int \sin(ax) dx = -\frac{1}{a} \cos(ax)$

6) $\int e^{ax} dx = \frac{1}{a} e^{ax}$,

7) $\int \log_e(ax) dx = x \log_e(ax) - x$

8) $\int a^{bx} dx = \frac{a^{bx}}{b \cdot \log_e a}$,

9) $\int \log_b(ax) dx = \frac{x \log_e(ax) - x}{\log_e b}$

B. **적분법의 규칙** 이하 f, g는 x의 함수, c는 정수.

1) $\int cf\, dx = c \int f\, dx$

2) $\int (f \pm g) dx = \int f\, dx \pm \int g\, dx$

3) 부분적분의 식 $\int f' g\, dx = fg - \int fg'\, dx$

4) 치환적분법 $x = x(t)$일 때, $dx = x'(t) dt$이므로

$\int f(x) dx = \int f(x(t)) x'(t) dt$

t에서의 적분을 산출하면 변수를 x로 되돌릴 것

5) $\int \frac{f'}{f} dx = \log_e |f|$

기본적 함수의 부정적분(A 1 ~ A 9)과 적분의 규칙(B 1 ~ B 5)을 이용하여 문제를 풀면 이하와 같이 된다.

예1

$$\int_1^2 (3x^2 - 2x + \sqrt{x} - 1) dx = \left[x^3 - x^2 + \frac{2}{3} x^{3/2} - x \right]_1^2 = \frac{7 + 4\sqrt{2}}{3}$$

예제 1 부분적분을 이용하여 $x\cos(ax)$를 적분하시오.

풀이

B3에서 $f' = \cos(ax)$, $g = x$라 두면 된다. 풀이는

$$\int x\cos(ax)dx = \frac{1}{a}xsin(ax) + \frac{1}{a^2}cos(ax)$$

예제 2 $\int e^x dx = e^x$를 이용하여 A 6를 증명하시오.

풀이

B4를 이용한다. $x = t/a$라 두면 $dx = dt/a$. 이것으로부터 증명할 수 있다.

예제 3

① $\int \frac{dx}{\sqrt{1-x^2}}$를 구하고,

② 이 결과를 이용하여 $\int \frac{dx}{\sqrt{a^2-x^2}}$를 구하시오.

다만, $a > 0$

풀이

① B 4에 의한다. $x = \sin\theta$ $(-\pi/2 < \theta < \pi/2)$라고 둔다. 그렇게 하면 $dx = \cos\theta d\theta$로 되며,

$$\int \frac{dx}{\sqrt{1-x^2}} = \int d\theta = \theta = \sin^{-1}x$$

② 분모를 변형하여 $a\sqrt{1-(x/a)^2}$ 으로 하고 $t=x/a$라고 두면 $dx=adt$. 따라서 ①에 의해 이 적분은 $\sin^{-1}t=\sin^{-1}(x/a)$.

예제 4 $\int \tan x\,dx$를 구하시오.

풀이

$\sin x = -(\cos x)'$인 것을 이용하여 B5를 이용한다. 즉

$$\int \tan x dx = \int \frac{\sin x}{\cos x}dx = -\int \frac{(\cos x)'}{\cos x}dx = -\log_e|\cos x|$$

9.11 정적분 계산의 입문

9.11.1 정적분의 성질

식 (9.10)이나 그림 9.16으로부터(간단히 하기 위해 일부 식에서 $f(x)dx$를 생략하여 적는다.)

$$\int_a^a = 0,\quad \int_b^a = -\int_a^b,\quad \int_a^c + \int_c^b = \int_a^b \tag{9.11}$$

또 적분은 미분의 역연산이라는 것으로부터

$$\frac{d}{dx}\int_a^x f(x)dt = f(x) \quad \frac{d}{dx}\int_x^a f(t)dt = -f(x) \tag{9.12}$$

9.11.2 부분적분의 식(규칙 B3)을 정적분에 사용할 때

우변 fg는 $[fg]_a^b$라고 한다. 즉

$$\int_a^b f'g\,dx = [fg]_a^b - \int_a^b fg'\,dx$$

예로서 설명한다.

예 $\int_0^{\pi/2} x\cos x\,dx$를 부분적분으로 구한다.

$f' = \cos x$, $g = x$라고 두면 $f = \sin x$, $g' = 1$

따라서

$$\int_0^{\pi/2} x\cos x dx = [x\sin x]_0^{\pi/2} - \int_0^{\pi/2} \sin x dx$$

$$= \left(\frac{\pi}{2}\sin\frac{\pi}{2} - 0\cdot\sin 0\right) + [\cos x]_0^{\pi/2} = \frac{\pi}{2} - 1$$

9.11.3 상한이 $+\infty$인 적분

한마디로 말하면 무한의 저쪽까지의 적분이다. 엄밀하게는 $\lim_{x\to\infty}\int_a^x f(x)dx$인 극한값이 유한으로 존재할 때 이것을 $\int_a^\infty f(x)dx$라고 적는다. 하한의 경우도 또 $-\infty$일 때도 이것에 준한다.

예 우물의 비정상 상태의 이론의 기본식으로서 투수계수를 구하는 경우에

$$S=\frac{Q}{4\pi T}\int_u^{\infty}\frac{e^{-u}}{u}du$$

인 적분이 산출된다.

이 적분은 기본 함수로서는 절대로 나타내지 않고 뒤에서 기술할 수치적분도 특별한 공부를 요한다. 다행히 이미 수표가 계산되어 있다. 따라서 이용자는 u를 구하여 두고 표에서 적분의 값을 구한다(이 적분에 마이너스를 붙인 것을 적분지수함수라고 한다).

예제 1 $I=\int_0^{\infty}e^{-ax}dx\ \ (a>0)$을 계산하시오.

풀이

$$\int_0^x e^{-ax}dx=\left[-\frac{e^{-ax}}{a}\right]_0^x=\frac{1}{a}(1-e^{-ax})$$

$a>0$이므로

$$\lim_{x\to\infty}\frac{1}{a}(1-e^{-ax})=\frac{1}{a}\ \ \text{(4.1절 예제 3 참조). 그러므로 } I=\frac{1}{a}$$

9.11.4 적분구간의 일단 또는 중간에서 피적분함수 $f(x)$가 불연속이나 무한대가 되는 경우(불연속에 대해서는 5.1.4항 참조)

이하 극한은 모두 유한으로 존재하는 것으로 한다. 또 ϵ, ϵ'은 정(+)이라고 한다.

① 상한 b에서 불연속 또는 무한대가 될 때

$$\int_a^b f(x)dx = \lim_{\epsilon \to 0} \int_a^{b-\epsilon} f(x)dx$$

② 하한 a에서 불연속 또는 무한대가 될 때

$$\int_a^b f(x)dx = \lim_{\epsilon \to 0} \int_{a+\epsilon}^{b} f(x)dx$$

③ 중간 c에서 불연속 또는 무한대가 될 때

$$\int_a^b f(x)dx = \lim_{\epsilon \to 0} \int_a^{c-\epsilon} f(x)dx + \lim_{\epsilon' \to 0} \int_{c+\epsilon'}^{b} f(x)dx$$

예제 2 $\displaystyle\int_0^1 \frac{dx}{\sqrt{1-x}}$ $(x < 1)$를 계산하시오.

풀이

피적분함수는 $x \to 1$에서 무한대. 규칙 B 4에서 $x = 1-t$라고 두고 공식 A 2를 이용하면

$$\int_0^x \frac{dx}{\sqrt{1-x}} = 2(1-\sqrt{1-x}) \quad (0 \le x < 1)$$

그러므로

$$\int_0^1 \frac{dx}{\sqrt{1-x}} = \lim_{\epsilon \to 0} \int_0^{1-\epsilon} \frac{dx}{\sqrt{1-x}} = \lim_{\epsilon \to 0} 2\{1-\sqrt{1-(1-\epsilon)}\} = 2$$

주의 2개 이상의 극한이 있을 때는 $\epsilon \to 0$과 $\epsilon' \to 0$과 같이 개별의 ϵ으로 구할 것. 그렇지 않으면 정답이 없는 경우가 있다. 다음의 예제 참조.

예제 3 $I=\int_{-1}^{1}\frac{dx}{x}$ 를 구하시오. ($f(x)=\frac{1}{x}$ 에 대해서는 5장 그림 5.2 (a)를 참조)

풀이

피적분함수는 $x=0$ 에서 불연속, 또 x 의 0으로의 가까이 가는 쪽에서 $\pm\infty$ 로 된다.

따라서

$$
\begin{aligned}
I &= \lim_{\epsilon\to 0}\int_{-1}^{\epsilon}\frac{dx}{x}+\lim_{\epsilon'\to 0}\int_{\epsilon'}^{1}\frac{dx}{x} \\
&= \lim_{\epsilon\to 0}\log_e\epsilon-\lim_{\epsilon'\to 0}\log_e\epsilon'
\end{aligned}
$$

두 극한치 모두 $-\infty$, 즉 이 적분의 값은 존재하지 않는다. 그러나 **만약 ϵ과 ϵ'이 관련하고 있으면** 예를 들면 $\epsilon'=\epsilon$라고 하면 $I=0$, $\epsilon'=2\epsilon$이면 $I=-\log_e 2$. 이렇게 하여 ϵ과 ϵ'의 취급방법으로서 I는 여러 가지 값으로 된다.

9.12 적분의 응용

중요한 것은 현실의 문제로, 어떻게 적분한다고 하는 사고방식을 사용할까. 어떻게 식을 세울까이다. 사고방식의 기본은 이미 이 장의 처음에 기술하였다.

9.12.1 면 적

원리는 9장의 처음에 기술한 대로이다.

예제 1 그림 9.17의 $y=x^3/a^2$에 대해서 세로선의 부분 A의 면적 S를 구하시오.

풀이

위에서 기술한 원리에 의해 $y=f(x)=x^3/a^2$이므로

$$S=\int_0^a \frac{x^3}{a^2}\,dx=\left[\frac{x^4}{4a^2}\right]_0^a=\frac{a^2}{4}$$

[부채꼴의 면적] 그림 9.18과 같이 평면 곡선 C가 극좌표로서 $r=f(\theta)$라고 주어져 있다. $\theta=\alpha$로부터 β까지의 부채꼴의 면적 S는

$$S=\frac{1}{2}\int_\alpha^\beta \{f(\theta)\}^2\,d\theta \tag{9.13}$$

으로 된다.

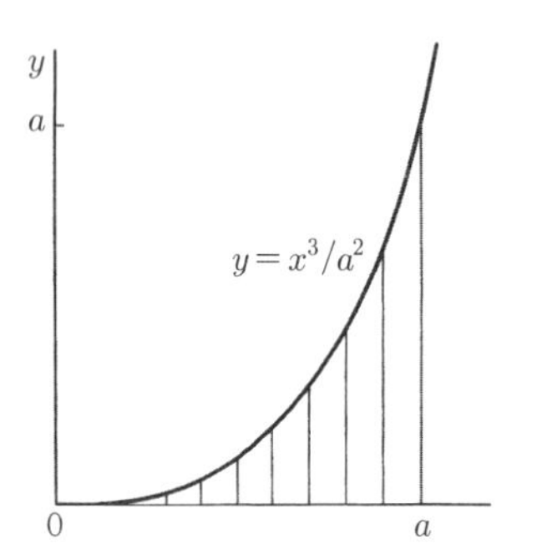

그림 9.17 정적분에 의한 면적의 계산 예

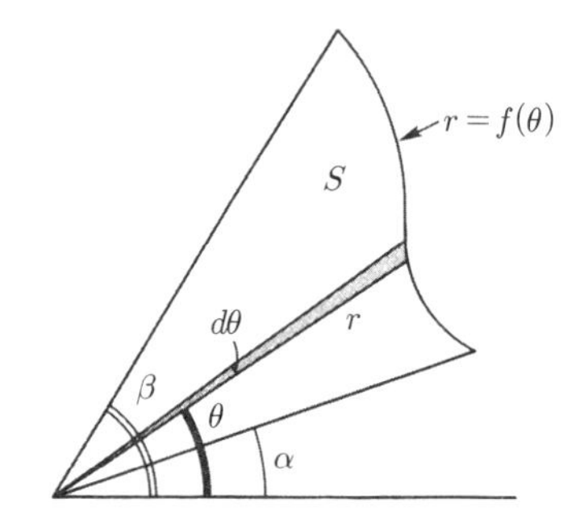

그림 9.18 부채꼴의 면적의 계산 원리

9.12.2 체 적

물체를 무수히 많은 평행 평면으로 자른다. 평면의 간격을 dt라고 하면 두께 dt인 얇은 판이 생긴다. 그 면적을 S라고 하면 얇은 판의 체적은 $dV = Sdt$. 그러므로 이것을 쌓아 올리면 된다(S는 면적계산의 방법으로 구할 수 있다).

예제 2 저면의 반경 R, 길이 H인 직원추의 체적을 구하시오.

풀이

그림 9.19와 같이 정점이 원점, 축이 z축이 되도록 직교직선 좌표계를 취한다. 이 직원추를 저면에 평행한 평면으로 둥글게 자른다. 높이 z에서의 얇은 판의 반경 r은 $r = R \cdot (z/H)$로 되므로 얇은 판의 면적 $S(z)$는

$$S(z) = \pi r^2 = \pi\left(\frac{R}{H}\right)^2 \cdot z^2$$

얇은 판의 두께를 dz라고 하면 그 체적은

$$S(z)dz = \pi\left(\frac{R}{H}\right)^2 \cdot z^2 dz$$

그러므로 직원추의 체적 V는

$$V = \pi\left(\frac{R}{H}\right)^2 \int_0^H z^2\,dz = \frac{\pi}{3} R^2 H$$

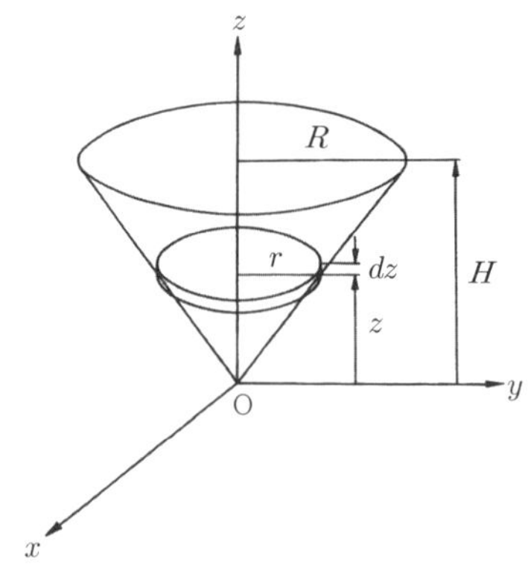

그림 9.19 원추의 체적

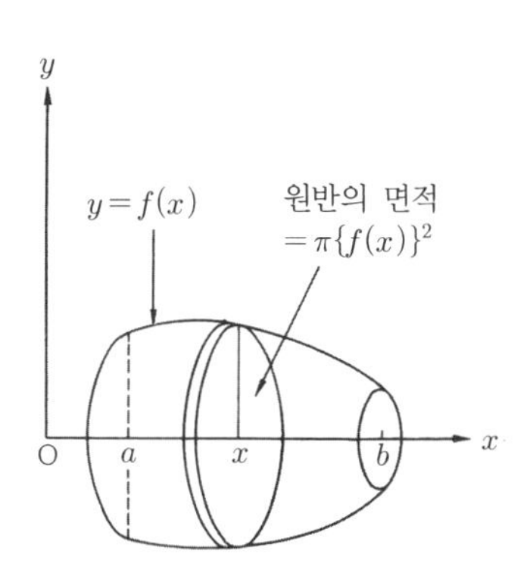

그림 9.20 회전체의 체적

[회전체의 체적] 평면 곡선을 그 평면 내의 직선을 축으로 하여 360° 회전시켜 생기는 공간 도형을 회전체라고 한다. 그 체적을 구하시오.

그림 9.20에서 $y = f(x)$를 xy평면 내의 곡선의 방정식, x축을 회전축으로 하면 $x = a$로부터 b까지의 체적 V는

$$V = \int_a^b \pi [f(x)]^2 dx \tag{9.14}$$

주 예제 2의 직원추의 체적의 공식은 이 방법으로도 얻을 수 있다. 스스로 도출하시오.

예제 3 단면이 원형이고 측면의 방정식이 $y = R\{1 - (x/l)^2\}$인 나무통의 $x = -a$로부터 a까지의 체적 V를 구하시오(다만 R, l은 정수이고 $a < l$).

풀이

식 (9.13)에 의해

$$V = \int_{-a}^{a} \pi R^2 \left\{1 - \left(\frac{x}{l}\right)^2\right\}^2 dx = 2\pi R^2 a\left(1 - \frac{2a^2}{3l^2} + \frac{a^4}{5l^4}\right)$$

[원뿔대의 체적 공식] 응용측량이나 토량 등의 계산에 이용된다. 이것을 유도하여 보라.

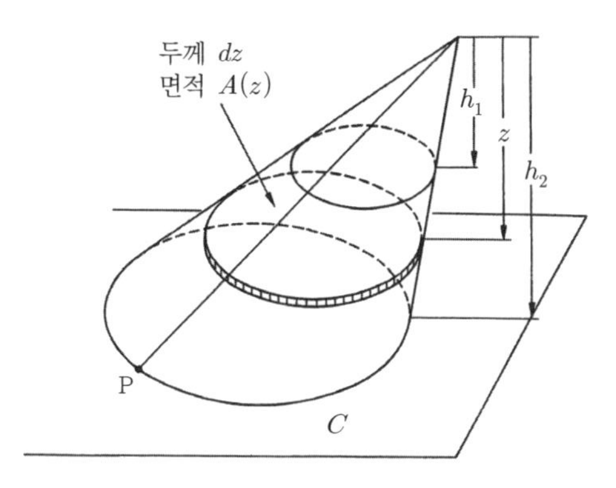

그림 9.21 뿔꼴과 원뿔대

[뿔꼴] 그림 9.21과 같이 평면(저면) 위의 폐곡선 C(다각형이라도 좋음)의 점 P와 평면 외의 점 O(정점)들을 직선으로 연결하고 P를 C에 연하여 일주시켰을 때에 생기는 뾰족한 추와 같은 입체 도형을 말한다.
뿔꼴을 저면에 평행한 평면으로 자른 단면은 C에 상사. 그러므로 단면의 크기는 점 O로부터의 수직거리 z에 비례, 따라서 면적 A는 z^2에 비례한다.

[원뿔대] 상기의 자른 단면과 저면과의 사이의 띠와 같은 부분. 이 체적은 이제 말할 필요도 없이 원뿔대를 저면에 평행한 미소부분[면적 $A(z)$, 두께 dz]로 잘라 그 체적[$A(z)dz$]를 저면으로부터 윗면까지 쌓아 올리면 된다. 점 O로부터 미소부분까지의 수직 거리를 z, 윗면까지를 h_1, 아랫면까지를 h_2, 원뿔대의 높이를 h, $h = h_2 - h_1$라고 한다. 또 윗면의 면적을 A_1이라고 하면 자른 단면이 C와 상사형이므로

$$A(z) = A_1\left(\frac{z}{h_1}\right)^2 \tag{9.15}$$

그러므로 원뿔대의 체적 V는

$$V = \int_{h_1}^{h_2} A(z)\,dz = A_1 \frac{{h_2}^3 - {h_1}^3}{3h_1^2} = \frac{h}{3} A_1 \frac{h_1^2 + h_1 h_2 + h_2^2}{{h_1}^2} \tag{9.16}$$

그런데 식 (9.15)로부터 $z = h_2$라고 하면 $A_2 = A(h_2)$이므로

$$h_2 = \frac{h_1\sqrt{A_2}}{\sqrt{A_1}}$$

이것을 식 (9.16)에 대입하면 원뿔대 체적의 공식을 얻는다.

$$V = \frac{h}{3}(A_1 + \sqrt{A_1 A_2} + A_2) \tag{9.17}$$

주 C는 원·다각형에 한하지 않고 어떠한 형의 폐곡선이라도 좋다. 또 뿔꼴에서는 $A_1 = 0$으로 한다. 예제 2는 C가 원의 뿔꼴(원추), 즉 $A_1 = 0$, $A_2 = \pi R^2$의 경우이다.

예제 4 대부분 원뿔대로 간주해도 좋은 저수지가 있다. 수면의 면적은 2.0km^2, 밑의 면적은 1.2km^2, 밑까지의 깊이는 120m이다. 이 저수지의 용적을 m^3 단위로서 구하시오.

풀이

공식 (9.17)에 $A_1 = 2.0\,\text{km}^2$, $A_2 = 1.2\,\text{km}^2$, $h = 0.120\,\text{km}$을 넣으면 $V = 0.19\text{km}^3$, 세제곱미터로 고치면 $V = 0.19 \times 10^8\,\text{m}^3$

9.12.3 곡선의 길이

그림 9.22와 같이 $y = f(x)$인 평면곡선 C의 $x = a$로부터 b까지의 길이 s를 구하는 문제를 생각하여 보자. C를 직선으로 간주할 수 있을 정도로 미소한 부분(길이 ds)로 나누고 ds의 양단의 좌표차를 dx, dy라 한다.

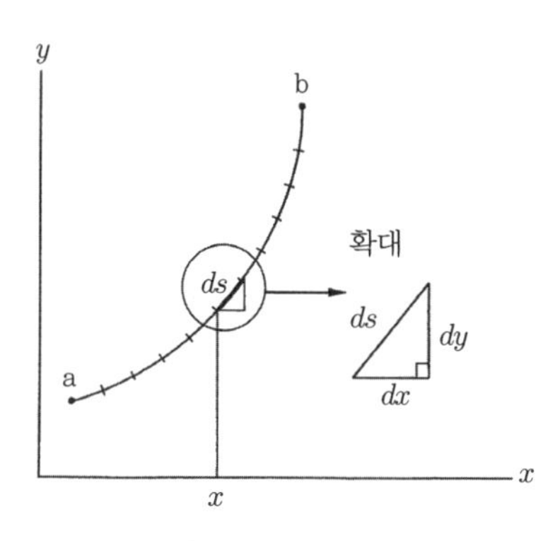

그림 9.22 곡선의 길이

그렇게 하면 피타고라스의 정리에 의해 $ds^2 = dx^2 + dy^2$

이것을 변형하면

$$ds = \sqrt{dx^2 + dy^2} = \sqrt{1 + \left(\frac{dy}{dx}\right)^2}\, dx$$

따라서 전체 길이 s는 이 미소 길이를 $x = a$로부터 b까지 적분하면 된다. 즉

$$s = \int_a^b \sqrt{1 + \left(\frac{dy}{dx}\right)^2}\, dx \tag{9.18}$$

예제 5 $y = x^2/c$의 $x = 0$으로부터 $c(> 0)$까지의 길이를 구하시오. 다만 공식 $(a > 0)$

$$\int \sqrt{ax^2+b}\,dx = \frac{1}{2}x\sqrt{ax^2+b} + \frac{b}{2\sqrt{a}} log_e \left| \sqrt{a}\,x + \sqrt{ax^2+b} \right| \quad (9.19)$$

를 응용하시오. 또 자연대수를 구하기 위해서는 4장을 참조하시오.

풀이

문제의 뜻에 따라 $dy/dx = 2x/c$, 이것을 식 (9.18)에 대입하여 식 (9.19)에서 $a = 4/c^2$, $b = 1$이라 두면

$$s = \int_0^c \sqrt{1+\frac{4}{c^2}x^2}\,dx = \left[\frac{1}{2}x\sqrt{1+\frac{4}{c^2}x^2} + \frac{c}{4}\log_e\left| \frac{2}{c}x + \sqrt{1+\frac{4}{c^2}x^2} \right| \right]_0^c$$

$$= \frac{c}{4}\left\{ 2\sqrt{5} + \log_e(2+\sqrt{5}) \right\}$$

9.12.4 클로소이드

도로의 완화곡선에 사용되는 중요한 곡선이다. 이 곡선에서는 차의 핸들을 돌리는 각속도가 일정해져 주행의 안전이 확보된다(그림 9.23).

클로소이드란 기준점으로부터의 호 길이(진행거리)에 비례하여 곡률이 커지는 곡선(즉, 곡률반경이 호 길이에 반비례하는 곡선)을 말한다.

클로소이드의 방정식을 $y = f(x)$로 하여 이것을 결정하여 보자. 기준점 O로부터 곡선 상의 점 P까지의 호 길이를 L, 그곳의 곡률반경을 R, 접선의 경사각(접선각)을 τ라 하면

$R \cdot L = A^2$(A는 길이의 차원을 가지는 정수, **클로소이드 파라미터**라고 한다). 이제 A를 단위로 하여 L, R을 $l = L/A$, $r = R/A$라고 둔다. x, y도 A를 단위로 하여 나타낸다.

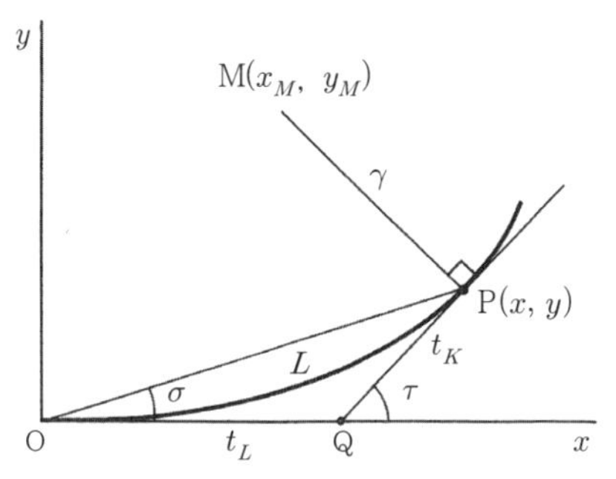

그림 9.23 단위 클로소이드의 여러 양 (t_L = OQ, t_K = QP)

이와 같이 A를 단위로 하여 나타낸 클로소이드를 **단위 클로소이드**라고 한다. 그렇게 하면 곡률반경의 정의에 의해 (9.5.3항)

$$\frac{1}{r} = \frac{d\tau}{dl} = l$$

그러므로 $l = 0$에서 $\tau = 0$이라 하면

$$\tau = \int_0^\tau l dl = \frac{l^2}{2}$$

그러므로

$$\frac{dy}{dx} = \tan\tau = \tan\left(\frac{l^2}{2}\right) \quad l\text{을 매개변수로 취하면 } \frac{dy}{dx} = \frac{dy/dl}{dx/dl}$$

그러므로

$$\frac{dx}{dl} = \cos\left(\frac{l^2}{2}\right), \quad \frac{dy}{dl} = \sin\left(\frac{l^2}{2}\right)$$

으로 가정해도 좋다. 이렇게 하여 점 P의 x, y는 매개변수 l에 의해

$$x=\int_0^l \cos\left(\frac{l^2}{2}\right)dl, \quad y=\int_0^l \sin\left(\frac{l^2}{2}\right)dl$$

이 적분은 기본 함수로서는 나타낼 수 없다. 공식집에도 나오지 않는다. 그러면 어떻게 할까.

① 특수한 수표를 찾거나, ② 수치적분에 호소하거나, ③ 매클로린전개에 의하거나이다. 다행히 현실의 도로설계에서는 l^2은 작다. 따라서 ③으로 계산해 본다(전개식은 최초의 2, 3항만을 나타내는 것으로 한다. 9.6.2 참조).

$$\cos\left(\frac{l^2}{2}\right)=1-\frac{1}{2}\left(\frac{l^2}{2}\right)^2+\frac{1}{24}\left(\frac{l^2}{2}\right)^4+\cdots$$

$$\sin\left(\frac{l^2}{2}\right)=\frac{l^2}{2}-\frac{1}{6}\left(\frac{l^2}{2}\right)^3+\cdots$$

적분하면 결국

$$\left.\begin{aligned} x &= l-\frac{1}{40}l^5+\frac{1}{3456}l^9-\cdots \\ y &= \frac{1}{6}l^3-\frac{1}{336}l^7+\cdots \end{aligned}\right\}$$

이러한 식은 l이 큰 값에는 사용하지 못한다. 그때는 ②에 의한다. 그 결과 곡선은 그림 9.24와 같은 아름다운 나선이 된다[코르뉴(Cornu)나선이라 불린다].

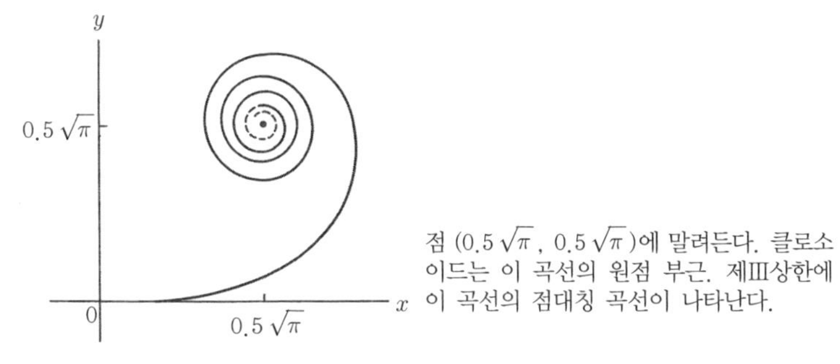

그림 9.24 코르뉴의 나선

(M. Abramowitz and I.A. Stegun 편 : Handbook of Mathematical Functions, Dover Publications, Inc., N.Y. (1965)의 표 7.7을 참고로 하여 작성)

단위 클로소이드의 여러 양은 l의 함수로서 **단위 클로소이드표**라고 하는 표로서 주어져 있다. 실제 클로소이드의 길이의 차원을 가지는 양은 단위 클로소이드의 대응하는 양을 A배 하면 얻을 수 있다.

9.13 수치적분

9.12절과 같이 적분이 '불가능한' 함수도 있고 무엇보다 현실의 토목 작업에서는 함수가 식이 아니고 데이터(수치)로서 주어져 있는 경우가 많다. 이와 같은 경우 예를 들어 근삿값이라도 구하고 싶을 때 수치적분이 위력을 발휘한다.

이것은 기술자에게 필수의 도구이다. 수치적분에는 무수한 방법이 있지만 여기에서는 가장 간단하고도 유효한 2개의 방법을 기술한다.

9.13.1 수치적분의 두 개의 방법

1) 사다리꼴 법칙

원리

그림 9.25와 같은 그래프의 $x = a$로부터 b까지의 정적분 S를 구해보자.

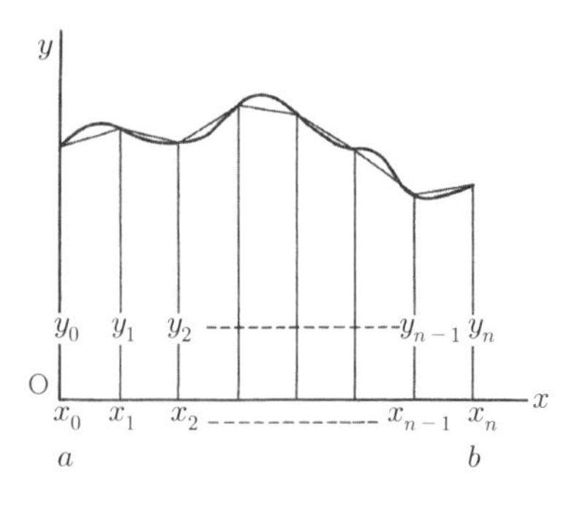

그림 9.25 사다리꼴 법칙의 원리

① 기선 Ox에 수직인 몇 본인가의 선으로 도형을 작은 조각으로 분할한다.

② 인접한 2점을 직선으로 근사하고 각각의 작은 조각을 사다리꼴로 간주하여 그 면적을 계산한다(양단에서는 삼각형이 되는 것도 있다).

③ 이것을 총합하면 S가 나온다.

일반식

$$S = \int_a^b y(x)\,dx$$

의 근사치를 사다리꼴 법칙으로 구한다.

a, b 사이를 n분할. $x_0 = a$, $x_n = b$라고 바꾸어 적는다.

x_0에서 y_0, x_1에서 y_1, $\cdots$, x_i에서 y_i, $\cdots$, x_n에서 y_n, 선의 간격이 $h_i = x_i - x_{i-1}$ (i =1, 2, 3, $\cdots$, n)인 데이터가 있을 때 적분은 사다리꼴 법칙에 의해

$$S = \int_a^b y(x)dx = \frac{1}{2}\{(y_0 + y_1)h_1 + (y_1 + y_2)h_2 + \cdots + (y_{n-1} + y_n)h_n\} \quad (9.20)$$

으로 구할 수 있다.

주의1 간격 h_i는 부등 간격이라도 좋다. 등간격일 때는 식 (9.20)이 다소 간단해진다. 스스로 도출하시오.

주의2 분할 수 n이 클수록 일반적으로 결과의 정밀도가 좋아질 것이다. 그러나 작업량도 시간도 증가한다. 결과의 소요 정밀도를 감안하여 헛된 작업을 하지 않도록 마음을 써야 할 것이다. 이 주의는 다음의 심프슨법에서도 완전히 동일하다.

측량에서는 이 방법을 **지거법**支距法, 간격 h_i를 지거支距(또는 오프셋)이라고도 한다.

2) 심프슨법(Simpson, 영국, 1710~1761)

일반적으로 이 방법은 사다리꼴 법칙보다 정밀도가 좋다. 이것도 널리 사용된다.

방법

① 도형을 짝수개의 등간격의 작은 조각으로 분할한다. 간격은 h,

② 각 y에 계수(중가重價) 1, 4, 2, …, 4, 2, 4, 1을 곱하여 총합한다, 양단에 1, 다음에 4, 2를 반복한다. 마지막으로부터 2번째는 4.

③ 그렇게 하면 $S=(h/3)\times$(②의 총합)

일반식

1) 항과 같고 $x_0=a$, $x_n=b$라고 바꾸어 적는다. n은 반드시 짝수

$$S=\int_a^b y(x)dx \fallingdotseq \frac{h}{3}(y_0+4y_1+2y_2+\cdots+2y_{n-2}+4y_{n-1}+y_n) \qquad (9.21)$$

예제 1 그림 9.26과 같은 절벽의 면적 S를, ① 사다리꼴 법칙과, ② 심프슨 법에 의해 m^2의 소수 첫째자리까지 구하시오.

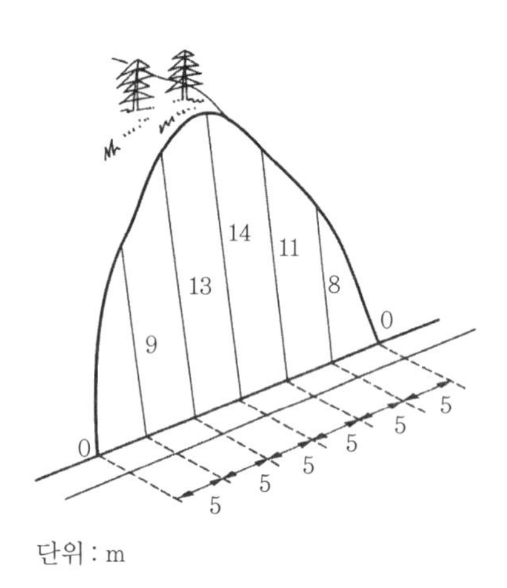

그림 9.26 절벽의 면적

풀이

그림의 데이터로부터 직접

① $S = \frac{5}{2} \times \{(0+9)+(9+13)+(13+14)+(14+11)+(11+8)+(8+0)\}$

$= 275.0[m^2]$

② 동일하게

$S = \frac{5}{3} \times (1 \cdot 0 + 4 \cdot 9 + 2 \cdot 13 + 4 \cdot 14 + 2 \cdot 11 + 4 \cdot 8 + 1 \cdot 0)$

$= 286.7[m^2]$

①과 ②들의 결과를 비교하시오. 어느 쪽이 정밀도가 좋다고 생각하는가. 그림 9.26을 관찰하고 이유를 생각해보라.

심프슨법의 원리(그림 9.27)

사다리꼴 법칙에서는 곡선 위의 인접한 2점을 직선으로 연결하여 작은 조각을 사다리꼴로 근사한다.

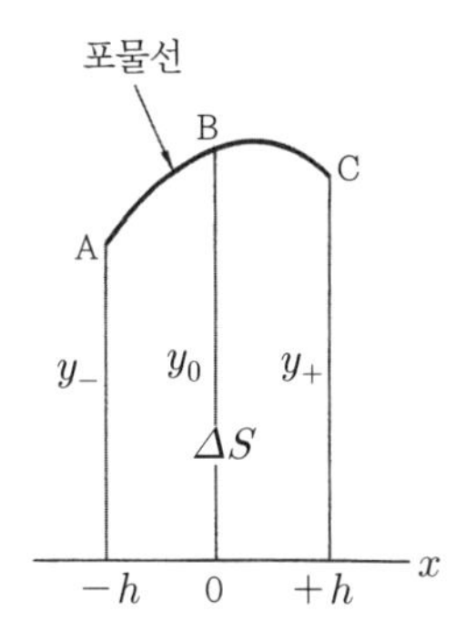

그림 9.27 심프슨법의 원리

한편 심프슨법에서는

ⓐ 인접한 3점을 포물선으로 근사한다.

ⓑ 그 포물선의 방정식을 결정하고 인접 2 작은 조각을 합친 도형의 면적을 구한다.

ⓒ 이 조작을 전체 도형에 걸치도록 반복한다.

이 방정식을 결정해보자. 계산의 간편을 위해 x의 원점을 2작은 조각의 중앙으로 옮긴다. 점 $\mathrm{A}(-h,\ y_-)$, $\mathrm{B}(0,\ y_0)$, $\mathrm{C}(h,\ y_+)$를 지나는 포물선의 방정식은

$$y=(y_- - 2y_0 + y_+)x^2/(2h^2)-(y_- - y_+)x/(2h)+y_0$$ [스스로 도출하시오]

이것을 $x=-h$로부터 h까지 적분하면 인접 2 작은 조각의 면적 합 ΔS가 나온다.

$$\Delta S=(h/3)\cdot(1\cdot y_- + 4\cdot y_0 + 1\cdot y_+)$$

전면적 S는 이것을 반복한다.

그러므로 계수는 각 ΔS의 경계에서 중복하므로 2(양단만 1), 따라서 1, 4, 2, ⋯, 2, 4, 1로 된다.

9.13.2 수치적분의 응용 예

여기에서 체적, 유량으로의 응용을 기술해본다.

1) 체적

(1) **등고선법**等高線法

그림 9.28과 같은 산의 체적 V를 구하여 보자. 적분으로 체적을 구하는 사고방식 그것이다. 우선 등고선 C_0, C_1, C_2, $\cdots$, C_n으로 둘러싸인 면적 A_0, A_1, A_2, $\cdots$, A_n을 구한다. 각 등고선 사이의 간격을 h_1, h_2, $\cdots$, h_n이라 한다. 여러 가지 방법을 생각할 수 있을 것이다.

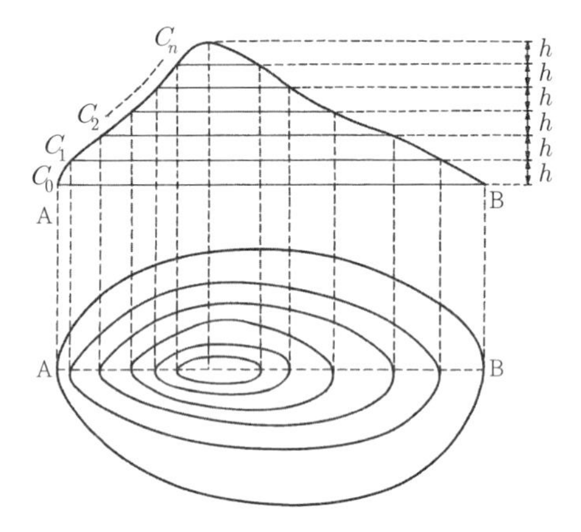

그림 9.28 산의 단면, 아래는 등고선을 나타낸다.

① **사다리꼴 법칙의 응용(평균단면법의 축적)**

등고선이 등간격 h인 경우는

$$V = h\left\{\frac{A_0 + A_n}{2} + (A_1 + A_2 + \cdots + A_{n-1})\right\} \tag{9.22}$$

② **심프슨법의 응용[프리즈모이드(prismoid)법의 축적]**

h는 등간격. 9.13.1항의 식 (9.21)을 적용

정상 부근에서 등간격으로 되지 않는 부분의 체적은 원뿔대 공식으로 구하고 각각 ①, ②의 결과에 더한다고 하는 수단도 있다.

③ **원뿔대 공식의 응용**

서로 인접하는 2개의 등고선 사이의 체적을 원뿔대 공식으로 구하고 총합하여 전체적을 산출한다. 식 (9.17)을 이용한다.

주1 각 방법에서의 등고선 내면적은 평면 도형으로서 사다리꼴 법칙 또는 심프슨 법칙으로서 계산하거나 혹은 플래니미터(Planimeter)로서 측정하는 등 적의 연구할 것.

주2 사다리꼴 법칙의 토대로 되는 $n=1$(즉 A_0, A_1만으로 $V=(A_0+A_1)h/2$)의 경우를 **평균단면법**, 또 심프슨법의 토대로 되는 $n=2$(즉 A_0, A_1, A_2만으로 $V=(A_0+4A_1+A_2)h/3$)의 식을 **프리즈모이드 공식**이라 부르고 있다. 또한 단면적이 거리의 1차식으로 바뀌는 경우 어느 단면(면적 A)과 그 전후의 단면 P, Q까지의 거리를 h_1, h_2라고 하면 PQ 사이의 체적 V는 $V=A\cdot(h_1+h_2)/2$로서 계산할 수 있다. 이것을 **평균거리법(중앙단면법)**이라고 한다. 이 식은 스스로 증명하시오.

(2) **점고법**点高法

어느 지역에서 이미 결정된 기준면(수평)으로부터 지표면까지의 토량을 계산할 때 등에 이용된다. 지형도 상에서 이 지역을 직사각형 구획으로 구별하고 각 정점(모퉁이점)의 높이를 기준면으로부터 측정한다. 하나의 구획의 기준면 상의 면적을 A, 모퉁이 점의 높이를 h_1, h_2, h_3, h_4라고 하면 그 토량 V는

$$V=\frac{A\cdot(h_1+h_2+h_3+h_4)}{4}$$

이것을 전 지역으로 총합하면 전토량이 산출된다.

일반적으로는 지표면을 삼각형 구획으로 나눈다. 그때 한 구획 내의 토량 V는

$$V = \frac{A \cdot (h_1 + h_2 + h_3)}{3}$$

주의 이 사고방식은 구획 내의 지표면이 거의 평면(경사져 있어도 소규모의 요철이 있어도 좋음)으로 간주할 수 있다고 하는 가정에 의거한다. 그러므로 구획의 크기도 그와 같이 선정해야 한다.

실제의 계산 예는 본 장의 마지막의 연습문제 9.26을 참조할 것

예제 오목지에 저수지를 만든다. 각 등고선에 둘러싸인 면적(단위는 $10^3 m^2$)은 다음과 같다. 수면의 면적 …100, 등고선 10m로서 둘러싸인 면적…90, 동 20m…65, 동 30m…45, 동 40m…35, 저수량 V를 ① 사다리꼴 법칙(평균 단면법), ② 심프슨 법칙(프리즈모이드법), ③ 원뿔대 공식의 3법칙으로서 m^3으로 유효숫자 3자리까지 구하시오.

풀이

등고선 간격 h는 10m

① 식 (9.22)에 의해

$$V = 10 \times \left\{ \frac{100 + 35}{2} + (90 + 65 + 45) \right\} \times 10^3$$

$$= 2.68 \times 10^6 \text{ m}^3$$

② 깊이가 4등분하고 있으므로 심프슨 법칙을 사용한다. 식 (9.21)에 의해

$$V = \frac{10}{3} \times (1 \cdot 100 + 4 \cdot 90 + 2 \cdot 65 + 4 \cdot 45 + 1 \cdot 35) \times 10^3$$

$$= 2.68 \times 10^6 \text{ m}^3$$

③ 각 등고선 사이의 체적을 V_1, V_2, V_3, V_4라고 하면

$$V_1 = 10 \times (100 + \sqrt{100 \cdot 90} + 90) \times 10^3/3 = 9.50 \times 10^5$$

$$V_2 = 10 \times (90 + \sqrt{90 \cdot 65} + 65) \times 10^3/3 = 7.71 \times 10^5$$

$$V_2 = 10 \times (65 + \sqrt{65 \cdot 45} + 45) \times 10^3/3 = 5.47 \times 10^5$$

$$V_2 = 10 \times (45 + \sqrt{45 \cdot 35} + 35) \times 10^3/3 = 3.99 \times 10^5$$

그러므로

$$V = 2.67 \times 10^6 \, \mathrm{m}^3$$

상기의 결과로부터 저수량 V를 구할 수 있지만 결과가 미소하게 다르다. 왜 일까, 생각해보시오.

2) 유량의 계산

하천이나 물 파이프의 횡단면을 단위 시간에 지나는 물 등 액체의 양을 유량이라 한다.

그림 9.29 (a)와 같은 하천의 횡단면이 있다고 한다. 예에 의해서 이것을 미소부분으로 나누고 그 면적을 dA, 그 부분에서의 유속을 V라 하면 V는 일반적으로 미소부분에 따라서 다르다. 따라서 횡단면 전체의 유량 Q는

$$Q = \int_A V dA$$

여기에서 적분은 횡단면 전체에 걸치는 것으로 한다.

실제의 계산은 수치적분에 의한다. 그 방법은 다음과 같다.

주 이 식으로부터 알 수 있는 바와 같이 $\dim(Q) = \dim(속도) \cdot \dim(면적) = LT^{-1}L^2 = L^3T^{-1}$

① 그림 9.29 (b)와 같이 횡단면을 그물코(면적 a)로 나누고 각 그물코 내의 유속 V를 측정하고 그 속의 유량 aV를 산출한다. 이것을 세로 방향으로 하나의 띠(그림의 사선부)에 연하여 수치 적분하고 그 띠 내의 유량을 산출한다. 이것을 가로 방향으로 더한층 수치적분하면 전유량이 산출된다.

이 방법은 수치적분으로 유량을 산출하는 기본이지만 매우 힘들어서 실용에 적합하지 않다. 그래서 보통은 다음의 방법에 의한다.

② 횡단면을 그림 9.29 (c)와 같이 세로로 n개의 구획으로 나눈다. i번째의 구획의 유량 Q_i는 이 구획의 평균 유속을 V_i, 면적을 A_i라고 하면 $Q_i = V_i A_i$, 여기서 A_i는 구획양단의 수심 h_{i-1}, h_i과 구획의 폭 b_i으로부터 사다리꼴 법칙으로 산출한다.

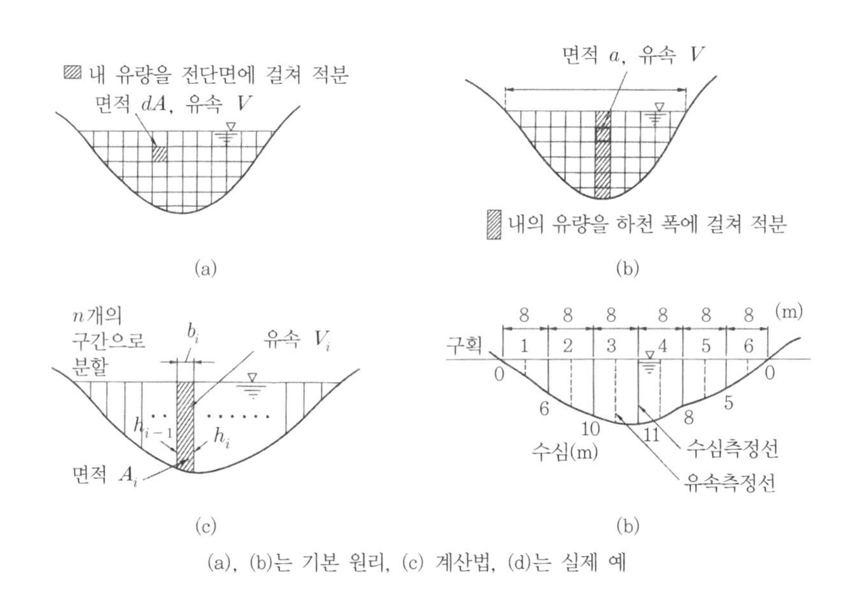

(a), (b)는 기본 원리, (c) 계산법, (d)는 실제 예

그림 9.29 유량의 계산

$$A_i = \frac{1}{2} b_i (h_{i-1} + h_i)$$

따라서 전유량 Q는

$$Q = V_1A_1 + V_2A_2 + \cdots + V_nA_n$$

평균 유속의 결정에는 몇몇 방법이 있다.

ⓐ 구획 중심선 상에서 수심 H의 0.6의 깊이의 유속을 평균 유속으로 하는 법(1점법)

ⓑ 마찬가지로 0.2와 0.8H들의 깊이의 유속 평균을 평균 유속으로 하는 법(2점법)

ⓒ 마찬가지로 0.2H, 0.6H, 0.8H의 깊이의 유속 $V_{0.2}$, $V_{0.6}$, $V_{0.8}$을 측정하여 $V = (V_{0.2} + 2V_{0.6} + V_{0.8})/4$를 평균 유속으로 하는 법(3점법)

예제 1 어느 하천에서 그림 9.29 (d)와 같은 방식으로 표 9.2와 같은 측정 결과(2점법)을 얻었다. 유량 Q를 구하시오. 다만 수심과 구획 간격은 m, 유속은 m/s를 단위로 하고 Q는 m^3/s의 소수점 이하 1자리까지로 한다.

표 9.2

구획	1	2	3	4	5	6
$V_{0.2}$	0.5	1.5	2.2	2.0	1.7	0.6
$V_{0.8}$	0.3	0.6	1.0	0.9	0.7	0.4

풀이

각 구간의 평균 유속 $V_1 \sim V_6$는 각각 0.4, 1.1, 1.6, 1.5, 1.2, 0.5m/s로 된다. 또 각 구간의 면적은

$$A_1 = 1/2 \times 8 \times (0+6) = 24, \quad A_2 = 1/2 \times 8 \times (6+10) = 64,$$

$$A_3 = 1/2 \times 8 \times (10+11) = 84, \quad A_4 = 1/2 \times 8 \times (11+8) = 76,$$

$$A_5 = 1/2 \times 8 \times (8+5) = 52, \quad A_6 = 1/2 \times 8 \times (5+0) = 20$$

그러므로

$$Q = 0.4 \times 24 + 1.1 \times 64 + 1.6 \times 84 + 1.5 \times 76 + 1.2 \times 52 + 0.5 \times 20$$
$$= 401\,\mathrm{m^3/s}$$

9.14 미분적분적 사고방식의 응용 예 – 간단한 미분 방정식

(이 절은 9.15절의 다음에 읽어도 좋다.)

미분 적분적 사고방식은 단순히 면적이나 체적을 구할 뿐만 아니라 자연현상의 모든 면에서 응용된다. 이것을 위해서는 지금까지 기술하여 온 개념이나 수법이 활용되어야 한다. 아래 예제에서 설명한다.

예제 1 수리학의 초보 문제. 정지하고 있는 물의 수압 p는 깊이 h와 어떠한 관계에 있는가, 미분 적분적 고찰에 의해 유도하시오. 다만 물의 밀도를 ρ, 중력 가속도를 g라 한다(1.4절 예제 6의 수압이 깊이에 비례하는 것의 증명).

풀이

그림 9.30과 같이 깊이 h에서 물을 미소하게 얇은 기둥 모양의 부분으로 나눈다. 이 부분의 두께는 dh, 상하의 면은 수평이고 면적도 우선 미소 dS라고 한다.

그런데 이 부분에 작용하는 힘은 수압에 의한 힘과 중력이다. 이것들을 계산한다.

① 수압에 의한 힘. 윗면의 수압을 p라고 한다.
윗면에서는 힘은 위로부터 아래로 $p \times$ 면적$= pdS$,
아랫면에서는 dh만큼 깊어지기 때문에 수압은 $p + dp$로 되며 힘은 아래로부터 위로 $(p + dp) \times$ 면적$= (p + dp)dS$
따라서 차감하여 위로 $dpdS$의 힘이 작용한다.

② 중력. 이 미소 기둥의 질량$= \rho \times$ 체적$= \rho dSdh$

따라서 아래로 $g \cdot \rho dSdh$의 힘이 작용한다.

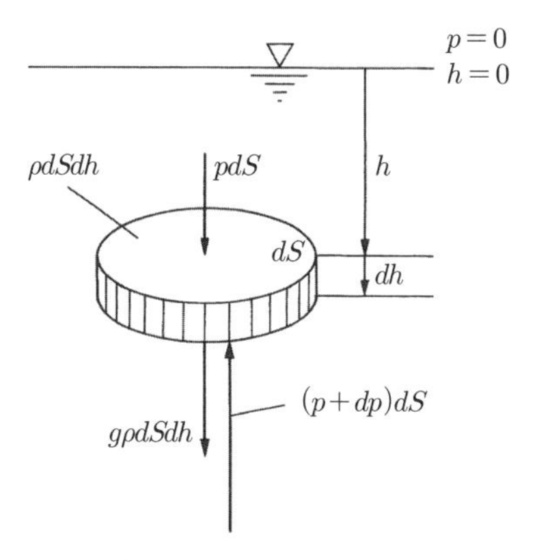

그림 9.30 정수압 계산의 원리

정수이므로 ①과 ②의 2개의 힘은 평형한다(측면의 수압은 서로 평형하고 있다).

따라서

$$dpdS = g\rho dSdh$$

즉

$$dp = g\rho dh \tag{9.23}$$

g, ρ가 깊이 h에 관계없다고 하면 식 (9.23)은 서로 적분할 수 있어 $p = g\rho h + C$. 여기서 C를 결정한다. C는 '임의 h에서 p가 어떠한 값을 취할까'라고 하는 조건에서 결정한다. 여기에서는 '수면 $(h=0)$에서 수압 $p=0$로 한다'라고 하는 조건을 채용해보자. 이와 같은 조건을 **초기 조건**이라 부른다. 그렇게 하면 적분 정수 C는

$$C=0$$

으로 된다. 따라서 수심과 수압의 관계는

$$p=g\rho h$$

즉 수압은 깊이에 비례함과 동시에 밀도 더욱이 중력가속도에 비례한다. 동일한 깊이에서도 수은에서는 ρ가 물의 약 13배이기 때문에 압력은 13배가 되고 달에 가면 g가 지구 상의 대략 1/6이므로 압력도 1/6이 된다.

예제 2 임의 재료로서 높이 H인 원기둥을 만들려고 한다. 원기둥의 윗면(반경 a)에 그림 9.31과 같이 하중 W가 걸릴 때, 원기둥의 각 단면에 미치는 압력 P가 지상으로부터의 임의 높이 h에 관계없이 일정하게 하고 싶다. 원기둥의 반경 r을 높이에 따라서 어떻게 바꾸어 나가야 할까. 즉 함수 $r=r(h)$를 구하시오. 다만 기둥의 밀도 ρ는 일정하고 재료는 압축되지 않는 것으로 하고 중력가속도 g로서 나타내는 것으로 한다.

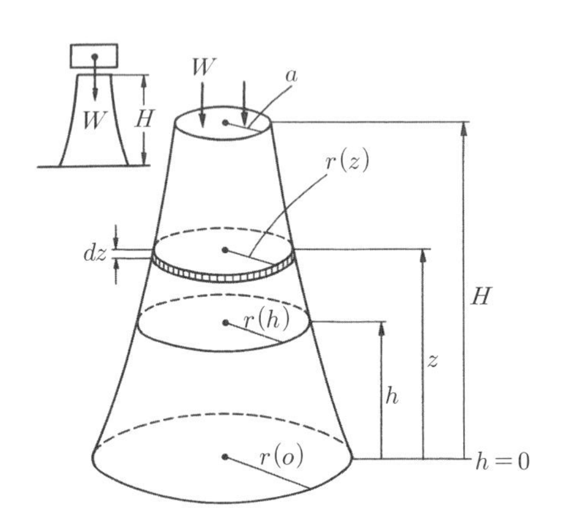

그림 9.31 예제 2의 설명도

풀이

① $r(h)$를 주는 방정식을 세운다. 이것을 위해 이하와 같이 생각해나간다. 문제의 뜻에 의해

$$P = \frac{\text{높이 } h\text{의 단면에 걸리는 힘 } G(h)}{h\text{의 단면적 } \pi\{r(h)\}^2} = \text{일정} \tag{9.24}$$

그렇지만 P는 원기둥 상면의 W에 의한 압력이기도 하므로 식 (9.24)에 의해

$$P = \frac{W}{\pi a^2} \tag{9.25}$$

한편

$$[\text{높이 } h\text{의 단면에 걸리는 힘 } Q(h)] = [h\text{보다 위의 부분의 중량 } w(h)] + W \tag{9.26}$$

이다. 그래서 다음에 $w(h)$를 산출한다. 이것을 산출하기 위해서는 높이 $z(z > h)$의 지점을 미소부분[두께 dz, 반경 $r(z)$]로 나누고 그 질량 $\rho\pi\{r(z)\}^2 dz$를 h로부터 H까지 적분하여 이것에 g를 곱하면 된다(z축은 지면으로부터 상향으로 취한다). 즉

$$w(h) = g\int_h^H \rho\pi\{r(z)\}^2 dz \tag{9.27}$$

식 (9.26)에 식 (9.24), (9.27)을 대입하여 정리하면

$$\int_h^H g\rho\pi\{r(z)\}^2 dz = P \cdot \pi\{r(h)\}^2 - W \tag{9.28}$$

이것이 $r(h)$를 주는 방정식이다.

② 방정식 (9.28)을 푼다. 이것을 위해 식 (9.28)을 변수 h로서 미분한다. 이것에는 9.11절의 식 (9.12)의 제2식을 응용한다.

주의 식 (9.12)를 응용할 때 여기에서는 h가 식 (9.12)의 x에, z가 t에 상당하는 것에 주의하시오.

식 (9.28)을 h로 미분하면

$$-g\rho\{r(h)\}^2 = P\frac{d}{dh}\{r(h)\}^2 \tag{9.29}$$

이것은 미분계수의 중에 구할 수 있는 거듭제곱 함수－미지함수－를 포함하는 방정식이다. 이와 같은 방정식을 **미분방정식**이라고 한다.

주의 예제 1의 식 (9.23)도 원래는 $dp/dh = g\rho$인 $p(h)$를 구하는 미분방정식이다.

방정식 (9.29)로부터 $r(h)$를 구하기 위해서는 다음과 같이 한다.

$X = \{r(h)\}^2$이라 두면 식 (9.29)는 (편의상, 우변과 좌변과 교환하여 둔다)

$$\frac{dX}{X} = -\frac{g\rho}{P}dh \tag{9.30}$$

우선 좌변을 적분한다. 9.10절의 공식 A3에서, $a=1$, $b=0$이라 두면

$$\int\frac{dX}{X} = \log_e|X|, \text{ 즉 } \int\frac{d\{r(h)\}^2}{\{r(h)\}^2} = \log_e\{r(h)\}^2$$

으로 된다.

한편 식 (9.30)의 우변을 적분하면

$$-\int \frac{g\rho}{P} dh = -\frac{g\rho}{P} h + C \quad (C\text{는 적분 정수})$$

따라서

$$\log_e \{r(h)\}^2 = -\frac{g\rho}{P} h + C \tag{9.31}$$

식 (9.31)로부터 직접

$$\{r(h)\}^2 = \exp\left(-\frac{g\rho}{P} h + C\right), \text{ 즉 } r(h) = \exp\left(-\frac{g\rho}{2P} h + \frac{C}{2}\right)$$

여기에서 $A = e^{C/2}$ (이번은 A가 적분 정수로 된다)라고 두면

$$r(h) = a = A \exp\left(-\frac{g\rho}{2P} h\right) \tag{9.32}$$

③ 다음에 적분 정수 A를 결정한다. A는 **초기 조건**으로 결정한다. 초기 조건으로서 기둥의 정상 ($h = H$)에서의 반경이 a인 것, 즉 식 (9.32)에서 $h = H$로 두어

$$r(H) = a = A \exp\left(-\frac{g\rho}{2P} H\right) \tag{9.33}$$

를 채택한다. 그렇게 하면 식 (9.33)으로부터

$$A = a \exp\left(\frac{g\rho}{2P} H\right) \tag{9.34}$$

식 (9.34)를 식 (9.32)에 대입하고 식 (9.25)에 의해 P를 W와 a로서 나타내면 방정식 (9.29)의 해, 식 (9.32)는

$$r(h) = a \exp\left\{ \frac{g\rho \cdot \pi a^2}{2W} (H-h) \right\} \tag{9.35}$$

로 된다.

④ 마지막으로 exp 내의 $(H-h)$의 계수의 의미부여를 한다. dim(계수) $= L^{-1}$에 착안하여

$$h_0 = H - \frac{2W}{g\rho \cdot \pi a^2} \tag{9.36}$$

라고 두면 이 계수의 의미가 이해하기 쉽게 된다. 즉 식 (9.35)는

$$r(h) = a \exp\left(\frac{H-h}{H-h_0} \right) \tag{9.37}$$

로 되고 h_0는 $r(h)$가 a인 $e(=2.718\cdots)$배가 되는 높이를 나타낸다.

식 (9.36)으로부터 다음의 것을 알았다. h_0가 작을수록 기둥은 위로 향하여 서서히 가늘어 지며 클수록 급하게 가늘어진다. 또 식 (9.36)으로부터 알 수 있는 바와 같이 h_0는 밀도 ρ가 클수록, 또 상면에 걸리는 하중 W가 작을수록 높아진다. 이것은 예상되는 것이다.

또한 이 원기둥 아랫면의 반경은 식 (9.37)에서 $h=0$으로 하면 얻어진다. 즉

$$r(0) = a \exp\left(\frac{H}{H-h_0} \right)$$

9.15 구조역학으로의 응용

앞 절에 이어서 미분 적분적 사고방식을 특히 토목공학에 응용하는 예를 기술한다.

9.15.1 처짐과 처짐각의 계산

예제 1 보의 처짐과 처짐각을 계산한다. 그림 9.32와 같이 길이 l인 단순보의 전길이에 등분포하중 q(보의 단위길이 당의 하중)가 재하되었을 때, 보에 지점 A로부터 x의 거리의 점 C의 처짐각 θ 및 처짐량 y를 구하시오.

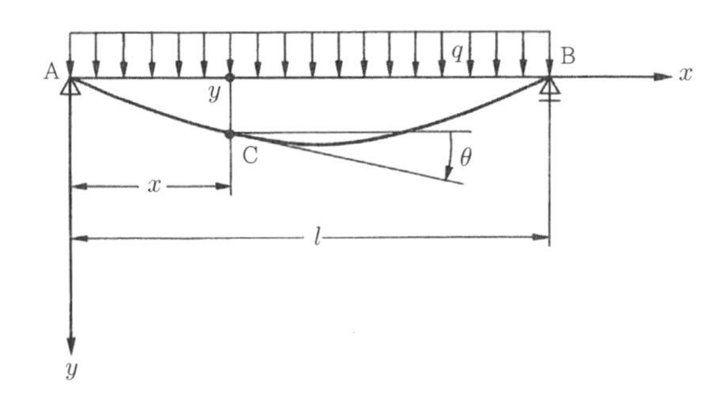

그림 9.32 보의 처짐 y와 처짐각 θ

다만 점 C의 휨 모멘트를 M_x라고 하면

$$M_x = \frac{1}{2} qx(l - x) \tag{9.38}$$

보의 단면 2차 모멘트(9.15.2항 참조)를 I, 보재의 탄성계수를 E라고 하면

$$\frac{d^2y}{dx^2} = -\frac{M_x}{EI} \tag{9.39}$$

풀이

보에서는 θ는 미소하다. 따라서 (9.6.2항 참조)

$$\theta \fallingdotseq \tan\theta = \frac{dy}{dx} \tag{9.40}$$

다음에 식 (9.38)을 식 (9.39)에 대입하면

$$\frac{d^2y}{dx^2} = -\frac{M_x}{EI} = -\frac{qx(l-x)}{2EI} \tag{9.41}$$

식 (9.40)과 식 (9.41)로부터 $\theta = \theta(x)$인 함수가 구해진다. 즉

$$\begin{aligned}\theta &= \frac{dy}{dx} = \int \frac{d^2y}{dx^2}dx = \int -\frac{qx(l-x)}{2EI}dx \\ &= -\frac{q}{2EI}\left(\frac{lx^2}{2} - \frac{x^3}{3} + C_1\right)\end{aligned} \tag{9.42}$$

더욱더 이것을 x에 대해서 적분하면 $y = y(x)$가 얻어진다. 즉

$$\begin{aligned}y &= \int -\frac{q}{2EI}\left(\frac{lx^2}{2} - \frac{x^3}{3} + C_1\right)dx \\ &= -\frac{q}{2EI}\left(\frac{lx^3}{6} - \frac{x^4}{12} + C_1x + C_2\right)\end{aligned} \tag{9.43}$$

여기에서 C_1, C_2는 적분 정수이다. 이것은 다음과 같이 지점 A, B에서의 조건(이것을 끝점에서의 조건이므로 **경계조건**이라고 한다)으로 결정한다. 즉

ⓐ 지점 A에서는 $x = 0$, $y = 0$. 그러므로 식 (9.43)으로부터 $C_2 = 0$

ⓑ 지점 B에서는 $x = l$, $y = 0$. 다시 식 (9.43)으로부터 $C_1 = -\dfrac{l^3}{12}$

이렇게 하여 마지막으로 x에 있어서의 처짐각 θ와 처짐량 y란 식 (9.42)와 식 (9.43)으로부터 각각

$$\theta = \frac{q}{24EI}(4x^3 - 6lx^2 + l^3)$$

$$y = \frac{qx}{24EI}(x^3 - 2lx^2 + l^3)$$

로 된다.

9.15.2 단면 1차 및 2차 모멘트의 계산(그림 9.33)

이것들은 토목이나 건축 재료의 강도 등의 계산에 중요한 개념이다.

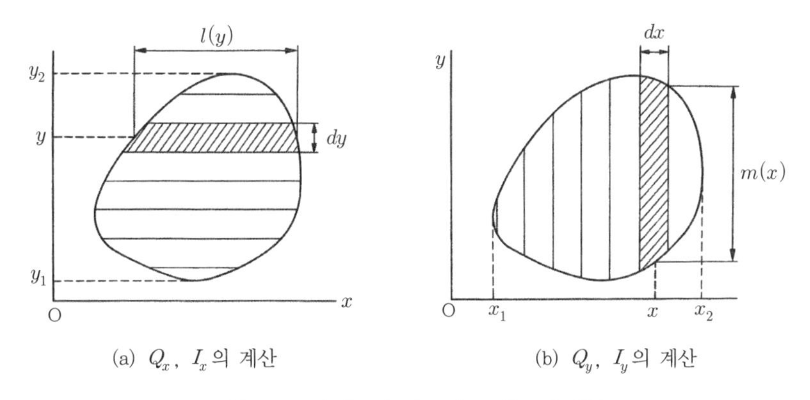

그림 9.33 단면 1차 및 2차 모멘트의 계산

1) 단면 1차 모멘트 Q_x, Q_y

하나의 도형의 미소부분(면적 dS)의 직교직선 좌표를 (x, y)라고 할 때

$$Q_x = \int y dS, \quad Q_y = \int x dS \tag{9.44}$$

(적분 범위는 도형 전체, 이것을 이후 $\int_s$ 라고 적는다)

를 각각 x축에 관한 단면 1차 모멘트 및 y축에 관한 단면 1차 모멘트라고 한다. 정의로부터 분명해지는 바와 같이 $\dim(Q) = L^3$(1장 참조)이다.

다음에 도형의 전면적을 S라고 할 때, 좌표가

$$x_0 = \frac{Q_y}{S}, \quad y_0 = \frac{Q_x}{S} \tag{9.45}$$

(Q의 첨자 x, y를 잘못 이해하지 않도록 주의!)

로 되는 점 G (x_0, y_0)를 이 도형의 **도심**이라 한다.

① Q_x의 계산

그림 9.33 (a)와 같이 도형을 x축에 평행하게 가로로 잘라 미소 폭의 띠로 나눈다. x축으로부터 거리 y인 띠의 폭을 dy, 길이를 l이라 하면 그 면적 dS는 ldy. 여기에서 l은 y의 함수로서 $l = l(y)$. 따라서 식 (9.44)로부터

$$Q_x = \int_s y dS = \int_{y_1}^{y_2} y\, l(y) dy \tag{9.46}$$

여기에서 y_1는 도형에서의 y의 최솟값, y_2는 최댓값

② **Q_y의 계산**

Q_x와 마찬가지로 도형을 y축에 평행하게 세로로 잘라서 생긴 미소폭의 띠의 길이를 $m(x)$라고 하면[그림 9.33 (b)],

$$Q_y = \int_s x dS = \int_{x_1}^{x_2} xm(x)dx \tag{9.47}$$

여기에서 x_1은 도형에서의 x의 최솟값, x_2는 최댓값

2) 단면 2차 모멘트

다음의

$$I_x = \int_s y^2 dS \quad I_y = \int_s x^2 dS \tag{9.48}$$

을 각각 x축에 관한 단면 2차 모멘트 및 y축에 관한 단면 2차 모멘트라고 한다. 정의로부터 명확한 바와 같이 $\dim(I) = L^4$이다.

① **I_x의 계산**

단면 1차 모멘트의 계산과 마찬가지로 생각하면 식 (9.48)로부터

$$I_x = \int_{y_1}^{y_2} y^2 l(y) dy \tag{9.49}$$

② **I_y의 계산**

마찬가지로

$$I_y = \int_{x_1}^{x_2} x^2 m(x) dx \tag{9.50}$$

3) 이상의 적분의 계산법

① 적분의 공식·규칙으로부터 직접 계산하는 방법

② 수치적분(9.13절)에 의하는 방법. ①로는 불가능한 경우

③ 보다 단순한 방법. 1)의 적분법 (9.44)나, 2)의 식 (9.48)을 그대로 합으로서 근사하는 방법. 도형을 N개의 매소 부분으로 나누고 i번째의 부분의 면적을 s_i, 그 좌표를 $(x_i,\ y_i)$라고 하면

$$Q_x = \sum y_i s_i,\ \ Q_y = \sum x_i s_i,\ \ I_x = \sum y_i^2 s_i,\ \ I_y = \sum x_i^2 s_i$$

여기에서 $\sum$는 $i=1$로부터 N까지 총합하는 것을 의미한다.

예제 2 그림 9.34의 △ AOH의 단면 1차 및 2차 모멘트 및 도심의 좌표를 구하시오. 다만 $\angle \mathrm{AHO} = \pi/2$, 또 $\angle \mathrm{AOH} = \theta$, $\mathrm{OH} = a$, $\mathrm{AH} = b$라고 한다.

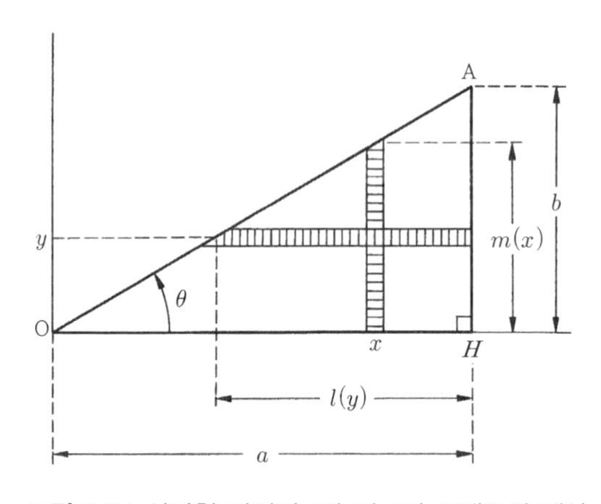

그림 9.34 삼각형 단면의 1차 및 2차 모멘트의 계산

풀이

3)의 ①에 의해서 적분할 수 있다. 그림 9.34로부터

$$l(y) = \frac{b-y}{\tan\theta} = \frac{a}{b}(b-y), \quad m(x) = x\tan\theta = \frac{b}{a}x$$

그러므로 (9.46), (9.47), (9.49), (9.50)으로부터

$$Q_x = \int_0^b y\frac{a}{b}(b-y)\,dy = \frac{ab^2}{6}, \qquad Q_y = \int_0^a x\frac{b}{a}x\,dx = \frac{a^2b}{3}$$

$$I_x = \int_0^b y^2\frac{a}{b}(b-y)\,dy = \frac{ab^3}{12}, \qquad I_y = \int_0^a x^2\frac{b}{a}x\,dx = \frac{a^3b}{4}$$

또 도심 G의 좌표 $(x_0,\ y_0)$는 $\triangle$ AOH의 면적 S가 $S = ab/2$이므로 식 (9.45)에 의해

$$x_0 = \frac{Q_y}{S} = \frac{2}{3}a, \quad y_0 = \frac{Q_x}{S} = \frac{1}{3}b$$

9.15.3 단순보에 걸리는 집중하중(합력)의 계산

그림 9.35와 같이 단순보 AB에 하중이 분포하고 있다. 이 하중의 집중하중(합력) P의 크기와 P의 작용점 G의 위치를 구한다.

A로부터 거리 x에 있어서의 보의 단위 길이에 걸리는 하중 w는 x의 함수이다. 이 분포 함수를 $w = w(x)$라고 한다. $\dim(w) = \dim(\text{힘}) \cdot L^{-1}$이다.

보의 미소부분 dx에의 하중은 $w(x)dx$. 따라서 보의 전체 길이 AB를 l이라 하면

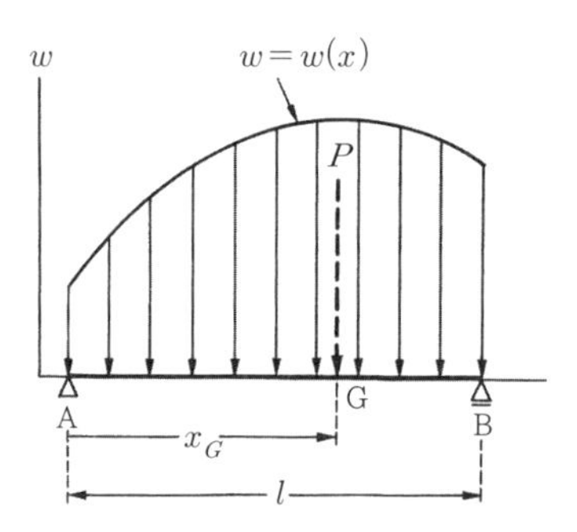

그림 9.35 단순보에 걸리는 하중 분포의 집중 하중 P와 작용점 G의 위치

$$P = \int_0^l w(x)\,dx \tag{9.51}$$

또 A로부터 G까지의 거리를 x_G라고 하면 전하중에 의한 A의 둘레의 모멘트와 P가 보의 1점 G에 집중하여 걸린 모멘트 $P \cdot x_G$와는 같은 것이므로

$$\int_0^l w(x)\,x\,dx = Px_G \quad \text{그러므로} \quad x_G = \frac{1}{P}\int_0^l w(x)\,x\,dx \tag{9.52}$$

여기에서 x_G는 **하중도**[하중도란 하중 분포를 나타낸 그림 9.35와 같은 그림을 말한다. 그림 9.13 (b)나 그림 9.36은 그 예이다. 세로의 많은 화살표는 $w(x)$의 크기에 비례시키고 있다]를 하나의 도형으로 간주하였을 때의 도심(9.15.2항 참조)의 x좌표가 된다.

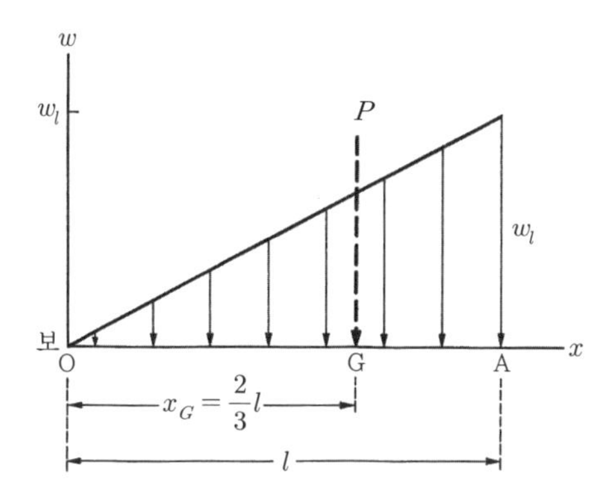

그림 9.36 단순보에 걸리는 등변분포 하중의 집중하중 P와 작용점 G의 위치

예제 3 하중이 $w(x) = w_l \cdot (x/l)$ (w_l은 $x = l$에 있어서의 w의 값)인 분포를 하는 분포 하중을 **등변분포하중**이라 한다(하중도는 그림 9.36과 같은 삼각형이 된다). 이 분포 하중의 집중하중 P와 작용점의 위치 x_G를 구하시오.

풀이

식 (9.51)에 의해

$$P = \int_0^l w_l \frac{x}{l} dx = \frac{1}{2} w_l l$$

또 식 (9.52)에 의해

$$x_G = \frac{1}{P} \int_0^l w_l \frac{x}{l} x dx = \frac{2}{3} l$$

주 등변분포하중에 있어서의 집중하중 P가 $(1/2)w_l l$로 되고 또 x_G가 $w(x) = 0$인 점으로부터 $(2/3)l$의 거리에 있다고 하는 것을 9.4절 예제 3에서 이용하고 있다.

연 습 문 제

9.1 다음의 함수를 미분하시오(미분의 공식 A 2, B 1, B 2의 연습).

① $y = 1/x^4$ ② $y = \sqrt[4]{x}$

③ $y = 1/\sqrt[3]{x}$ ④ $y = 1/\sqrt[3]{x^2}$

⑤ $y = 3x^2 + 2x - 1$ ⑥ $y = ax^4 - b(x^2 + c)^2$ (a, b, c는 정수)

9.2 다음의 함수를 미분하시오(미분법 규칙 B 3, B 4의 연습).

① $y = x^2 \cos x$ ② $y = e^x/x$

③ $y = (\log_e x)/(1 + x)$ ④ $y = x^2 \sin x \cos x$

⑤ $y = \cot x$ ⑥ $y = \log_{10} x$

9.3 다음의 함수를 미분하시오(a는 정수, B 5의 연습).

① $y = \sin (ax)$ ② $y = \cos^2 x$

③ $y = \sin (x^2)$ ④ $y = \sqrt{ax^2 + bx + c}$

⑤ $y = 1/\sqrt[3]{1 + x^3}$ ⑥ $y = \log_e (a^2 + x^2)^{1/2}$

⑦ $y = e^{ax}$ ⑧ $y = \exp(-ax^2)$

⑨ $y = e^{-a \sin 2x}$ ⑩ $y = \log_e (1 + \sqrt{1 + x^2})$

⑪ $y = \sqrt{1 - a^2 \sin^2 x}$ $a^2 < 1$ ⑫ $y = \sqrt{\sin^{-1} x}$ $(0 < x < \pi/2)$

9.4 대수 미분을 이용하여 다음을 미분하시오(a는 정수).

① $y = (x + 1)(x + 2)(x + 3)$

② $y = a^x$ $(a > 0)$

③ $y = x^{1/x}$ $(x > 0)$

9.5 다음의 함수를 미분하시오(B 6의 연습).

① $y = \cos^{-1} x$

② $y = \tan^{-1} x$ (다만 어느 것도 주치主値)

9.6 다음 함수의 dy/dx를 구하고 매개변수로서 나타내시오(다만 A, B, a, b는 정수, B 7의 연습.

① $x = at + t^2$, $y = b - t$

② $x = A \sin a\theta$, $y = B \cos b\theta$

9.7 5장 예2에서 시간 침하곡선(침하량 y[%]와 시간 T와의 관계)이 $y = 100 \exp(-T/T_0)$[%]인 식으로서 표현되는 것을 보았다. T와 T_0의 단위를 일(day)로 할 때, T일째의 침하속도[%/일]을 나타내는 식을 도출하시오.

9.8 $f(x) = \exp(-ax^2)$ $(a > 0)$에 대해서 ① 증가감소의 범위, ② 요철의 범위와 변곡점의 x의 좌표, ③ 극대·극소의 x 및 $f(x)$의 극댓값·극소값을 구하시오.

9.9 사이클로이드(9.2절 예제 12 참조)의 1점 $\mathrm{P}(x_p(\theta), y_p(\theta))$ $(\theta > 0)$에 있어서의 접선 및 법선의 방정식을 적으시오.

9.10 곡선 $y = (1/3)x^3 - (1/2)x^2 + x + 1$ 상의 점 $\mathrm{A}(0, 1)$에 있어서의 곡률, 곡률 반경, 곡률 중심의 좌표를 구하시오. 또 이 곡선의 그래프를 그리고 곡률원도 그리시오.

9.11 $y = \cosh x$의 곡선에서 $x = 0$인 점 A와 $x = 1$인 점 B의 곡률 반경을 ρ_A, ρ_B라고 할 때, ρ_B/ρ_A는 얼마가 될까.

9.12 $\cos x$, $\tan x$, e^x, $\log_e(1+x)$를 x^4까지 매클로린전개가 207쪽의 전개식이 되는 것을 증명하시오.

9.13 다음의 함수의 편미분계수를 구하시오.

① $z = x^3 + 3x^2y - 2xy^2 + 4y^3$ (2변수함수)

② $R = \sqrt{x^2 + y^2 + z^2}$ (3변수함수)

9.14 타원

$$\frac{x^2}{25} + \frac{y^2}{9} = 1$$

위의 점 A $(3, 12/5)$에 있어서의 접선과 법선의 방정식을 구하시오.

9.15 ① $(r,\ \theta)$를 독립변수라 한다. $x = r\sin\theta$의 전미분의 식을 쓰시오.

② $(a,\ b,\ \theta)$를 독립변수라 한다. $c = (a^2 + b^2 - 2ab\cos\theta)^{1/2}$의 전미분의 식을 쓰시오.

9.16 절벽 꼭대기의 앙각 θ와 절벽아래까지의 거리 a를 측정하였다. $\theta = 30°$, $a = 120\,\mathrm{m}$, a에 오차 $da = 0.5\,\mathrm{m}$, θ에 오차 $d\theta = 1'$이 있었다. 절벽의 높이와 그것에 생긴 오차를 구하시오.

9.17 x에 dx, y에 dy의 오차가 있다. $s = (x^2 + y^2)^{-1/2}$의 오차를 구하시오.

9.18 $\sqrt{a^2 - x^2}$ $(a > 0)$을 적분하시오.

힌트 : $x = a\sin\theta$ $(-\pi/2 < \theta < \pi/2)$로 둔다. 삼각함수의 공식(이 경우는 배각의 공식)을 이용하여 적분의 공식 A 6에 가져간다.

9.19 문제 그림 9.1과 같이 $y = x^2/a$와 $y^2 = bx$로서 둘러싸인 도형 A의 면적 S를 구하시오. 다만 $a,\ b > 0$.

9.20 230쪽의 부채꼴의 면적을 구하는 식 (9.13)을 증명하시오.

9.21 곡선 $y = a\sqrt{\sin x}$를 x축의 둘레에 1회전시켜 생기는 회전체의 $x = 0$으로부터 π까지의 체적을 구하시오.

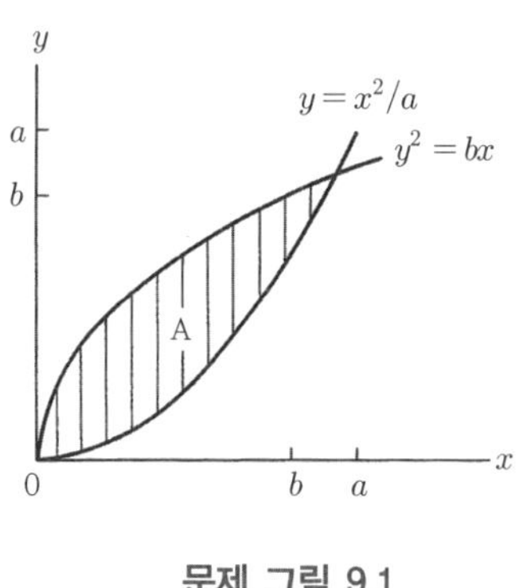

문제 그림 9.1

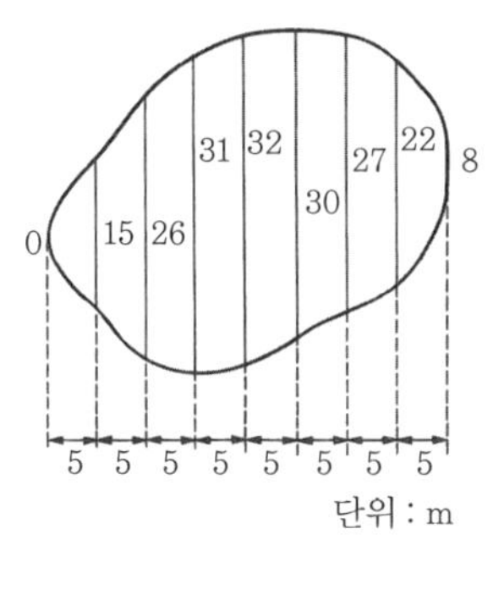

문제 그림 9.2

9.22 그림 9.23을 참조하여 호길이 l로부터 $\tan\tau$, $\tan\sigma$ (σ를 극각極角이라 한다), 곡률 중심 M의 좌표 (x_M, y_M)을 구하는 식을 만드시오. 또 $\tan\tau$로부터 단접선장 t_K, 장접선장 t_L을 구하는 식을 만드시오.

9.23 대부분 원뿔대라 간주해도 좋은 산이 있다. 밑면의 면적은 $4.8\,\text{km}^2$, 윗면의 면적은 $4.0\times10^4\,\text{m}^2$, 높이는 100m이다. 이 산의 체적을 m^3로서 유효숫자 2자리까지 구하시오.

9.24 문제 그림 9.2와 같은 못이 있다. 이 못의 면적을 ① 사다리꼴법칙과, ② 심프슨 법칙으로 모두 m^2의 소수점 아래 1자리까지 구하시오. 또 결과를 비교하여 그 차의 원인을 고찰하여 보시오.

9.25 문제 그림 9.3은 어느 산의 지형도로서 표고 120m로부터 240m까지의 등고선을 나타낸다. 등고선 간격은 20m, 각 등고선으로 둘러싸인 면적은 아래에 기록한 대로이다. 표고 120m 이상의 산의 체적을, ① 사다리꼴법칙, ② 심프슨 법칙, ③ 원뿔대 공식의 축적으로 모두 m^3의 유효숫자 3자리까지 구하시오. 또 그 결과를 비교하시오.

120m 등고선이 둘러싼 면적 : $54{,}000\text{m}^2$, 200 등고선이 둘러싼 면적 : $4{,}800\text{m}^2$,

140m 〃 : $28{,}000\text{m}^2$, 220 〃 : 900m^2,

160m ″ : $16{,}000\text{m}^2$, 240 ″ : 0m^2,

180m ″ : $10{,}000\text{m}^2$,

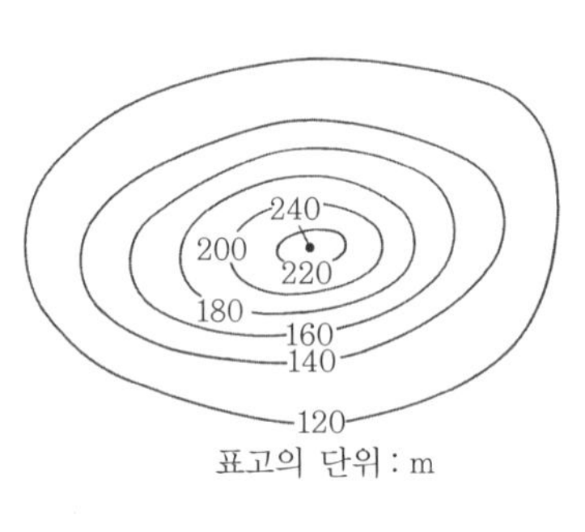

문제 그림 9.3

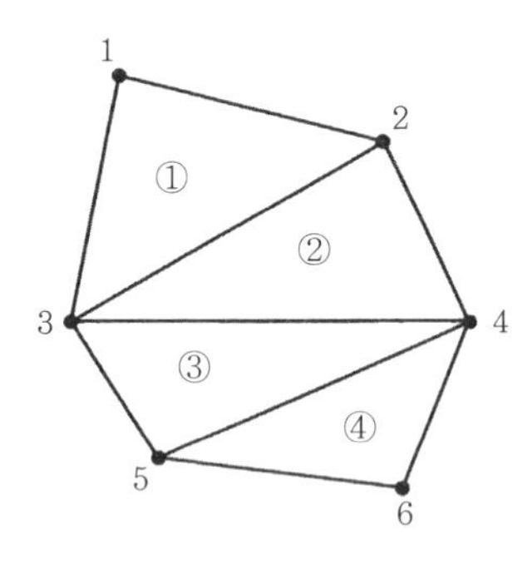

문제 그림 9.4 숫자는 구석점 번호

9.26 문제 그림 9.4와 같이 어느 지역의 지표면을 지형도상에서 인접하는 삼각형의 구획으로 나누었다. 각 구획의 면적 [m^2], 구석점의 기준면으로부터의 높이 [m]를 아래에 나타낸다. 이 지역의 기준면으로부터의 총토량을 점고법으로서 m^3까지 구하시오.

구획	면적(m^2)
①	170
②	180
③	125
④	100

구석점	높이(m)
1	3.0
2	4.0
3	3.6
4	4.8
5	4.6
6	5.4

9.27 어느 하천의 횡단면에서 문제 그림 9.5와 같은 수심과 아래 표와 같은 유속(3점법)을 얻었다. 유량 Q를 구하시오.

구획	1	2	3	4	5
$V_{0.2}$	0.5	1.3	1.5	1.2	0.4
$V_{0.6}$	0.4	0.9	1.0	0.8	0.2
$V_{0.8}$	0.2	0.6	0.7	0.5	0.1

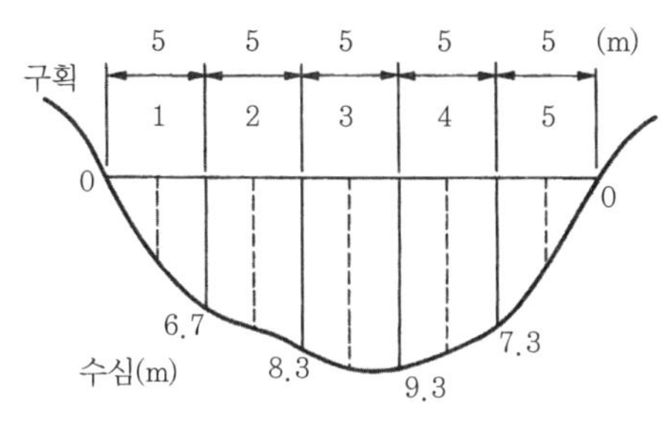

문제 그림 9.5

다만 수심과 구간 폭은 m, 유속은 m/s를 단위로 한다.

9.28 윗면의 반경이 1.0m, 높이가 10m, 밀도가 $2.4\,\text{kg/m}^3$의 원기둥에 1,852N(0.189tonf)의 하중이 걸리고 있다. 이 h_0와 기둥의 밑면의 반경을 9.14절 예제 2의 결과를 이용하여 구하시오. 다만 중력가속도 $g = 9.80\,\text{m/s}^2$라고 한다.

9.29 스틸 와이어로서 깊이 H인 바다에 무게 W인 관측기기를 매달려고 한다. 와이어 단면에 걸리는 장력을 어느 깊이에서도 일정하게 하기 위해서는 깊이 h와 함께 와이어의 크기를 어떻게 바꾸어야 할까. 다만 와이어의 단면은 원, 깊이 H에 있어서의 반경은 a, 와이어의 밀도 ρ는 일정, 중력 가속도는 g로 하고 부력은 무시한다.

9.30 문제 그림 9.6과 같은 직사각형의 y축에 관한 단면 (C)의 1차 및 2차 모멘트를 구하시오.

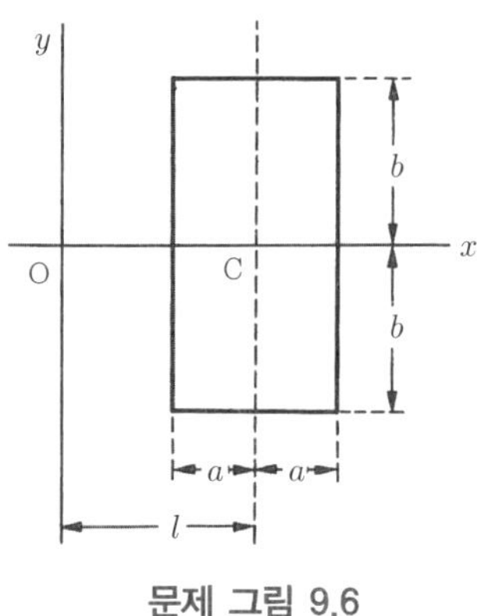

문제 그림 9.6

9.31 반경 R인 원의 하나의 직경에 관한 단면 2차 모멘트가 $(\pi/4)R^4$인 것을 증명하시오.

다만 적분공식

$$\int x^2\sqrt{R^2-x^2}\,dx = \frac{1}{8}\left\{x\sqrt{R^2-x^2}\,(2x^2-R^2)+R^4\sin^{-1}\left(\frac{x}{R}\right)\right\}$$

(주치)를 이용하시오.

9.32 길이 l인 단순보 AB에 하중이 $w(x)=(w_l/l^2)\cdot x(4l-3x)$인 함수로서 분포하고 있다($x$는 끝 A로부터의 거리). 이 분포 하중의 집중하중 P와 작용점의 위치 x_G를 구하시오. $l=1$로 하여 $w(x)$의 그래프를 그리고 어떠한 분포하중인가를 관찰하시오.

Chaptaer 10

데이터 정리방법

Chapter 10 데이터 정리방법

토목공사에 있어서의 데이터에는 시공 전(조사 계획 시)의 각종 측정 데이터나 시공 시에 있어서의 시공관리·품질관리의 데이터 등이 있다. 이러한 데이터로부터 측정값의 경향이나 **서로의 관련성** 및 **관리상의 문제점**을 발견하는 것이 가능하다. 그것을 위해서는 데이터의 통계적 수법·처리가 시행된다. 이것을 위해서는 우선 데이터를 통계적 수법으로 처리하여 가능한 한 확실한 값을 구하고 나아가 그 **신뢰성**을 파악하여 두지 않으면 안 된다.

이 장에서는 토목에 관련된 데이터 정리방법을 알아본다. 데이터의 정리방법은 5.4절의 그래프 그리는 방법에서 일부 소개하였지만 여기에서는 더욱더 일반적으로 자주 사용되고 있는 방법을 기술하여 본다.

10.1 데이터와 오차

측정값에는 여러 가지 원인으로 오차가 들어가고 또 진실을 나타내지 못하는 것도 있다. 그 원인은 다음의 3가지이다.

1) 계통오차 : 측정값의 참으로부터의 **어긋남**

예를 들면 계기의 침이 영점으로부터 어긋나 있는 경우(중량계 등의)나 광파측량기로서 빛의 속도가 대기 상황의 영향을 받는 경우에 계통오차가 생긴다. 측정자의 읽는 버릇 등도 이 원인이 된다(개인오차).

계통오차는 측정기기의 조정·수리 등으로 **수정(보정)**하여 일반적으로 제거 가능하다.

다음 절에서 계통오차에 대해서 약간 기술한다.

2) 우연오차 : 측정값의 편차

임의 양을 몇 회 측정하면 아무리 측정기기나 측정조건을 정비하고 측정에 주의를 기울여도 측정 때마다 편차가 생겨버린다.

이것은 **제거나 보정은 불가능**하므로 구하는 값은 편차가 있는 개개의 측정값으로부터

① 가장 확실한 것 같은 값(최확값)

② 편차의 정도, 결국 최확값이나 개개의 측정값의 오차, 신뢰도이다. 우연오차의 처리는 10.3절 이하에서 기술한다.

3) 선택효과 : 데이터를 수정할 때 무심코 특정 그룹의 데이터를 취해버려 데이터 전체에 편차가 생기는 것(이 효과는 앙케트 조사 등에서 일어나기 쉽다).

선택 효과가 들어가지 않도록 충분한 주의가 필요하다.

이렇게 하여 데이터는 우선 3)의 선택효과의 주의하여 수집하고 다음에 1)의 계통오차를 수정하여 올바른 측정값으로 고치고 그리고 이 장의 최초에 기술한 최확값과 그 신뢰성을 구한다고 하는 2)의 우연오차의 처리로 옮긴다.

10.2 계통오차의 대처와 전파

측정 기기나 측정 방법을 연구하여 계통오차의 원인이 될 만한 것을 예로 들어 생각하여 오차의 원인을 파악하는 것, 앞 절에서 다룬 바와 같이 제거법이나 측정값의 수정(보정방법)을 알아두어야 한다.

10.2.1 계통오차의 전파(9.8절 참조)

어느 양 u가 다른 양 x, y, $\cdots$의 함수라고 한다.
x에 dx, y에 dy, $\cdots$의 오차가 있을 때 u에 생긴 오차 du는

$$du = \frac{\partial u}{\partial x}dx + \frac{\partial u}{\partial y}dy + \cdots \tag{10.1}$$

u가 x만의 함수(1변수 함수)의 경우는 물론

$$du = \frac{du}{dx}dx \tag{10.2}$$

10.2.2 상대오차

x의 계통오차가 dx일 때, dx를 보기보다 dx/x를 보는 쪽이 정밀도를 잘 이해할 수 있는 경우가 있다. 예를 들면 2개의 측정에서 동일한 $dx = 100\,\mathrm{g}$의 오차에서도 $x = 1\,\mathrm{kg}$에 대해서보다 1000kg에 대한 쪽이 정밀도가 좋다고 판단된다.

$\frac{\text{오차}}{\text{본체}}$, 즉 $\frac{dx}{x}$를 **상대오차**라고 한다.

식 (10.1)로부터

$$\frac{du}{u} = \frac{x\,\partial u}{u\,\partial x}\frac{dx}{x} + \frac{y\,\partial u}{u\,\partial y}\frac{dy}{y} + \cdots$$

dx/x 등의 계수의 $|x\,\partial u/u\,\partial x|$ 등은 측정상 중요한 의미를 가진다. 이것이 큰 변수의 오차는 du의 오차에 크게 영향을 주므로 그 변수는 보다 정밀하

게 측정해야 하는 것을 말한다. 상대오차는 무차원이기 때문에 오차의 비교에 편리한 것이 많다.

10.2.3 계통오차의 한계

공식

$$|ab| = |a| \cdot |b|$$
$$|a+b+\cdots| \leq |a|+|b|+\cdots$$

를 이용하면 식 (10.1)로부터 u의 오차 du의 한계를 추측할 수 있다. 즉

$$|du| \leq \left|\frac{\partial u}{\partial x}\right||dx| + \left|\frac{\partial u}{\partial y}\right||dy| + \cdots$$

1변수의 경우는 식 (10.2)로부터 추측할 수 있다.
상대 오차의 한계도 마찬가지 식으로서 추측할 수 있다.

주의 오차의 한계는 계통오차에 대한 개념이다. 우연오차에는 오차의 한계라는 사고는 없다.

예제 1 어느 지점의 중력가속도 g는 매다는 실의 길이 L인 자유진자를 흔들어 그 진동 주기 T를 측정하여 다음의 식으로서 구할 수 있다(다만 진폭은 작다고 한다).

$$g = \frac{4\pi^2 L}{T^2}$$

L에 dL, T에 dT의 계통오차가 있을 때, g에 생기는 오차 dg, 상대오차의 식을 만드시오. 더욱이 어느 양을 보다 정밀하게 측정해야 할까.

풀이

$$\frac{\partial g}{\partial L} = \frac{4\pi^2}{T^2}, \qquad \frac{\partial g}{\partial T} = -\frac{8\pi^2 L}{T^3}$$

그러므로

$$dg = \frac{4\pi^2}{T^2} dL - \frac{8\pi^2 L}{T^3} dT$$

또 상대오차는

$$\frac{dg}{g} = \frac{dL}{L} - 2\frac{dT}{T}$$

그러므로 T는 L보다 정밀하게 측정하여야 한다.

10.3 편차가 있는 데이터의 처리

10.1~2절에서 기술한 바와 같이 데이터는 선택효과에 주의하여 수집하고 계통오차를 수정하여 바른 측정값으로 고친다. 다음에 측정 데이터에 들어 있는 우연오차, 즉 데이터의 편차를 처리하여 데이터의 최확값이나 그 신뢰성을 구하거나 품질관리를 위한 데이터 처리를 하거나 나아가 데이터 사이의 상관이나 관계식을 구한다. 이하 우연오차 처리의 기본적 사고방식을 여기에서 기술하여 둔다.

오차론, 최소 자승법은 수학자·물리학자·천문학자인 가우스(Carl Friedrich Gauß, 독일, 1777~1855)의 창시에 관계된다. 가우스의 오차분포곡선도 그 일부이다. 가우스는 과학 사상 가장 위대한 학자의 한 사람으로서 그의 이름이 붙은 정리나 공식 등은 50개에 이른다고 한다. 당시는 물론 후세까지 그의 업적의 은혜를 받고 있다. 1991년 가우스는 독일연방공화국의 10마르크 지폐에 있었다.

10.3.1 직접 측정의 오차 처리

직접 측정이란 예를 들면 길이의 측정과 같이 단일의 양 x의 측정인 것이다. 이것을 n회 측정하면 x_1, x_2, $\cdots$, x_n이라고 하는 결과를 얻는다. 이것으로부터 x의 최확값 $\overline{x}$를 구하기 위해서는 다음과 같은 사고방식에 의한다.

$v_i = x_i - \overline{x}$라고 두면[v_i를 잔사(残渣, 나머지)라고 한다] 그림 10.1 (a)와 같이 된다(그림 중에서 측정값 점을 ●으로 나타낸다). 여기에서

$$Q = \sum_{i=1}^{n} v_i^2 = \sum_{i=1}^{n} (x_i - \overline{x})^2$$

를 **최소로 하는 것과 같은 값을** 최확값이라고 생각하는 것이다. 이와 같이 하여 최확값을 구하는 방법을 **최소 자승법**이라고 한다. 이 사고방식을 밀고 나간다. Q를 최소로 하는 것이기 때문에(9.4.3항 참조),

$$\frac{dQ}{d\overline{x}} = 0$$

로 하는 것과 같은 $\overline{x}$를 구하면 된다. 즉

$$\frac{dQ}{d\overline{x}} = -2\sum_{i=1}^{n}(x_i - \overline{x}) = -2\sum_{i=1}^{n} x_i + 2n\overline{x} = 0$$

그러므로

$$\bar{x} = \frac{\sum_{i=1}^{n} x_i}{n}$$

로 된다. 이것은 x_i의 **산술평균**이나 다름없다.

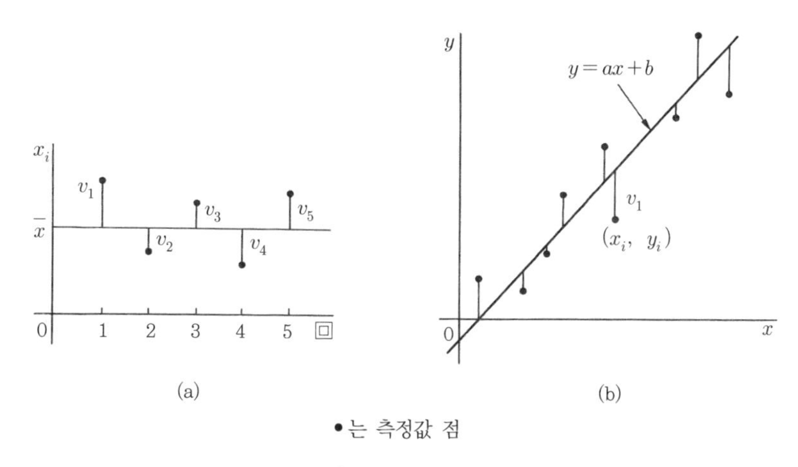

• 는 측정값 점

그림 10.1 최소 자승법의 사고방식

그래서 평균값=최확값이 된다.

주 다만 이 경우는 매회의 측정이 동일한 정밀도 – 동일한 다중값이라고 하는 – 에서 시행된 경우로서 통상은 이 경우가 많다.

이것으로부터 x_i의 편차의 정도, 즉 개개의 측정 정밀도를 나타내는 양, **표준편차**(**평균오차**라고도 함)는

$$\sigma = \sqrt{\frac{\sum_{i=1}^{n}(x_i - \bar{x})^2}{n}}$$

더욱이 최확값 $\bar{x}$의 정밀도를 나타내는 표준 편차는

$$\bar{\sigma} = \sqrt{\frac{\sum_{i=1}^{n}(x_i - \bar{x})^2}{n(n-1)}}$$

로 된다.

주 이들 공식의 산출법은 여기에서는 생략한다.

10.3.2 간접 측정의 우연오차의 처리

2개의 량 x, y를 측정하여 그 사이의 관계식을 구하는 것을 간접 측정이라 한다. n개의 측정값의 조(x_1, y_1), $\cdots$, (x_n, y_n)이 얻어졌다고 한다. 여기에서 y에만 오차가 있는 것으로 한다. 이제 $y = ax + b$라고 하는 1차의 관계식이 예상될 때 a, b의 최확값을 구해보자. 이때 최소 자승법의 사고방식은 다음과 같다.

측정값 점을 구하는 직선으로부터 어긋남을 $v_i = ax_i + b - y_i$라고 하면 그림 10.1 (b)와 같이 된다. v_i를 **잔차**殘差라고 한다.

여기에서 $Q = \sum_{i=1}^{n}(y_i - ax_i - b)^2$를 최소가 되도록 a, b를 결정한다. $v_i^2 = a^2x_i^2 + y_i^2 + b^2 + 2(abx_i - ax_iy_i - by_i)$로 되며 이것을 바꾸어 쓰면 다음과 같이 된다.

또한 이후 $\sum_{i=1}^{n}$을 [ ]로서 줄여서 적는다. 예를 들면 $\sum_{i=1}^{n} x_i = [x]$,

$\sum_{i=1}^{n} x_i y_i = [xy]$, $\sum_{i=1}^{n} x_i^2 = [x^2]$. $[1] = n$인 것 및 $[x^2] \neq [x]^2$에 주의

$$[v^2] = a^2[x^2] + [y^2] + nb^2 + 2(ab[x] - a[xy] - b[y])$$

$$\frac{\partial [v^2]}{\partial a} = 2a[x^2] + 2b[x] - 2[xy] = 0$$

$$\therefore \ [x^2]a + [x]b = [xy]$$

$$\frac{\partial [v^2]}{\partial b} = 2nb + 2a[x] - 2[y] = 0$$

$$\therefore \ [x]a + nb = [y]$$

따라서

$$\begin{cases} [x^2]\,a + [x]\,b = [xy] \\ [x]\,a + nb = [y] \end{cases} \tag{10.3}$$

식 (10.3)을 **정규 방정식**이라고 한다.

a, b를 구하면(해법은 6.4, 6.7, 6.8절 참조)

$$a = \frac{n[xy] - [x][y]}{n[x^2] - [x]^2} \quad b = \frac{[x^2][y] - [xy][x]}{n[x^2] - [x]^2} \tag{10.4}$$

로 된다.

여기에서 ε_a를 a의 평균 오차, ε_b를 b의 평균오차라고 하면 다음과 같이 표현된다.

$$\varepsilon_a = \sqrt{\frac{[vv]}{n-2} \cdot \frac{n}{\Delta}}, \ \varepsilon_b = \sqrt{\frac{[vv]}{n-2} \cdot \frac{[xx]}{\Delta}} \tag{10.5}$$

다만 Δ는 $\Delta = n[x^2] - [x]^2$이다.

이와 같이 구해진 식 $y = ax + b$를 $(x,\ y)$의 **회귀식**, 그 그래프의 직선을 **회귀직선**이라고 한다. 10.7절에 계산 예를 게재한다.

주1 2차 이상의 회귀식도 고려할 수 있다. 그때는 $Q = \sum_{i=1}^{n}(y_i - ax_i^2 - bx_i - c)^2$ 등으로 한다.

주2 a, b의 표준편차의 공식의 도출법은 생략한다.

주3 10.4절의 히스토그램에 있어서 데이터 개수 n이 많고 계수 폭을 충분히 작게 한 경우, 그림 10.2와 같은 매끄러운 곡선이 얻어질 것이다.
우연 오차가 나타나는 히스토그램은,

$$y = f(x) = \frac{1}{\sqrt{2\pi} \cdot \sigma} e^{-\frac{(x-\bar{x})^2}{2\sigma^2}}$$

와 같은 식으로서 표현되는 곡선이 된다. 이것을 **가우스의 오차곡선**이라 부른다. 또 이와 같은 분포를 **정규분포**라고 한다. 이 분포는 최댓값의 **둘레**에 대칭으로 된다. 이 분포의 평균값은 곡선의 최댓값을 취하는 x의 값이다. 이것이 최확값 $\bar{x}$로 된다. 또 표준 편차 σ는 변곡점의 x의 값이다. σ는 그림 10.2와 같이 그래프 상에서 $-\sigma \leq x \leq \sigma$의 면적이 전면적의 약 0.68이 되는 값이다.

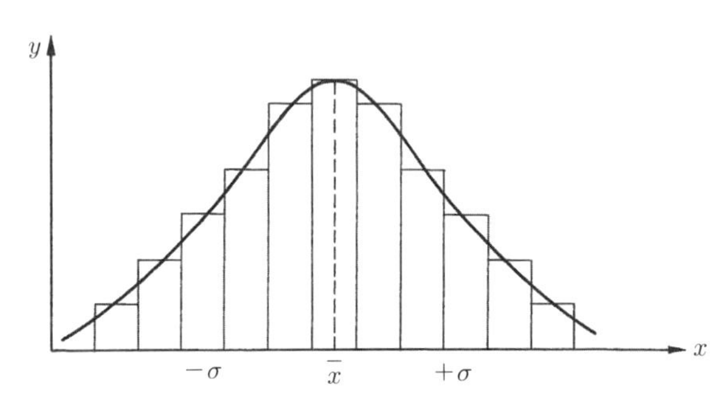

그림 10.2 정규분포곡선

10.4 히스토그램과 관리도의 작성

토목공사에 있어서 시공관리를 경제적, 합리적으로 실시하기 위해 공사 관리(시공관리)상에 있어서의 각각의 측정 데이터를 취하여 품질특성의 적정을 확인할 필요가 있다. 그러기 위해 품질관리를 시행함에 즈음해서 어떠한 수법으로 처리하고 있는가, 여기에서 기술해본다. 품질관리의 수법에는 다음의 2가지가 있다.

① 히스토그램에 의한 규격의 관리
② 관리도($\overline{x}-R$관리도)

10.4.1 히스토그램

데이터의 출현 도수와 품질특성을 막대그래프로서 표현한 것을 히스토그램이라고 부른다. 이 히스토그램에 의해서 품질특성의 개략을 판명한다.

히스토그램은 다음의 순서에 의해 작성된다.

순서 ① 데이터를 많이 모은다.
순서 ② 데이터 중에서 최댓값과 최솟값을 구한다.
순서 ③ 전체 데이터를 그룹으로 나누어 도수분포표를 작성한다.
순서 ④ 가로축에 품질특성, 세로축에 도수를 취하여 히스토그램을 작성한다.

예제 1 콘크리트 공시체 20개의 압축강도를 구하면 다음과 같이 되었다. 이러한 값으로부터 도수 분포표를 작성하고 히스토그램을 작성하시오.

(압축강도 kgf/cm^2)

234	244	239	263	243	220	235	269	245	243
227	241	218	259	247	231	231	249	215	240

풀이

(1) 최댓값과 최솟값

공시체의 압축강도의 최댓값은 269, 최솟값은 215이다.

(2) 도수분포표의 작성

215～224	下	$n=3$	245～254	下	$n=3$
225～234	止	$n=4$	255～264	丅	$n=2$
235～244	正丅	$n=7$	265～274	一	$n=1$

(3) 히스토그램

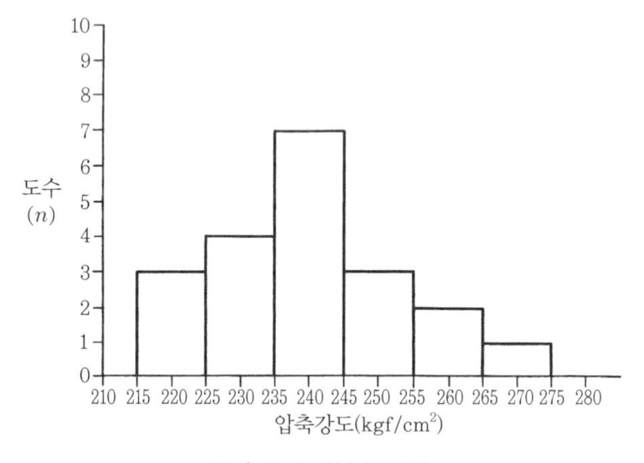

그림 10.3 히스토그램

10.4.2 관리도($\overline{x}-R$ 관리도)

건설 공사에 있어서 품질관리에 이용하는 데이터는 길이, 중량, 강도 등의 계량값이다. 이러한 수치는 연속된 값으로 되어 관리된다. 이 계량값의 관리도로서 $\overline{x}-R$ 관리도가 자주 이용되고 있다. 여기에서 작성 방법과 그림의 읽는 방법을 예에 의해서 설명한다.

- **$\overline{x}$ 관리도** : 평균값을 이용하는 관리도. 데이터의 수치를 평균값 ($\overline{x}$)에 의해서 관리한다.
- **R관리도** : 범위를 이용하는 관리도. 데이터의 편차를 범위 (R)에 의해서

관리한다.

$\overline{x}-R$관리도의 작성 순서

순서 ① 데이터의 수집과 그룹 분류. 데이터를 구분한다. 1그룹의 크기(데이터 수)는 5 정도가 적당하다.

순서 ② 데이터의 합계 (Σx)를 구한다.

순서 ③ 평균값 ($\overline{x}$)의 계산

순서 ④ 범위 (R)의 계산 $R = x_{max} - x_{min}$(최댓값－최솟값)

순서 ⑤ 총평균 ($\overline{\overline{x}}$)의 계산

$$\overline{\overline{x}} = \frac{\overline{x}_1 + \overline{x}_2 + \cdots + \overline{x}_K}{K}, \quad K=\text{개수}$$

순서 ⑥ 범위의 평균 ($\overline{R}$)의 계산

$$\overline{R} = \frac{R_1 + R_2 + \cdots + R_K}{K}, \quad K=\text{개수}$$

순서 ⑦ 관리선의 계산

A. $\overline{x}$관리도 : 중심선 CL = $\overline{\overline{x}}$

상방 관리한계선 UCL = $\overline{\overline{x}} + A_2 \cdot \overline{R}$

하방 관리한계선 LCL = $\overline{\overline{x}} - A_2 \cdot \overline{R}$

B. R관리도 : 중심선 CL = $\overline{R}$

상방 관리한계선 UCL = $D_4 \cdot \overline{R}$

하방 관리한계선 LCL = $D_3 \cdot \overline{R}$

다만 관리도에 이용하는 계수(A_2, D_4, D_3)는

군(n)	A_2	D_4	D_3
3	1.023	2.575	―――
4	0.729	2.282	―――
5	0.577	2.115	―――

로 한다.

예제 1 댐 공사에서 콘크리트 압축강도시험을 1일에 3회, 연속하여 15일간 시행한 결과, 다음의 데이터가 얻어졌다. 이 데이터를 이용하여 $\overline{x}-R$관리도를 작성하시오.

일	측정값(kgf/cm²)			일	측정값(kgf/cm²)		
1	200	230	240	9	230	241	245
2	242	240	220	10	241	245	250
3	250	245	240	11	243	240	248
4	230	235	225	12	242	249	243
5	231	241	238	13	235	240	247
6	242	245	250	14	232	241	237
7	239	227	238	15	238	235	240
8	225	230	239				

풀이

5일간의 3그룹으로 한다.

일	x_1	x_2	x_3	Σx	$\bar{x}$	R
1	200	230	240	670	223	40
2	242	240	220	702	234	22
3	250	245	240	735	245	10
4	230	235	225	690	230	10
5	231	241	238	710	237	10
				(3 507)		(92)
6	242	245	250	737	247	8
7	239	227	238	704	235	12
8	225	230	239	694	231	14
9	230	241	245	716	239	15
10	241	245	250	736	245	9
				(7 094)		(150)
11	243	240	248	731	244	8
12	242	249	243	734	245	7
13	235	240	247	722	241	12
14	232	241	237	710	237	9
15	238	235	240	713	238	5
				(10 704)		(191)

1~5일 : $\bar{\bar{x}} = \frac{223+234+245+230+237}{5} = 233.8(\text{CL}),\ K=5$

$\bar{R} = \frac{92}{5} = 18.4\ (\text{CL})$

$\bar{\bar{x}} \pm A_2 \cdot \bar{R} = 233.8 \pm 1.023 \times 18.4 = 252.6\ (\text{UCL}) \sim 215.0\ (\text{LCL})$

$D_4 \cdot \bar{R} = 2.575 \times 18.4 = 47.4(\text{UCL})$

$D_3 \cdot \bar{R} = 0(\text{LCL})$

6~10일 : $\bar{\bar{x}} = \frac{223+234+\cdots+231+239+245}{10} = 236.6(\text{CL}),\ K=10$

$\bar{R} = \frac{150}{10} = 15.0\ (\text{CL})$

$$\overline{\overline{x}} \pm A_2 \cdot \overline{R} = 236.0 \pm 1.023 \times 15 = 251.9\,(\mathrm{UCL}) \sim 221.3\,(\mathrm{LCL})$$

$$D_4 \cdot \overline{R} = 2.575 \times 15.0 = 38.6\,(\mathrm{UCL})$$

$$D_3 \cdot \overline{R} = 0\,(\mathrm{LCL})$$

11~15일 : $\overline{\overline{x}} = \dfrac{223 + 234 + \cdots + 241 + 237 + 238}{15} = 238.1(\mathrm{CL}),\ K = 15$

$$\overline{R} = \frac{191}{15} = 12.7\,(\mathrm{CL})$$

$$\overline{\overline{x}} \pm A_2 \cdot \overline{R} = 238.1 \pm 1.023 \times 12.7 = 251.1\,(\mathrm{UCL}) \sim 225.1\,(\mathrm{LCL})$$

$$D_4 \cdot \overline{R} = 2.575 \times 12.7 = 32.7\,(\mathrm{UCL})$$

$$D_3 \cdot \overline{R} = 0\,(\mathrm{LCL})$$

$\overline{x} - R$ 관리도는 그림 10.4와 같이 된다.

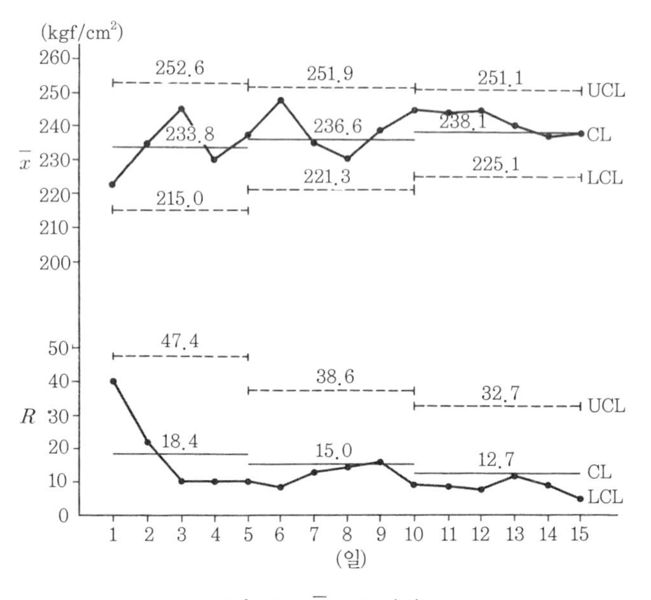

그림 10.4 $\overline{x} - R$ 관리도

결론

관리 상태의 판정은 $\bar{x}-R$ 관리도로부터 측정값이 관리 한계 내에 있어 중심선의 양측에 평균하여 표현한다. 따라서 콘크리트 품질이 안정된 관리 상태에 있다고 판정된다.

10.5 평균값, 중앙값, 최빈값

히스토그램이 대칭인 경우에는 10.3, 10.4절의 처리법을 적용할 수 있지만 비대칭인 경우에는 다음에 기술한 중앙값 혹은 최빈값을 대푯값으로 하는 쪽이 좋은 것도 있다.

1) 평균값 $\bar{x}$(산술평균)

10.3절에서 기술한 바와 같이 n개의 측정값을 x_1, x_2, $\cdots$, x_n이라 할 때,

$$\bar{x}=\frac{x_1+x_2+\cdots+x_n}{n}$$

를 평균값이라 한다. 평균값 $\bar{x}$는 10.3절의 주 3)과 같은 대칭 분포일 때는 최확값이 된다(그림 10.5).

2) 중앙값 $\tilde{x}$(메디안, median)

전도수를 양분하는 x의 값을 중앙값 $\tilde{x}$이라 한다(그림 10.5)

3) 최빈값(모드, mode)

가장 높은 도수로서 표현되는 x의 값을 최빈값이라 한다(그림 10.5).

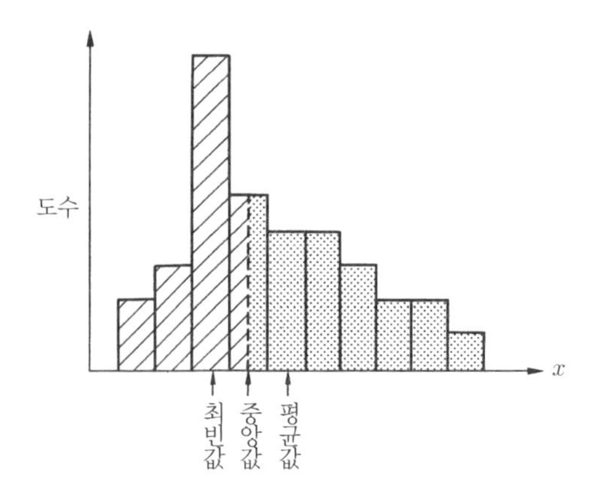

그림 10.5 평균값, 중앙값, 최빈값

10.6 평균값, 표준편차, 불편분산

도수분포나 히스토그램으로부터 데이터의 불규칙 분포 등의 상황을 수량적으로 아는 것이 필요하게 된다. 여기에서는 그 방법에 대해서 기술해본다.

10.6.1 평균값 $\overline{x}$(산술평균)

10.5절의 1)을 참조하자.

10.6.2 표준편차 σ

1) 표준편차 σ란

데이터의 불규칙 분포 상태를 나타내는 통계량으로서 표준편차 σ가 작을수록 불규칙 분포가 작은 것을 나타낸다.

2) 계산식

표준편차는 다음과 같이 구할 수 있다.

$$\sigma = \sqrt{\frac{\sum_{i=1}^{n}(x_i - \bar{x})^2}{n}} = \sqrt{\frac{Q}{n}}$$

10.6.3 불편분산 V

1) 불편분산 V란

σ와 마찬가지로 데이터의 불규칙 분포 상태를 나타내는 양이다.

2) 계산식

불편분산 V는 다음과 같이 구할 수 있다.

$$V = \frac{\sum_{i=1}^{n}(x_i - \bar{x})^2}{n-1} = \frac{Q}{n-1}$$

불편분산에서는 평방합 Q를 n으로 나누지 않고 $n-1$로 나눈다. 이 $n-1$을 자유도라 한다.

예제 1 10.4절의 예제 1을 이용하여 평균값, 표준편차, 불편분산을 구하시오.

풀이

1) **평균값 $\bar{x}$**

$\bar{x} = (x_1 + x_2 + \cdots + x_n)/n$으로부터,

$$\bar{x} = \frac{239 + 220 + \cdots + 247 + 215}{20} = 239.65 \fallingdotseq 240\,\text{kgf/cm}^2$$

2) **표준편차 σ**

$$\sigma = \sqrt{\frac{\sum_{i=1}^{n}(x_i - \overline{x})^2}{n}} = \sqrt{\frac{Q}{n}}$$

로부터 $\overline{x} = 240$, $Q = (239-240)^2 + \cdots + (215-240)^2 = 3483$, $n = 20$으로 되므로

$$\sigma = \sqrt{\frac{3483}{20}} = 13.2$$

3) **불편분산 V**

$$V = \frac{\sum_{i=1}^{n}(x_i - \overline{x})^2}{n-1} = \frac{Q}{n-1}$$

로부터

$$V = \frac{3483}{20-1} = 183.3$$

으로 된다.

4) '여유'의 판정

10.4절의 예제 1의 히스토그램에 있어서 상한 규격값(S_u)를 270kgf/cm^{2}으로 하고 하한 규격값(S_L)을 220kgf/cm^{2}으로 하여 히스토그램상에 기입하고 평균값과 불편 분산을 이용하여 이것들의 규격값이 **여유**를 갖는지 아닌지를 판정할 수 있다(그림 10.6).

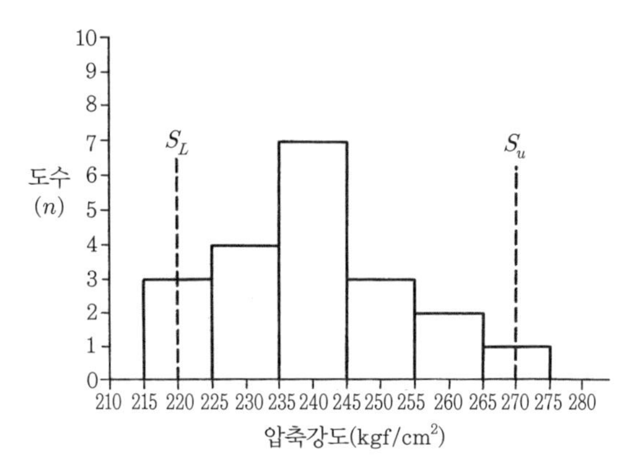

그림 10.6 히스토그램으로부터의 '여유'의 판정

판정방법은 다음과 같이 시행할 수 있다.

$$\frac{\left| S_u(\text{또는 } S_L) - (\bar{x}) \right|}{\sqrt{V}} \geq 3 \text{이면 여유를 가진다.}$$

$S_u = 270\,\text{kgf/cm}^2$, $S_L = 220\,\text{kgf/cm}^2$이므로

$$\frac{\left| S_u - \bar{x} \right|}{\sqrt{V}} = \frac{|270 - 240|}{\sqrt{183.3}} = \frac{30}{13.54} \fallingdotseq 2.2 < 3.0$$

$$\frac{\left| S_L - \bar{x} \right|}{\sqrt{V}} = \frac{|220 - 240|}{\sqrt{183.3}} = \frac{20}{13.54} \fallingdotseq 1.5 < 3.0$$

으로 되어 품질은 규격에 대해 여유가 없는 것을 알 수 있다. 따라서 품질관리에 있어서는 규격 내에 들어 있지 않은 것에 대해 이상의 원인을 찾을 필요가 생긴다.

10.7 회 귀

10.3.2항을 참조할 것. 2개의 좌표 x, y와의 사이에 직선적 관계가 인정될 때 그 직선의 식은 어떻게 될까.

즉 구하는 직선의 식을 $y = a + bx$라고 할 때, x, y의 데이터로부터 어떻게 하여 a, b를 결정할까라고 하는 문제이다. 그것에는

$$Q \equiv \sum_{i=1}^{n} \{y_i - (a + bx_i)\}^2$$

를 만들어 Q가 최소가 되도록 a, b의 값을 정하는 것이다(최소 자승법의 사고방식). a, b는 다음 식으로서 계산한다. 식 (10.4) 참조.

$$a = \frac{n[xy] - [x][y]}{n[x^2] - [x]^2}, \qquad b = \frac{[x^2][y] - [xy][x]}{n[x^2] - [x^2]} \tag{10.6}$$

a, b의 평균오차 ε_a, ε_b에 대해서는 10.3.2항을 참조할 것

예제 1 댐 공사 중 암반으로의 그라우트 공사에서 루젼값과 시멘트 주입량의 관계는 다음과 같이 된다. 이 양자의 관계식을 구하시오.

X(루젼값 L_u)	7	10	21	80	10	12	15	20	30	45	60
Y(시멘트 주입량) [kg/m]	1	6	15	18	25	25	25	22	25	35	40

20	33	60	150	30	45	40	150	200
55	75	98	60	105	105	350	300	250

(n =20)

풀이

X, Y값의 폭이 크기 때문에 양대수 그래프를 이용한다(그림 5.13 참조). $x = \log X$, $y = \log Y$이기 때문에 X, Y의 표를 다음과 같이 고쳐 적는다.

x	0.845	1	1.322	1.903	1	1.079	1.176	1.301	1.477	1.653
y	0	0.778	1.176	1.255	1.398	1.398	1.398	1.342	1.398	1.544

1.778	1.301	1.518	1.778	2.176	1.477	1.653	1.602	2.176	2.301
1.602	1.740	1.875	1.991	1.778	2.021	2.021	2.544	2.477	2.398

$(n=20)$

$[x]=30.516,\ [y]=32.134,\ [xy]=52.309,\ [x^2]=49.801,\ [x]^2=931.226$

이것들로부터 10.3절의 식 (10.3)에 의해 정규 방정식은

$$\begin{cases} 49.801a+30.516b=52.309 \\ 30.516a+20b=32.134 \end{cases} \tag{10.7}$$

로 된다. 이 풀이는 식 (10.6)에 의해

$$a=\frac{n[xy]-[x][y]}{n[x^2]-[x]^2}=1.012$$

$$b=\frac{[x^2][y]-[xy][x]}{n[x^2]-[x]^2}=0.061$$

로 되며 관계식은 $y=ax+b$로부터 $\log Y=1.012\log X+0.061$로 된다. 여기에서, a, b의 평균오차 ε_a, ε_b는 10.3절의 식 (10.5)에 의해 각각 $\varepsilon_a=0.24$, $\varepsilon_b=0.38$로 된다. 즉 $a=1.01\pm0.24$, $b=0.06\pm0.38$로 된다.

주의 평균 오차는 유효숫자 2자리 이내로 하고 풀이의 숫자는 원칙적으로 최종 자리를 평균 오차의 최종 자리에 맞출 것.

예

5.231
±0.017

10.8 상 관

2종의 데이터 (x, y)의 관련성을 조사하는 방법이다. 그것은 1. 산포도의 작성, 2. 상관계수의 산출, 3. 회귀식 산출의 순으로 시행한다.

10.8.1 산포도의 작성

산포도는 주어진 x, y의 데이터를 $x-y$ 평면에 플롯한 것을 말한다(그림 10.7). x와 y의 사이에 직선적 관계가 성립할 때는 상관성이 강하고 성립하지 않는 경우는 상관성이 약하다고 할 수 있다.

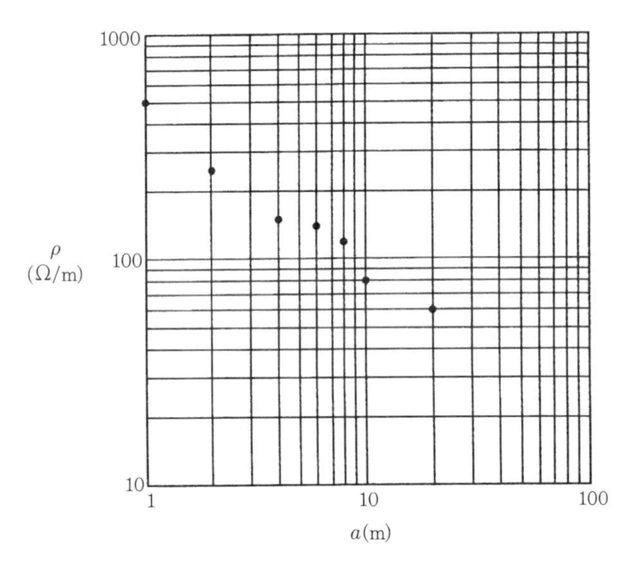

그림 10.7 전기탐사 $\rho-a$곡선

10.8.2 상관계수 r의 산출

상관계수는 x와 y와의 사이에 직선적 관계가 인정될 때에 이 관계의 강도를 나타내는 척도이다. 상관계수 r은 다음 식으로서 구한다.

$$r = \frac{[(x-\bar{x}) \cdot (y-\bar{y})]}{\sqrt{[(x-\bar{x})^2][(y-\bar{y})^2]}} = \frac{[xy]-n\bar{x}\bar{y}}{\sqrt{([x^2]-n\bar{x}^2)([y^2]-n\bar{y}^2)}} \quad (10.8)$$

상관계수의 성질은 다음과 같다.

① r은 -1과 1의 사이의 값을 취한다($|r| \leq 1$).

② r이 1(또는 -1)에 가까울수록 상관성이 강하다.

③ r이 0에 가까울수록 x와 y의 사이에는 상관이 없다.

10.8.3 회귀식의 산출

10.7절의 계산과 동일

예제 1 점토지반의 압밀침하량과 경과시간의 관계는 다음과 같이 된다. 이 관계로부터 상관계수를 구하시오.

X(압밀시간) [월]	1	3.8	8.0	25.0	35.0	50.0
y(압밀침하량) [cm]	1.40	3.00	4.00	7.10	8.00	9.50

풀이

상기의 표를 그래프로 나타내면 곡선이 되지만(그림 5.8), 편대수 그래프를 이용하면 직선으로 표현된다(그림 10.8). 따라서 $x = \log X$이므로 표를 아래 표와 같이 고쳐 적는다.

$\bar{x}$, $\bar{y}$, $[(x-\bar{x})^2]$, $[(y-\bar{y})^2]$, $[x-\bar{x}] \cdot [y-\bar{y}]$를 구하면 $\bar{x} = 1.020\,7$, $\bar{y} = 5.5$

$[(x-\bar{x})^2] = 1.690\,1$, $[(y-\bar{y})^2] = 50.12$, $[(x-\bar{x})] \cdot [(y-\bar{y})] = 10.088$ 로 된다.

이러한 값을 식 (10.8)에 대입하면 $r = 0.98$로 되어 상관성이 상당히 강하다는 것을 알 수 있다.

X(압밀시간) [월]	0	0.580	0.903	1.398	1.544	1.699
y(압밀침하량) [cm]	1.40	3.00	4.00	7.10	8.00	9.50

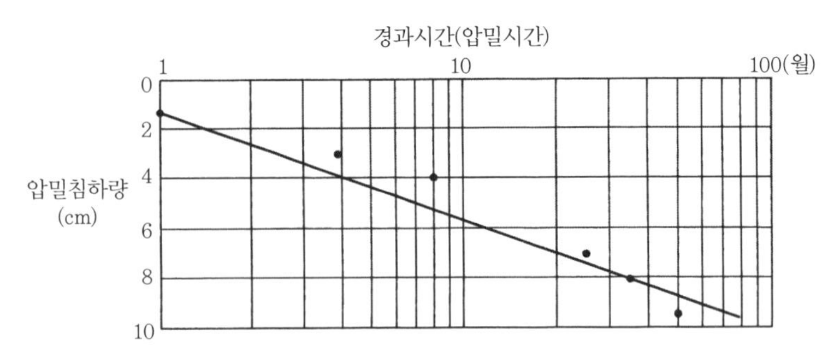

그림 10.8 압밀침하량과 경과시간의 관계

연 습 문 제

10.1 쌓기 공사에 있어서 쌓기의 품질관리를 하였다. 쌓기에 이용한 흙의 밀도측정으로부터 다음의 값을 얻었다. 이러한 값으로부터 도수분포표를 작성하고 히스토그램을 만드시오.

r_d (ton/m^3) : 1.97 2.05 2.05 2.09 2.12 2.15 2.01 2.06 2.07
2.10 2.09 2.16 2.02 2.07 2.06 2.11 2.13 2.18
2.03 2.08

10.2 콘크리트의 압축강도시험을 1일에 2회, 연속하여 20일간 시행한 결과, 문제 표 10.1의 데이터가 얻어졌다. 이 데이터를 이용하여 $\bar{x}-R$ 관리도를 작성하시오.

문제 표 10.1

일	측정값(kgf/cm^2)		일	측정값(kgf/cm^2)	
1	235	240	11	245	250
2	240	245	12	227	232
3	240	248	13	230	235
4	245	241	14	241	243
5	239	230	15	240	241
6	241	238	16	240	230
7	225	235	17	241	225
8	240	220	18	235	239
9	230	240	19	249	242
10	245	242	20	238	231

10.3 그라우트 공사에 있어서 루젼값(L_u)과 시멘트 주입량 [kg/m]의 관계는 문제 표 10.2와 같이 되었다. 루젼값과 시멘트 주입량의 관계식을 구하시오. 또 이 관계식이 성립할 때의 상관계수도 구하시오.

문제 표 10.2

루젼값	3.5	4	4.2	4.5	5.0	5.8	6.1	7.5	8.8	9.5
시멘트 주입량	18	18	20	22	35	40	25	35	70	40

$(n=10)$

10.4 도로공사에 있어서 쌓기의 품질관리를 하였다. 쌓기의 밀도측정값으로부터 평균값과 표준편차를 구하시오.

r_d (ton/m^3) : 1.79 1.81 1.82 1.85 1.79 1.78 1.77 1.89 1.90 1.83

10.5 10.7절의 예제로부터 상관계수(r)을 구하시오.

연습문제 해답

[1장]

1.1 $6.377\,40 \times 10^{6}\,\text{m}$

1.2 $35\,\text{km/h}$

1.3 $8.57 \times 10^{-3}\,\text{N/mm}^2$, $8.57 \times 10^{3}\,\text{Pa}$

1.4 ④

1.5 $29\,217.60\,\text{cm}^3$

[2장]

2.1 $8x^3 - 36x^2 + 54x - 27$

2.2 $64x^6 - 192x^5y + 240x^4y^2 - 160x^3y^3 + 60x^2y^4 - 12xy^5 + y^6$

2.3 ① $\dfrac{2(3x+4)}{(x-3)(x+2)}$ ② $\dfrac{x(x^2-2x-1)}{(x+1)(x-1)(x^2+x+1)}$

2.4 ① $\dfrac{(x+1)(x-1)^2}{2x}$ ② $\dfrac{3x(x+5)}{(x^2-x-2)(x^2+5x-2)}$

2.5 $184°58'$

2.6 23.24m^2

2.7 24.9m

2.8 $0.936\ 66\ \text{rad}$

2.9 $969''$

2.10 3.5m

[3장]

3.1 $\sin\theta = \frac{b}{a}$, $\cos\theta = \frac{c}{a}$, $\tan\theta = \frac{b}{c}$

3.2 $\cos\theta = -0.592\,3$ $\cot\theta = -0.735\,1$

3.3 $5\sqrt{3}\,\text{m} \fallingdotseq 8.66\,\text{m}$

3.4 $100 \cdot \sqrt{3}\,\text{m} \fallingdotseq 173.2\,\text{m}$

3.5 2.83tonf/m^2

3.6 $t = W \cdot \sin\beta$, $d = l \cdot \tan\beta$

3.7 $y = \sqrt{13}\sin(\omega t + \delta)$, 다만 $\delta = \tan^{-1}\left(\frac{2}{3}\right)$

3.8 $s = \dfrac{s_0 \cdot \sin\theta_1 \cdot \sin\theta_3}{\sin\theta_4 \cdot \sin\theta_6}$

3.9 $r = 3.0\text{cm}$

3.10 생략

[4장]

4.1 ① 2, ② $\frac{1}{18}$

4.2 ① $-\frac{9}{4}$, ② 2

4.3 0.602 0, 0.699 0, 0.778 1, 0.903 0, 0.954 2, 1.079 1, −0.176 1, −0.425 9, 0.150 5, 1.097 3, 0.546 9

4.4 31.62, 0.370 1, 0.005 010

4.5 $\frac{15}{2}\log 2$, 0

4.6 3.321 9, 1.540 4, 0.292 5, 1.365 2

4.7 ① 2.058, ② 48.23, ③ 52.84, ④ 3.235, ⑤ $\log e = 0.434\,3$, ⑥ $\frac{1}{\log e} = 2.303$

4.8 8자리

4.9 15년 이후

4.10 59.6일

4.11 5.7×10^7년, $\dim(\lambda) = T^{-1}$, 그 후의 해답은 생략

4.12 0.6020

[5 장]

5.1 ① $x \geq 1$, ② $x \leq -1$ 및 $x \geq 2$

5.2

① $x = 1$ 및 $x = -1$. $x = 1$에서는 x가 1의 어느 방향 측으로부터 다가와도 $f(x)$는 $+\infty$(정(+)으로서 한없이 커지는 것, $f(x) \to +\infty$ 라고 적는다.)가 된다. $x = -1$에서는 x가 $x < -1$의 측으로부터 다가오면 $f(x)$는 $-\infty$(부(−)로서 절댓값이 한없이 커지는 것, $f(x) \to -\infty$ 라고 적는다)로 되며, $x > 1$로부터 다가오면 $+\infty$가 된다.

② $x = \pi/2$. x가 $x < \pi/2$의 측으로부터 다가오면 $\sec x \to +\infty$, $x > \pi/2$의 측으로부터 다가오면 $\sec x \to -\infty$.

5.3 생략

5.4 생략

5.5 x의 변위 $= -5.13$cm, $\dim(T_0) = T$ T_0는 진폭이 처음($t = 0$)의 진폭이 e^{-1}($\fallingdotseq 0.368$)이 되는 시간으로서 T_0가 길수록 진폭은 천천히 감쇠하고, 짧을수록 빠르게 감쇠하는 것을 나타내는 양이다. 그래프는 주어진 식의 e^{-t/T_0}를 $10^{-0.434t/T_0}$로 고치고 $\log x$를 편대수 그래프에 도식화하면 감쇠의 상황을 잘 고찰할 수 있다.

5.6

풀이 표 5.1

재령 (t)	1	2	3	5	10	15
온도(T)	20.26	29.09	32.94	35.35	35.91	35.92

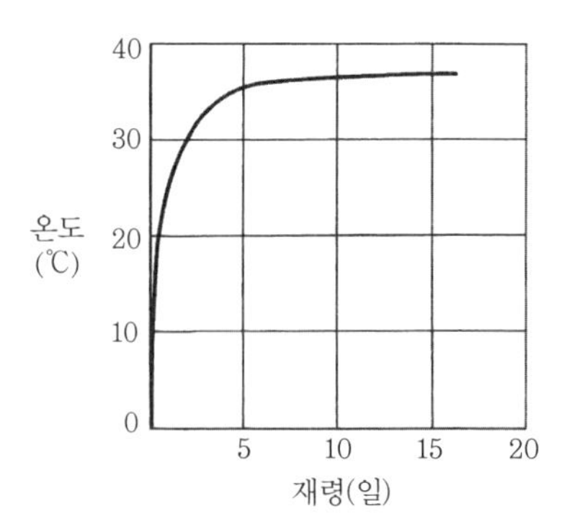

풀이 그림 5.1

5.7 생략

[6장]

6.1 ① 147, ② −834

6.2 $x=2,\ y=-1,\ z=3$

6.3

① $\begin{pmatrix} -19 & 3 & 5 \\ -2 & 22 & 18 \end{pmatrix}$

② $\begin{pmatrix} 5\cos\phi-6\sin\phi & 5\sin\phi+6\cos\phi \\ -2\cos\phi-\sin\phi & -2\sin\phi+\cos\phi \\ 4\cos\phi-9\sin\phi & 4\sin\phi+9\cos\phi \end{pmatrix}$

③ $\begin{pmatrix} 23 & 9 \\ -13 & 54 \\ -23 & 12 \end{pmatrix}$

6.4 $x=3,\quad y=2,\quad z=1$

6.5 $\dfrac{1}{39}\begin{pmatrix} 98 & -24 & 36 \\ 24 & -21 & 51 \\ -18 & 84 & -9 \end{pmatrix}$

[7 장]

7.1 ① $3\sqrt{34}$, ② $59°2'10''$

7.2 ① $(-1,\ -1)$, ② $63°26'6''$

7.3 생략

7.4 37.5 cm

7.5 ① $(x-1)^2+y^2=4$, ② $(1,\ 2)$, $\left(-\frac{3}{5},\ -\frac{6}{5}\right)$, ③ $\frac{8\sqrt{5}}{5}$

7.6 방향코사인의 정의에 의해 $l^2+m^2+n^2=1$로 된다. 또 $l_1=\frac{x_1}{r_1}$,

$m_1=\frac{y_1}{r_1}$, $n_1=\frac{z_1}{r_1}$, $l_2=\frac{x_2}{r_2}$, $m_2=\frac{y_2}{r_2}$, $n_2=\frac{z_2}{r_2}$로부터

코사인 법칙으로부터

$x_1x_2+y_1y_2+z_1z_2=r_1r_2(l_1l_2+m_1m_2+n_1n_2)=r_1r_2\cos\theta$

$\therefore\ l_1l_2+m_1m_2+n_1n_2=\cos\theta$

7.7 $l^2+m^2+n^2=1$로부터 $n=\pm 0.74$

[8 장]

8.1 $|\boldsymbol{F}+\boldsymbol{G}|=\sqrt{F^2+G^2+2FG\cos(\alpha-\beta)}$, $\cos\gamma=(F\cos\alpha+G\cos\beta)/|\boldsymbol{F}+\boldsymbol{G}|$,
정밀한 수치계산을 하는 경우는 $\cos\gamma$를 $\tan\gamma$로 고쳐 γ를 구한다.

8.2 지면에 대한 속도의 벡터를 $\boldsymbol{V}$라고 하면 $\boldsymbol{V}=\boldsymbol{c}+\boldsymbol{v}$. 그러므로 $\boldsymbol{c}$와 $\boldsymbol{v}$와의 각을 $\alpha(0°\le\alpha\le 180°)$라고 하면 $V=|\boldsymbol{V}|=\sqrt{c^2+v^2+2cv\cos\alpha}$. 또 언덕으로부터 본 $\boldsymbol{V}$와 $\boldsymbol{c}$의 각을 γ라고 하면 $\cos\gamma=(c+v\cos\alpha)/V$.

8.3 AC, BC에 걸리는 장력을 각각 T, S라고 하면
$T=W\cos\beta/\sin(\alpha+\beta)$, $S=W\cos\alpha/\sin(\alpha+\beta)$

8.4 $|\vec{a}|=\sqrt{62}$, $\theta=27°15'(0°\le\theta\le 180°$인 것에 주의)

8.5 $\theta=109°06'$(동일하게 $0°\le\theta\le 180°$)

8.6 $B_y=4$

8.7 14 700 J, 123W = 0.167PS

8.8 $\vec{r}=\overrightarrow{\mathrm{OH}}$ 라고 하면 구하는 모멘트 $\overrightarrow{M}$는 $\overrightarrow{M}=\vec{r}\times(\overrightarrow{F_A}+\overrightarrow{F_B})=\vec{r}\times\overrightarrow{F_A}+\vec{r}\times\overrightarrow{F_B}$. 따라서 각 힘에 의한 O 에 관한 모멘트 $\overrightarrow{M_A}$, $\overrightarrow{M_B}$를 산출하고 그 합을 계산하면 된다. 성분으로 계산한다. $\overrightarrow{F_A}$의 방향코사인을 그림으로부터 산출하고 $\overrightarrow{F_A}$의 성분을 구한다. $\overrightarrow{F_B}$에 대해서도 마찬가지. 이것을 이용하여 $\overrightarrow{M_A}$, $\overrightarrow{M_B}$를 벡터곱으로부터 계산하여 더한다. 결국 $|\overrightarrow{M}|=\dfrac{24}{\sqrt{17}}$ tonf · m, 방향은 y축 정(+)방향 즉 y축을 그 부(−)방향으로부터 정(+)방향으로 볼 때 합력은 기둥 $\overrightarrow{\mathrm{OH}}$를 시계 방향으로 돌리려 한다.

8.9 각 힘의 O 에 관한 모멘트를 성분을 이용하여 구하고 그것들을 총합한다. 즉

$$\overrightarrow{M}=\vec{k}[(a\sin\alpha-b\cos\alpha)F_A-(a\sin\beta+b\cos\beta)F_B+(-a\sin\gamma+b\cos\gamma)F_C$$
$$+(a\sin\delta+b\cos\delta)F_D]$$

[9 장]

이하 9.1로부터 9.5까지 도함수의 기호 y'을 생략한다.

9.1 ① $-\dfrac{4}{x^5}$, ② $\dfrac{1}{4\sqrt[4]{x^3}}$, ③ $-\dfrac{1}{3x\sqrt[3]{x}}$, ④ $-\dfrac{2}{3x\sqrt[3]{x^2}}$

⑤ $6x+2$, ⑥ $4(a-b)x^3-4bcx$

9.2 ① $2x\cos x-x^2\sin x$, ② $\dfrac{(x-1)e^x}{x^2}$, ③ $\dfrac{1+x-x\log_e x}{x(1+x)^2}$,

④ $x\sin 2x+x^2\cos 2x$, ⑤ $-\mathrm{cosec}^2 x$, ⑥ $\dfrac{\log_{10} e}{x}$

9.3 ① $a\cos(ax)$, ② $-\sin(2x)$, ③ $2x\cos(x^2)$,

④ $\dfrac{2ax+b}{2\sqrt{ax^2+bx+c}}$, ⑤ $-x^2(1+x^3)^{-4/3}$, ⑥ $\dfrac{x}{a^2+x^2}$,

⑦ ae^{ax}, ⑧ $-2ax\exp(-ax^2)$, ⑨ $-2a\cos(2x)e^{-a\sin 2x}$,

⑩ $\dfrac{\sqrt{1+x^2}-1}{x\sqrt{1+x^2}}$, ⑪ $-\dfrac{a^2\sin(2x)}{2\sqrt{1-a^2\sin^2 x}}$,

⑫ $\dfrac{1}{2\sqrt{(1-x^2)\sin^{-1}x}}$ $\left(0 < x < \dfrac{\pi}{2}\right)$

9.4 ① $\left(\dfrac{1}{x+1}+\dfrac{1}{x+2}+\dfrac{1}{x+3}\right)(x+1)(x+2)(x+3)$, ② $(\log_e a)a^x$,

③ $\dfrac{1-\log_e x}{x^2}x^{1/x}$

9.5 ① $-\dfrac{1}{\sqrt{1-x^2}}$, ② $\dfrac{1}{1+x^2}$

9.6 ① $-\dfrac{1}{a+2t}$, ② $-\dfrac{Bb\sin(b\theta)}{Aa\cos(a\theta)}$

9.7 침하속도$= -\dfrac{100}{T_0}\exp(-T/T_0)$ [%/일]

9.8 ① 증가의 범위는 $x<0$, 감소의 범위는 $x>0$.

② 오목의 범위는 $x< -\dfrac{1}{\sqrt{2a}}$ 및 $x>\dfrac{1}{\sqrt{2a}}$,

볼록의 범위는 $-\dfrac{1}{\sqrt{2a}}< x <\dfrac{1}{\sqrt{2a}}$

따라서 변곡점의 x좌표는 $x= -\dfrac{1}{\sqrt{2a}}$ 및 $\dfrac{1}{\sqrt{2a}}$.

③ $x=0$에서 극대, 극댓값은 1. 극소 없음

9.9 접선의 방정식은 $y=\dfrac{\sin\theta}{1-\cos\theta}(x-x_p(\theta))+y_p(\theta)$

법선의 방정식은 $y= -\dfrac{1-\cos\theta}{\sin\theta}(x-x_p(\theta))+y_p(\theta)$

9.10 곡률 $\kappa = -\dfrac{1}{2\sqrt{2}}$, 곡률반경 $\rho = 2\sqrt{2}$, 곡률 중심의 좌표는 (2, −1).

그래프는 생략

9.11 $\cosh^2 1 \fallingdotseq 2.381$

9.12 생략

9.13 ① $\dfrac{\partial z}{\partial x}=3x^2+6xy-2y^2,\quad \dfrac{\partial z}{\partial y}=3x^2-4xy+12y^2$

② $\dfrac{\partial R}{\partial x}=\dfrac{x}{\sqrt{x^2+y^2+z^2}},\quad \dfrac{\partial R}{\partial y}=\dfrac{y}{\sqrt{x^2+y^2+z^2}},$

$\dfrac{\partial R}{\partial z}=\dfrac{z}{\sqrt{x^2+y^2+z^2}}$

9.14 접선의 방정식 : $y=-\dfrac{9}{20}x+\dfrac{15}{4}$, 법선의 방정식 : $y=\dfrac{20}{9}x-\dfrac{64}{15}$

9.15 ① $dx=\sin\theta\cdot dr+r\cos\theta\, d\theta$

② $dc=\dfrac{1}{\sqrt{a^2+b^2-2ab\cos\theta}}\{(a-b\cos\theta)da+(b-a\cos\theta)db$

$+ab\sin\theta d\theta\}$

다만 분모를 c로서 바꾸어 적어도 좋다.

9.16 69.3m, 0.34m ($d\theta=1'$를 rad으로 고칠 것)

9.17 $ds=-s^3(xdx+ydy)$

9.18 **[개략 풀이]** $x=a\sin\theta$라고 두면 $\sqrt{a^2-x^2}=a\cos\theta$ 한편 $dx=\dfrac{dx}{d\theta}d\theta=a\cos\theta\, d\theta$. 그러므로 $\int\sqrt{a^2-x^2}\,dx=a^2\int\cos^2\theta d\theta$. 여기에서 배각의 공식 $\cos 2\theta=2\cos^2\theta-1$를 이용하면 $\int\cos^2\theta\, d\theta=\int\left(\dfrac{1}{2}\cos 2\theta+\dfrac{1}{2}\right)d\theta=\dfrac{1}{2}\int\cos 2\theta\, d\theta+\dfrac{1}{2}\theta$, $\cos 2\theta$의 적분은 $t=2\theta$라고 두고 $d\theta=\dfrac{1}{2}dt$라고 두면 된다. 결국

$$\int\sqrt{a^2-x^2}\,dx=a^2\left(\frac{1}{4}\sin2\theta+\frac{1}{2}\theta\right)=\frac{1}{2}a^2(\sin\theta\cos\theta+\theta)$$

$$=\frac{1}{2}\left\{x\sqrt{a^2-x^2}+a^2\sin^{-1}\left(\frac{x}{a}\right)\right\}$$

($\sin^{-1}(x/a)$는 주치)

9.19 양곡선의 교점의 x좌표가 $(a^2b)^{1/3}$으로 되므로 면적은 $\dfrac{1}{3}ab$.

9.20 힌트 : 미소각 $d\theta$의 부채꼴의 면적이 r을 반지름으로 하는 원의 면적 πr^2의 $d\theta/2\pi$로 되는 것을 이용한다.

9.21 $2\pi a^2$

9.22 O 로부터 호길이 l인 점 P 의 좌표를 $(x_p,\ y_p)$라고 한다. 식을 보기 쉽게 하기 위해 9.13.4항의 x, y의 l에 의한 전개식을 수치계수 대신에

$x_p = l + a_5 l^5 + a_9 l^9 + \cdots,\quad y_p = b_3 l^3 + b_7 l^7 + \cdots$

라고 적는다.

a) tan τ의 식 : $\tan\tau = (dy/dx)_p$이기 때문에

$$\tan\tau = l^2 \frac{3b_3 + 7b_7 l^4 + \cdots}{1 + 5a_5 l^4 + \cdots}$$

(더욱이 이항 정리의 $(1+x)^{-1}$를 이용하여 분모를 전개하여 분자에 곱하여 l^4까지 구하면 $\tan\tau \fallingdotseq l^2\{3b_3 - (15a_5b_3 - 7b_7)l^4 + \cdots\}$로 된다.)

b) tan σ의 식 : $\tan\sigma = y_p/x_p$로부터 구할 수 있다. (tan τ와 마찬가지로 l에서의 전개식을 계산하면, $\tan\sigma = l^2\{b_3 - (a_5b_3 - b_7)l^4 + \cdots\}$

c) 곡률중심 M의 좌표 $(x_M,\ y_M)$. 그림으로부터 명확한 바와 같이

$$x_M = x_P - \frac{r\tan\tau}{\sqrt{1+\tan^2\tau}} \qquad y_M = y_p + \frac{r}{\sqrt{1+\tan^2\tau}}$$

여기에서 r은 단위 클로소이드이기 때문에 $r = 1/l$로 하여 계산할 수 있다. l을 알면 a)로부터 tan τ, 따라서 x_M, y_M을 계산할 수 있다.

d) 장접선장 t_L의 식 : 점 P에 있어서의 접선의 방정식은 $y = (x - x_P)\tan\tau + y_P$이기 때문에 이 식에서 $y = 0$이라 두면 $x = t_L$로 된다. 즉

$t_L = x_P - y_P\cot\tau$ (동일하게 l로부터 계산할 수 있다.)

e) 단접선장 t_K의 식 : 그림으로부터 명확한 바와 같이

$t_K = \sqrt{(x_P - t_L)^2 + {y_p}^2}$ (d)로부터 t_L을 계산할 수 있으므로 이것을 이용한다.)

주 이상 c), d), e)의 식도 a), b) 마찬가지로 l의 전개식으로서 표현할 수 있지만 여기에서는 생략한다.

9.23 $1.8 \times 10^8 \mathrm{m}^3$

9.24 ① 사다리꼴법칙 : $935.0\mathrm{m}^2$, ② 심프슨 법칙 : $950.0\mathrm{m}^2$

9.25 ① 사다리꼴 법칙 : $1.73 \times 10^6 \mathrm{m}^3$, ② 심프슨 법칙 : $1.67 \times 10^6 \mathrm{m}^3$,

③ 원뿔대 법칙의 축적 : $1.70 \times 10^6 \mathrm{m}^3$

9.26 **[간략 풀이]** 각 삼각형 구획의 체적을 계산하여 총합한다. 즉

구획 ①의 체적$= 1/3 \times 170 \times (3.0 + 4.0 + 3.6) = 601\,\mathrm{m}^3$

구획 ②의 체적$= 1/3 \times 180 \times (4.0 + 3.6 + 4.8) = 744\,\mathrm{m}^3$

구획 ③의 체적$= 1/3 \times 125 \times (3.6 + 4.8 + 4.6) = 542\,\mathrm{m}^3$

구획 ④의 체적$= 1/3 \times 100 \times (4.8 + 4.6 + 5.4) = 493\,\mathrm{m}^3$

따라서 토량은 이것들의 합으로서 $2380\,\mathrm{m}^3$

9.27 $126\,\mathrm{m}^3/\mathrm{s}$

9.28 $h_0 = -40$ m, 밑면의 반지름 $r(0) = 1.2$m.

9.29 9.14절 예제 2와 마찬가지로 고찰한다. 깊이 h인 개소의 와이어의 반지름을 $r(h)$라고 하면 $r(h) = a \exp\left(\dfrac{H-h}{H-h_0}\right)$. 여기에서 $H - h_0 = \dfrac{2W}{g\rho \cdot \pi a^2}$

이와 관련하여 $H = 10{,}000$m, $\rho = 8$ kg/m^3, $g = 9.80$ m/s^2, $W = 490$N (= 50kgf), $a = 2$cm라고 하면

$h_0 = 53$m, $r(0) = 5$cm

단면에 걸리는 장력은

$$\frac{W}{\pi a^2} \fallingdotseq 3.9 \times 10^5 \mathrm{N/m} \fallingdotseq 3.9 \times 10^4 \mathrm{kgf/m^2} = 3.9\,\mathrm{kgf/cm^2}$$

9.30 단면 1차 모멘트 : $Q_y = 4abl$,

단면 2차 모멘트 : $I_y = \dfrac{4}{3}ab(a^2 + 3l^2)$

9.31 **[간략 증명]** 풀이 그림 9.1과 같이 원을 x의 위치에서 폭 dx의 미소 띠 모양 부분(그림의 사선부)으로 나눈다. 띠의 상단은 $\sqrt{R^2 - x^2}$, 하단은 $-\sqrt{R^2 - x^2}$, 따라서 $m(x) = 2\sqrt{R^2 - x^2}$. 그러므로 I는 주어진 적분의

공식을 이용하여

$$I = \int_{-R}^{R} x^2 \cdot m(x)dx = 2\int_{-R}^{R} x^2 \sqrt{R^2 - x^2}\, dx = \frac{\pi}{4}R^4$$

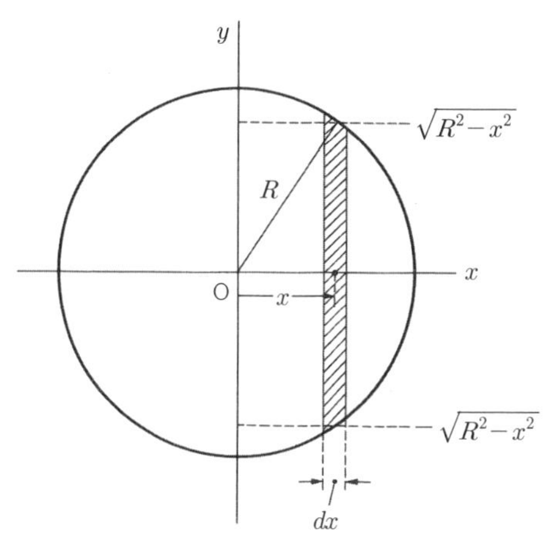

풀이 그림 9.1

9.32 집중하중 : $P = \int_0^l w(x)dx = \int_0^l \frac{w_l}{l^2} x(4l - 3x)dx = w_l l$

작용점의 위치 x_G는

$$x_G = \frac{1}{P}\int_0^l w(x)xdx = \frac{1}{P}\int_0^l \frac{w_l}{l^2} x(4l - 3x) \cdot xdx = \frac{7}{12}l$$

$w(x)$의 그래프는 생략

[10 장]

10.1 도수분포표

1.97~2.00	$n=1$	2.09~2.12	$n=5$
2.01~2.04	$n=3$	2.13~2.16	$n=3$
2.05~2.08	$n=7$	2.17~2.20	$n=1$

10.2 (1~5일) : $\overline{\overline{x}} = 240.6$ (CL), $\overline{R} = 6.2$ (CL)

$\overline{\overline{x}} \pm A_2\overline{R} = 245.1$ (UCL) ~ 236.1 (LCL)

$D_4\overline{R} = 14.2$ (UCL), $D_3\overline{R} = 0$ (LCL)

(6~10일) : $\overline{\overline{x}} = 238.2$ (CL), $\overline{R} = 7.7$ (CL)

$\overline{\overline{x}} \pm A_2\overline{R} = 243.8$ (UCL) ~ 232.6 (LCL)

$D_4\overline{R} = 17.6$ (UCL), $D_3\overline{R} = 0$ (LCL)

(11~15일) : $\overline{\overline{x}} = 238.4$ (CL), $\overline{R} = 6.3$ (CL)

$\overline{\overline{x}} \pm A_2\overline{R} = 243.0$ (UCL) ~ 233.8 (LCL)

$D_4\overline{R} = 14.4$ (UCL), $D_3\overline{R} = 0$ (LCL)

(16~20일) : $\overline{\overline{x}} = 238.1$ (CL), $\overline{R} = 7.0$ (CL)

$\overline{\overline{x}} \pm A_2\overline{R} = 243.2$ (UCL) ~ 233.0 (LCL)

$D_4\overline{R} = 16.0$ (UCL), $D_3\overline{R} = 0$ (LCL)

$\overline{x} - R$ 관리도는 생략(10장의 본문 중의 그림을 참고하시오).

10.3 $y = 5.429 + 0.319x$, $r = 0.784$

10.4 평균값 : $\overline{x} = 1.82\,\text{ton/m}^3$, 표준편차 : $\sigma = 0.043\,\text{ton/m}^3$

10.5 $r = 0.74$

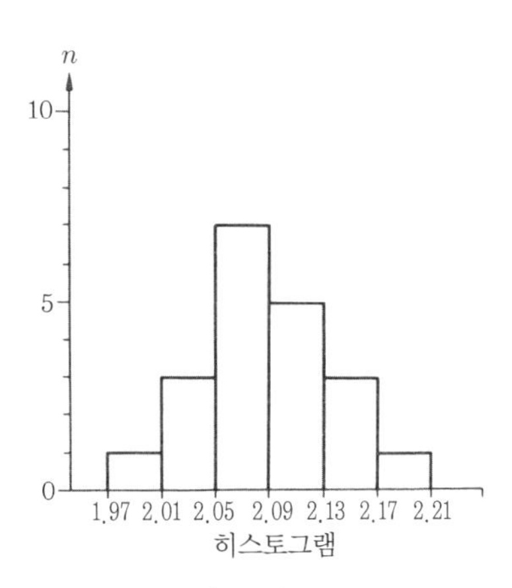

풀이 그림 10.1

부록 ■■■

그리스 문자(읽는 방법)

문자	읽는 방법	문자	읽는 방법	문자	읽는 방법
$A \quad \alpha$	알파	$I \quad \iota$	이오타	$P \quad \rho$	로우
$B \quad \beta$	베타, 비타	$K \quad \kappa$	캅파	$\Sigma \quad \sigma, \varsigma$	시그마
$\Gamma \quad \gamma$	감마	$\Lambda \quad \lambda$	람다	$T \quad \tau$	타우
$\Delta \quad \delta$	델타	$M \quad \mu$	뮤	$\Upsilon \quad \upsilon$	웁실론
$E \quad \varepsilon, \epsilon$	엡실론, 입실론	$N \quad \nu$	뉴	$\Phi \quad \varphi, \phi$	파이, 피
$Z \quad \zeta$	제타, 지타, 체타	$\Xi \quad \xi$	쿠시, 구자이	$X \quad \chi$	카이, 키
$H \quad \eta$	에타, 이타	$O \quad o$	오미클론	$\Psi \quad \psi$	프사이, 프시
$\Theta \quad \theta, \vartheta$	시타, 테타	$\Pi \quad \pi, \varpi$	파이, 피	$\Omega \quad \omega$	오메가

색인

ㅇ

ㅈ

ㅎ

–

B

C

D

G

H

저자 소개

오와키 나오아키大脇 直明

1947년 도쿄 제국대학 이학부 천문학과 졸업
1962년 이학박사(도쿄대학)
운수성 해상보안청 수로부 근무를 거쳐
1970년 도쿄 학예대학 교수
1988년 도쿄 학예대학 명예교수

타카하시 타다히사高橋 忠久

1972년 도쿄 학예대학 교육학부 특별교수(이과 교원 양성과정(지학)졸업)
1974년 도쿄 학예대학 대학원 석사 과정 이과 교육연구과 수료
(주)응용지질조사사무소 근무를 거쳐
1987년 국토건설학원 교수

아리타 코우이치有田 耕一

1972년 도카이 대학 해양학부 자원학과 졸업
고요우五洋건설(주) 근무를 거쳐
1984년 기술사(응용이학부문)
1994년 국토건설학원 교수

역자 소개

이성혁 공학박사

- 1991년 영남대학교 공과대학 토목공학과 졸업(학사)
- 1993년 영남대학교 일반대학원 토목공학과 졸업(석사)
- 2005년 아주대학교 일반대학원 건설교통공학과 졸업(박사)
- 1995년부터 한국철도기술연구원에 근무 중이며, 서울과학기술대학교 철도전문대학원 겸임교수 역임. 국토해양부 철도기술 전문위원, 국토교통부 제2기 궤도건설심의위원, 경기도 건설기술심의 위원, 중앙건설기술심의위원, 철도시설공단 설계자문위원, 철도학회 궤도분과위원, 철도건설공학협회 부회장으로 활동 중이며 국토교통부 장관 표창 수여
- 주요 저서 및 논문
  『철도차량 매커니즘 도감』(골든벨)
  『뉴패러다임 실무교재 지반역학』(씨아이알)
  『지반공학에서의 성능설계』(씨아이알)
  『건설 기술자를 위한 알기 쉬운 토목 지질』(씨아이알)
  『전문가의 지혜로부터 배우는 토목 구조물의 유지관리』(씨아이알) 외 다수

임유진 공학박사

- 1985년 고려대학교 공과대학 토목공학과 졸업(학사)
- 1987년 고려대학교 대학원 토목공학과 졸업(석사)
- 1996년 (미) Texas A&M University 토목공학과 졸업(박사)
- 한국도로공사 도로교통연구원 책임연구원을 거쳐 1999년부터 배재대학교 건설환경철도공학과 교수로 재직 중. 한국철도건설공학협회 이사, 한국철도학회 궤도노반연구회장으로 활동 중
- 주요 저서 및 논문
  『뉴패러다임 실무교재 지반역학』(씨아이알)
  『지반공학에서의 성능설계』(씨아이알)
  『건설 기술자를 위한 알기 쉬운 토목 지질』(씨아이알)

「강화노반 쇄석재료의 전단강도특성을 고려한 영구변형예측모델 개발」(한국철도학회) 외 다수

정우영 공학박사

- 1995년 경북대학교 공과대학 토목공학과 졸업(학사)
- 1997년 경북대학교 대학원 토목공학과 졸업(석사)
- 2003년 (미) the State University of New York at Buffalo 토목환경공학과 졸업(박사)
- 미국 내진공학연구센터(MCEER) 연구원을 거쳐 현재 국립 강릉원주대학교 토목공학과 교수로 재직 중이며 학교 부설 방재연구소 소장 역임. 현재 안전행정부 소방방재청 전문위원 및 원주지방청(국토교통부) 설계자문위원, 국토교통과학기술진흥원 신기술 평가위원 등으로 활동하고 있으며 소방방재청장 및 교육과학기술부장관 표창과 대한토목학회 및 복합구조학회 등의 논문상 수여
- 주요 저서 및 논문

  『응용역학』(구미서관)

  『전문가의 지혜로부터 배우는 토목 구조물의 유지관리』(씨아이알)

  "Analytical Study of the Wide Sleepers on Asphalt Trackbed in Consideration of Nonlinear Contact Condition(IJET)" 외 다수

박대욱 공학박사

- 1993년 충남대학교 공과대학 토목공학과 졸업(학사)
- 2000년 (미) Texas A&M University 토목공학과 졸업(석사)
- 2004년 (미) Texas A&M University 토목공학과 졸업(박사)
- (미) 텍사스 교통 연구원 및 매릴랜드주 교통부 도로국 설계담당을 거쳐 2006년부터 군산대학교 토목공학과 교수로 재직 중. 한국도로학회 이사로 활동 중
- 주요 저서 및 논문

  『창의적 공학설계입문』(생각키움)

  "Estimation of pavement rehabilitation cost using pavement management data (Structure and Infrastructure Engineering)"외 다수

권순덕 공학박사

- 1988년 서울대학교 공과대학 토목공학과 졸업(학사)
- 1987년 서울대학교 공과대학 토목공학과 졸업(석사)
- 2006년 서울대학교 공과대학 토목공학과 졸업(박사)
- 한국도로공사 도로교통연구원 책임연구원을 거쳐 현재 전북대학교 토목공학과 교수로 재직 중이며, KOCED 대형 풍동실험센터장과 국토교통부 중앙건설기술심의위원으로 활동 중
- 주요 저서 및 논문

  『구조해석』(동화기술)

  "Mitigating effects of wind on suspension bridge catwalks(J. of Bridge Engineering, ASCE)" 외 다수

건설 기술자를 위한
토목수학의 기초

초판발행 2015년 6월 15일
초판 2쇄 2016년 9월 1일
초판 3쇄 2020년 8월 28일

저　　자 大脇 直明, 高橋 忠久, 有田 耕一
역　　자 이성혁, 임유진, 정우영, 박대욱, 권순덕
펴 낸 이 김성배
펴 낸 곳 도서출판 씨아이알

책임편집 박영지, 김동희
디 자 인 송성용, 윤미경
제작책임 김문갑

등록번호 제2-3285호
등 록 일 2001년 3월 19일
주　　소 (04626) 서울특별시 중구 필동로8길 43(예장동 1-151)
전화번호 02-2275-8603(대표)
팩스번호 02-2265-9394
홈페이지 www.circom.co.kr

I S B N 979-11-5610-138-3 (93530)
정　　가 24,000원